金属材料实验教程

EXPERIMENTAL COURSE OF METALLIC MATERIALS

主　编　董　伟

副主编　许富民　王晓明

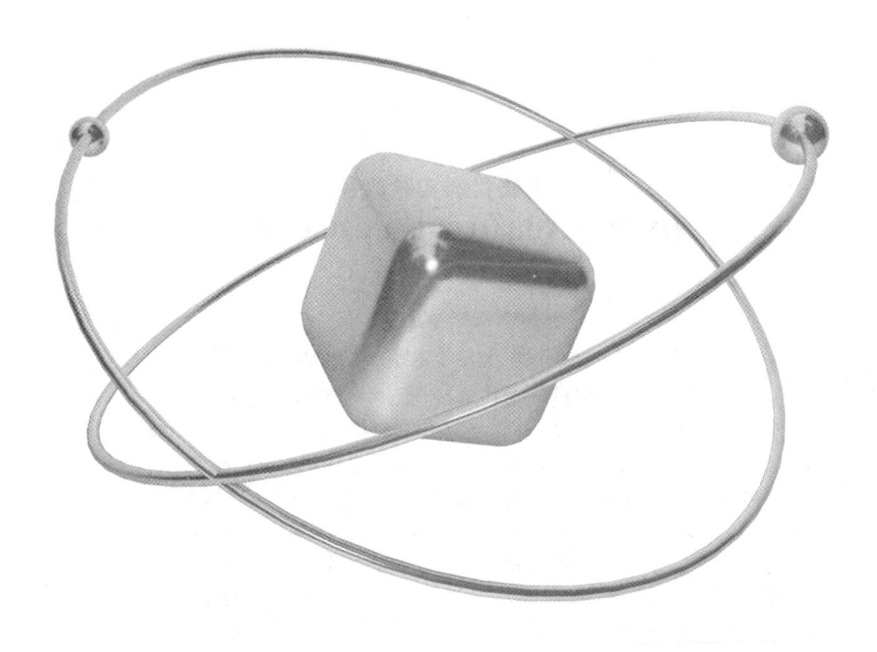

图书在版编目(CIP)数据

金属材料实验教程 / 董伟主编. -- 大连：大连理工大学出版社，2022.11
ISBN 978-7-5685-3860-2

Ⅰ. ①金… Ⅱ. ①董… Ⅲ. ①金属材料—实验—教材
Ⅳ. ①TG14-33

中国版本图书馆 CIP 数据核字(2022)第 123609 号

金属材料实验教程
JINSHU CAILIAO SHIYAN JIAOCHENG

大连理工大学出版社出版
地址:大连市软件园路 80 号　邮政编码:116023
电话:0411-84708842　邮购:0411-84708943　传真:0411-84701466
E-mail:dutp@dutp.cn　URL:https//www.dutp.cn
辽宁星海彩色印刷有限公司印刷　　大连理工大学出版社发行

幅面尺寸:185mm×260mm　印张:13.5　字数:325 千字
2022 年 11 月第 1 版　　2022 年 11 月第 1 次印刷

责任编辑:李宏艳　　责任校对:周　欢
封面设计:奇景创意

ISBN 978-7-5685-3860-2　　定　价:35.80 元

前　言

材料科学研究过程中，许多重要的发现或发明无法用现存的理论法则来解释，因此实验研究成为不可或缺的重要手段，实验研究对于科学技术的进步具有举足轻重的地位。作者通过对国外著名高校材料专业的实验教学体系调研发现，以日本著名高校东京工业大学为例，金属材料专业的二年级和三年级的学生，在一学年中，每个星期都有两个下午在做实验，二年级学生的实验主要是现象分析及验证性工作，而三年级学生主要进行综合性创新实验。我国材料专业的学生在实验的学时及深度上明显不足，反映材料科学基础及综合实验内容设计方面也相对落后。

《金属材料实验教程》参考国外著名材料专业的实验课程体系，力求从培养学生深入思考问题和创新能力的角度出发进行全新的实验设计，每个实验项目都包含凝练的基础原理、重要的实验内容与方法、实验结果整理以及思考讨论部分，并通过综合实验的设计达到融会贯通的目的。

本书参照国外著名高校实验课程体系，设计了材料科学与工程专业典型及共性的实验，分别由大连理工大学的董伟、许富民，以及中国人民解放军陆军装甲兵学院的王晓明、赵阳、王文宇、任智强及韩国峰共同编写。本书内容共分为5章。第1章为材料物理化学性能（董伟、许富民、王晓明），第2章为材料分析（赵阳、王文宇、韩国峰），第3章为材料力学性能（赵阳、任智强、韩国峰），第4章为材料制备及加工（董伟、王晓明），第5章为针对上述实验设计的5个创新性综合实验（董伟、许富民）。本书可作为高等院校金属材料以及相关专业教材，也可供相关工程技术人员和科研人员参考使用。

本书在编写过程中得到了东京工业大学的史蹟教授、丸山俊夫教授以及大连理工大学金属材料工程（日语强化）专业的杨威嵘、沈欣怡、刘苏磊、滕芳英、康世薇、高杭贤等同学的大力协助，在此一并表示感谢。

限于编者的水平，本书难免存在不妥之处，敬请同行专家以及使用本书的师生们批评指正。

编　者

2022年5月

所有意见和建议请发往：dutpbk@163.com
欢迎访问高教数字化服务平台：https://www.dutp.cn/hep/
联系电话：0411-84708445　84708462

目 录

第1章　材料物理化学性能

实验1　熔融金属的密度测定

【实验概要】

在讨论熔融金属的基本行为和性质时，密度是不可缺少的基本物理量。在工程上，熔融金属的密度广泛应用于熔融金属偏摩尔体积计算、金属-熔渣的反应动力学及冶炼炉中传热计算。在理论上，熔点附近金属或合金体积变化的规律及微观机理对理解凝固过程有重要意义。同时，熔融金属所有的基本性质，例如黏度及表面张力等，都涉及熔融金属密度。

常用的密度测定方法有三种：(1)基于阿基米德浮力定律的阿基米德法；(2)基于液体间压差的压力法；(3)基于液体膨胀的容量法。

本实验将采用方法(2)来测定低熔点二元合金的密度。

【实验原理】

测试原理如图1.1所示。将半径为 r 的吹管插入熔融金属表面以下 h 处，向其中通入惰性气体氩气，在管的底端会出现曲率半径为 R 的气泡。设熔融金属的表面张力为 γ，则气泡内部压力只比外部大$\frac{2\gamma}{R}$。设熔融金属密度为 ρ_L，气体密度为 ρ_g，气泡长度为 X，气泡下端外部压力为 P_1，内部压力为 P_2。P_1、P_2 的表达式为

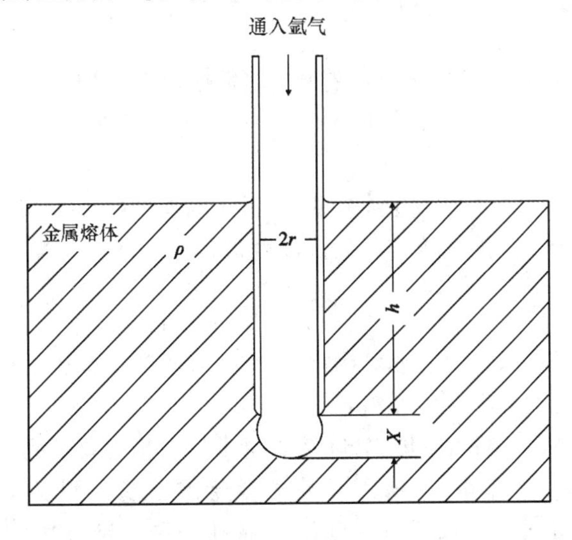

图1.1　测试原理

$$P_1 = P_0 + g(\rho_L - \rho_g)(h + X) \tag{1.1}$$

$$P_2 = P_0 + \frac{2\gamma}{R} + g(\rho_L - \rho_g)(h + X) \tag{1.2}$$

式中，P_0 为大气压；g 为重力加速度。

随着气泡长大，R 逐渐增加，同时 X 也变大，根据式(1.2)，P_2 也会逐渐增加。在吹管半径 r 较小的情况下，当气泡半径 R 增大到与 r 大致相等时，气泡呈半球状且 P_2 达到最大值。此时有 $R = X = r$，这样的气泡并不稳定，会脱离管的底端，然后浮到熔融金属表面。

使用 U 型压力计测定 P_2 的值。设 U 型管内液体密度为 d [g/cm^3]，两个管内液体高度差为 H [cm]，则气泡内部压力 P_2 可表示为

$$P_2 = B + dgH \tag{1.3}$$

结合式(1.2) 和式(1.3)，可得熔融金属的表面张力 γ 为

$$\gamma = \frac{1}{2}rg\{dH - (\rho_L - \rho_g)(h + r)\} \tag{1.4}$$

由于式中 ρ_g、r 比较小，为简化计算忽略这两项。整理得 γ 的近似表达式为

$$\gamma = \frac{1}{2}rg(dH - \rho_L h) \tag{1.5}$$

接下来，将吹管插入熔融金属不同深度 h_1[cm]、h_2[cm] 处，并向其中通入惰性气体。设不同深度下气泡压达到最大时，气压计两端液柱的高度差分别为 H_1、H_2。则 H_1 与 h_1、H_2 与 h_2 满足以下关系式：

$$\gamma = \frac{1}{2}rg(dH_1 - \rho_L h_1) \tag{1.6}$$

$$\gamma = \frac{1}{2}rg(dH_2 - \rho_L h_2) \tag{1.7}$$

将两式相比后化简，可得熔融金属的密度 ρ_L 为

$$\rho_L = d\left(\frac{H_2 - H_1}{h_2 - h_1}\right) \tag{1.8}$$

【实验装置】

吹管的材质、形状和尺寸对于精确获得实验数据非常重要。吹管材料必须能承受实验温度、不易被熔融合金浸蚀并且容易加工成形。结合本实验条件，使用如图 1.2 所示的不透明石英管进行加工。

由于吹管的插入端口径无法做到无限小，因此不能忽略由于吹管插入而引起的熔体表面上升，需要用式(1.9) 对吹管实际插入深度进行修正，即

$$\Delta h_1 = \Delta h_2\left(\frac{1 + r^2}{R_1^2 - r^2}\right) \tag{1.9}$$

式中，Δh_1 为实际吹管插入深度；Δh_2 为测量吹管插入深度；r 为管的外径；R_1 为坩埚内径。

由于吹管垂直插入熔体才能获得精确插入深度，因此需要使用如图 1.3 所示的吹管升降装置来保证吹管垂直插入熔体，升降装置所带标尺精度要达到 0.1 mm。实验中使用莫来石($3Al_2O_3 \cdot 2SiO_2$) 系坩埚熔炼要测定的合金。本实验所用氩气需要提纯处理，以去除水分和氧。为防止水分进入氩气氛围，用于气体压力调节与压力表中的液体应使用蒸气

压较低的非水液体,并且温度为 25 ℃ 时密度约为 1 g/cm³(如甘油:温度为 18 ℃ 时密度为 1.262 g/cm³)。

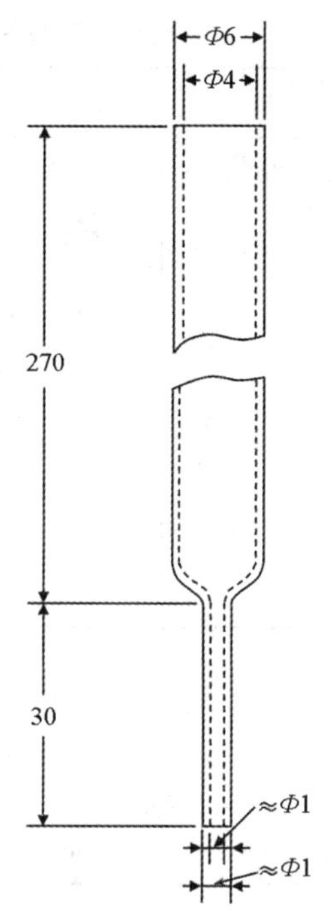

图 1.2　吹管形状及尺寸

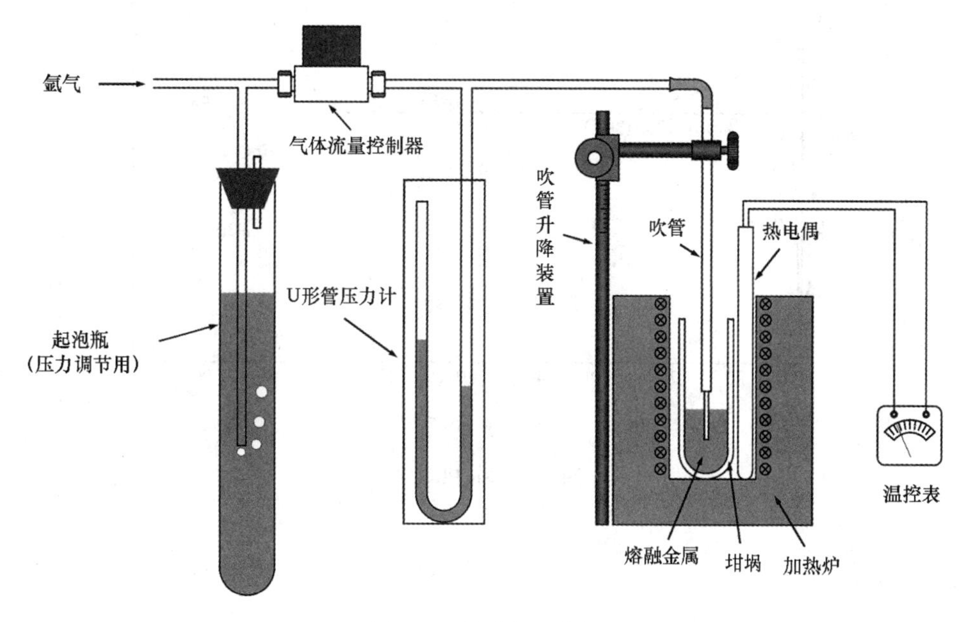

图 1.3　实验装置简图

【实验试样】

表 1.1　合金成分及实验温度

实验温度	450 ℃		700 ℃		700 ℃	
系列	Sn-Pb		Sn-Sb		Pb-Sb	
摩尔分数	1.0	0	1.0	0	1.0	0
	0.8	0.2	0.8	0.2	0.8	0.2
	0.6	0.4	0.6	0.4	0.6	0.4
	0.4	0.6	0.4	0.6	0.4	0.6
	0.2	0.8	0.2	0.8	0.2	0.8
	0	1.0	0	1.0	0	1.0

表 1.1 给出本实验所需测定的三组合金系与其对应的温度。各个合金系对应的平衡相图如图 1.4、图 1.5 和图 1.6 所示。

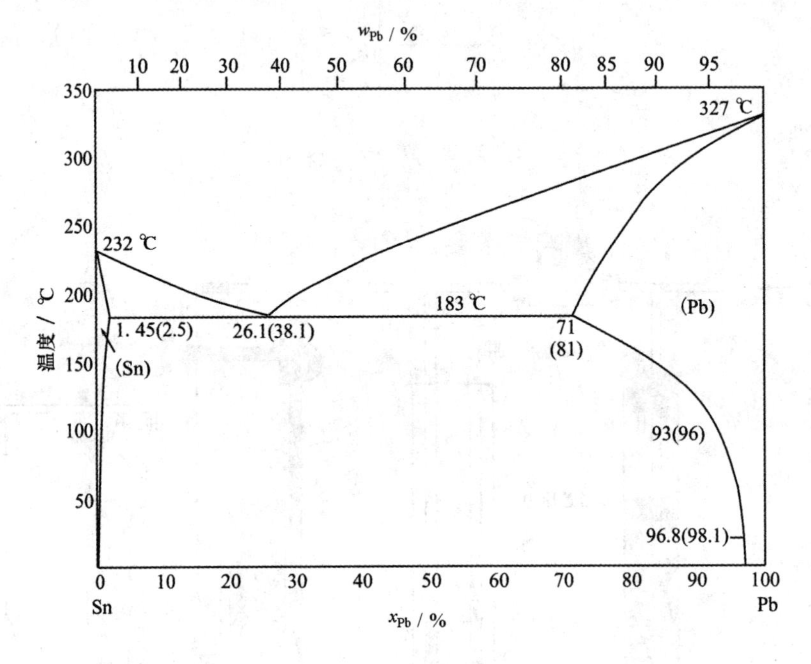

图 1.4　Sn-Pb 相图

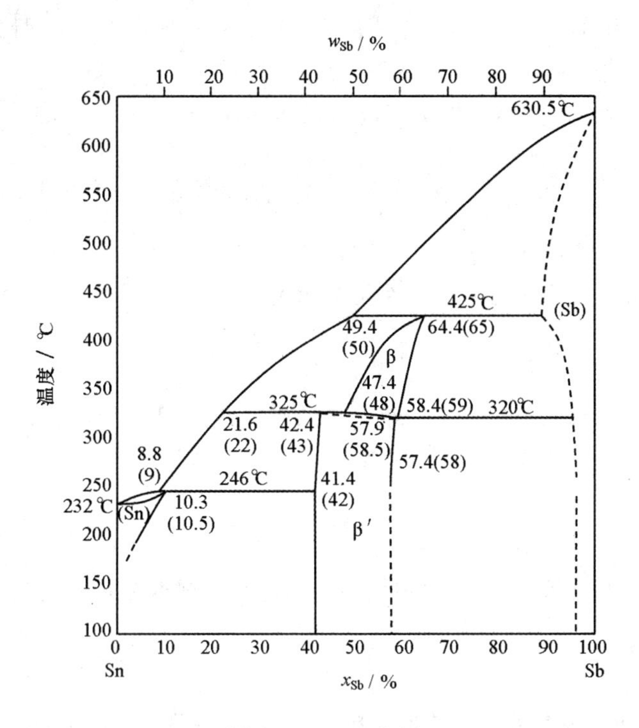

图 1.5　Sn-Sb 相图

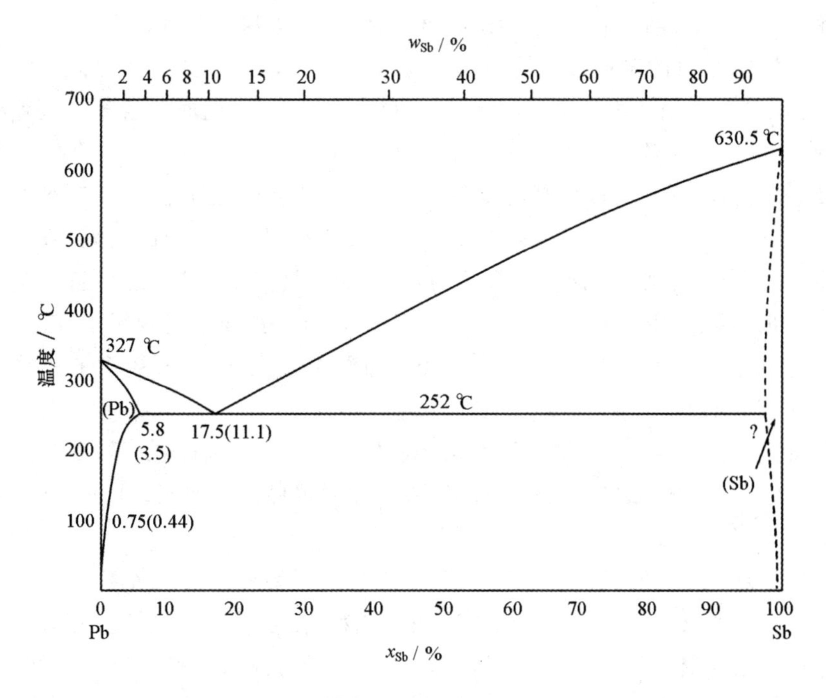

图 1.6　Pb-Sb 相图

按照表1.1给出的摩尔分数，将市售的Sn、Sb、Pb试剂准确称量配比。实验过程中，坩埚中合金深度应为 40 ～ 50 mm，因此要根据所用坩埚的尺寸来匹配试样。对于内径约为 25 mm 熔炼坩埚，为达到实验所需深度，常温下应称量 20 cm^3 左右的试样。

$$\rho_{Sn} = 7.31\ g/cm^3(25\ ℃)$$

$$\rho_{Sb} = 6.68\ g/cm^3(25\ ℃)$$

$$\rho_{Pb} = 11.34\ g/cm^3(20\ ℃)$$

各成分质量分数与摩尔分数的关系可表示为

$$N_1 = \frac{W_1/M_1}{W_1/M_1 + W_2/M_2} \tag{1.10}$$

式中，N_1 为组分 1 的摩尔分数；W_1 为组分 1 的质量分数；W_2 为组分 2 的质量分数；M_1 为组分 1 的摩尔质量；M_2 为组分 2 的摩尔质量。

【实验内容】

在不同温度下测试熔融合金的密度，考查熔融合金的摩尔体积与组成的关系。

【实验步骤】

① 将称量好的试样充分混合后放入坩埚中，将坩埚放入加热炉(图 1.3)。待试样熔化后，用耐火材料制成的搅拌棒搅拌使熔体成分均匀化。

② 将不同成分试样在表 1.1 所给出温度下保温，一边保持氩气稳定输送，一边将吹管缓慢插入熔体中。当管的末端接触熔体表面时，U 形管压力计(图 1.3) 液柱会发生突变，突变后再将吹管向下插入大约 5 mm，然后将吹管固定。记录此时吹管升降装置标尺的读数，精确到 0.1 mm。

③ 接下来，利用气体流量控制器调节氩气流量。使起泡瓶中管末端气泡脱离速度稳定在2 个 /min 左右为宜。此时观察 U 形管压力计液柱，随着气泡的增大，液面差会逐渐增大，随后，由于气泡的脱离，液面差会急剧减小；最大气泡压应取气泡脱离之前液面差的最大值。实验时需要多注意 U 形管压力计的变化，读两三次便能得到所需值。

④ 如此测量三次后，再将吹管下降 5 mm，重复上述操作。本实验共取三个位置测量气泡的最大气泡压。

⑤ 为保证实验有良好再现性，再将吹管逐步上升到原始位置进行测量。

⑥ 由式(1.8) 可知，ΔH 与 Δh 为直线关系。在测定最大气泡压时，应注意所得数据是否合理。

⑦ 在坐标系中作出 ΔH 与 Δh 关系图，计算直线斜率得到熔体密度。

⑧ 由于空气中氧气会造成熔体表面形成氧化物，使吹管发生浸蚀，因此，为防止熔体表面被氧化，可在熔体表面铺一层石墨粉作为防氧化剂；或增加另一氩气通道，利用氩气在熔体表面吹拂避免氧气与熔体接触，但要注意控制氩气流速以防止熔体表面温度降低。

⑨ 实验结束后，将试样与坩埚随炉慢冷后保存。为使试样可以重复利用，保存后的试样要缓慢升温(从室温到熔点一般 1 h 左右)，这样可避免坩埚破裂。

【结果分析】

① 作出熔融合金组成与密度 ρ 的关系图。

② 研究熔融合金的摩尔体积 V_m 与其组成的关系，探究熔融合金中组分 i 的偏摩尔体积 $\overline{V}_i$ 与其组成的关系并作图。

③ 将熔融合金的摩尔体积、某组分的偏摩尔体积与理想溶液中的体积作比较，利用下式求出偏差。

$$V_m = \sum_{i=1} \frac{M_i N_i}{\rho} \tag{1.11}$$

式中，M_i 为组分 i 的摩尔质量；N_i 为组分 i 的摩尔分数。

$\overline{V}_i$ 在二元系合金时：

$$\overline{V}_1 = V_m + (1 - N_1)\left(\frac{\partial V_m}{\partial N_1}\right)_{T,p} \tag{1.12}$$

$$\overline{V}_2 = V_m + (1 - N_2)\left(\frac{\partial V_m}{\partial N_2}\right)_{T,p} \tag{1.13}$$

如图1.7所示，通过求不同组分熔融合金的摩尔体积，绘制出 V_m 曲线。某点切线与两纵轴交点便为该成分下组分1与组分2的偏摩尔体积 $\overline{V}_1$、$\overline{V}_2$。

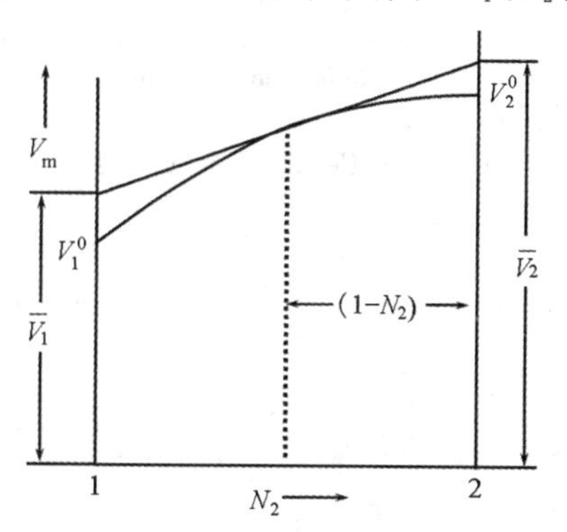

V_1^0— 组分1的偏摩尔体积；V_2^0— 组分2的偏摩尔体积

图1.7 熔融合金的摩尔体积与偏摩尔体积的关系

一般来说，熔融合金并非理想溶液，因此 $V_m \neq N_1 V_1^0 + N_2 V_2^0$，也就是说，组分混合后体积发生了变化。这里定义 V^M、$\overline{V}_1^M$、$\overline{V}_2^M$ 如下：

$$V^M = V_m - (N_1 V_1^0 + N_2 V_2^0) = N_1 \overline{V}_1^M + N_2 \overline{V}_2^M \tag{1.14}$$

$$\overline{V}_1^M = \overline{V}_1 - \overline{V}_1^0, \overline{V}_2^M = \overline{V}_2 - \overline{V}_2^0 \tag{1.15}$$

表1.2给出了450 ℃与700 ℃下纯Sn、Sb、Pb的密度。

表1.2 纯金属密度

温度/℃	密度/(g·cm⁻³)		
	Sn	Sb	Pb
450	6.9	—	10.6
700	6.7	6.5	10.3

④ 结合相图与求得的 $\overline{V}_i$ 及 V_m 分析熔融合金的结构。

⑤ 考虑造成实验误差的原因。

【讨论事项】

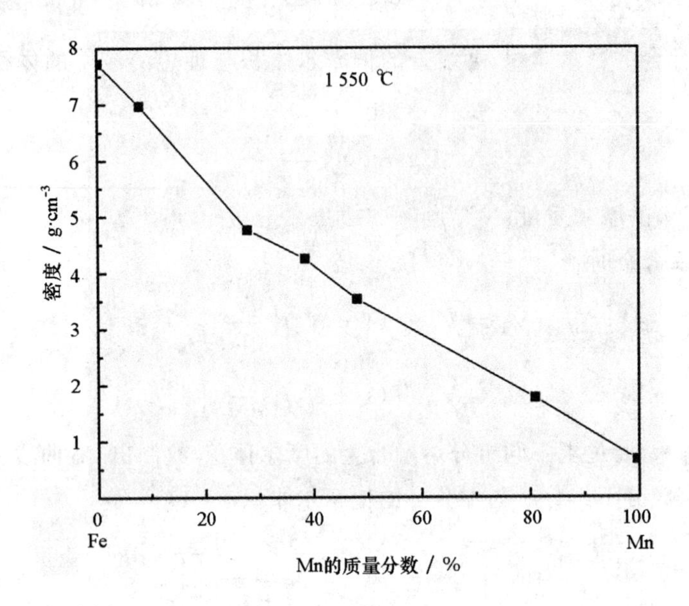

(a) 熔融 Fe-Mn 合金的密度

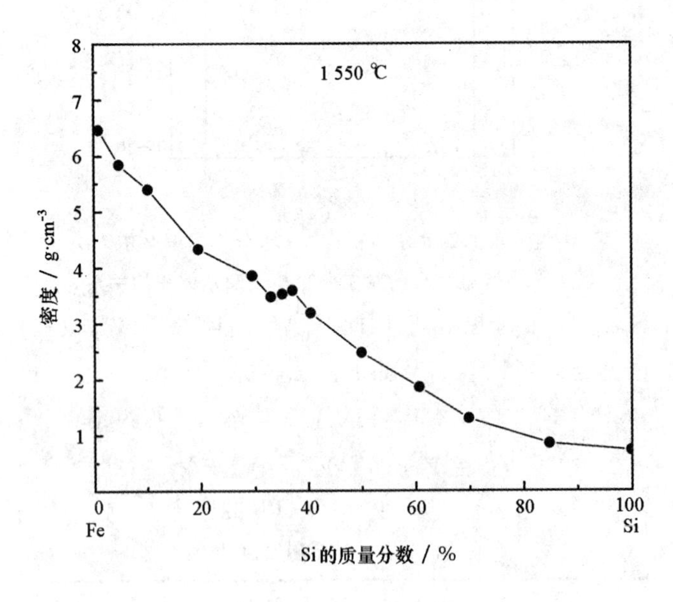

(b) 熔融 Fe-Si 合金的密度

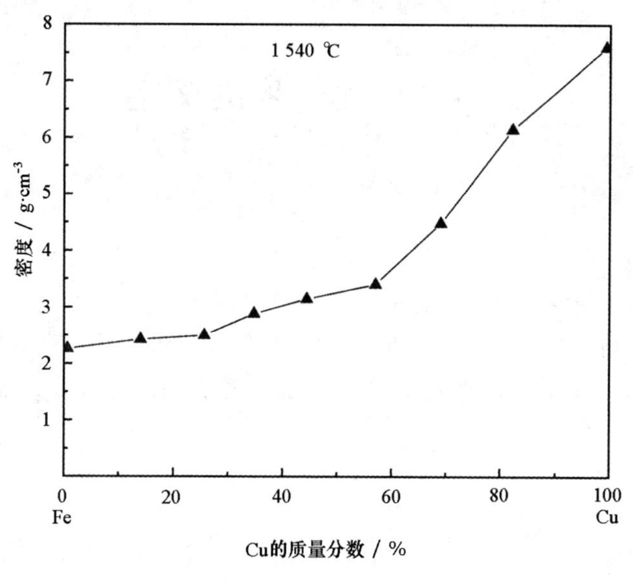

(c) 熔融 Fe-Cu 合金的密度

图 1.8　熔融合金的密度

运用图 1.8(a)、1.8(b) 和 1.8(c) 给出的密度测定值，求出 Fe-Mn、Fe-Si、Fe-Cu 合金的 V_m、$\overline{V}_1$、$\overline{V}_2$、$\overline{V}^M$、$\overline{V}_1^M$、$\overline{V}_2^M$，并定性分析 $\overline{V}_1^M$、$\overline{V}_2^M$ 与组分 1 及组分 2 活度的关系。

实验 2　比热容的测定

【实验概要】

物质发生状态变化时会吸收或放出热量，而比热容体现了物质内部能量与温度的关系，因此特别重要。当在较宽的温度范围内测量比热容时，可以从与背底的偏差中找出状态的变化。比热容的测定是一项非常重要的实验，尽管人们采用各种方法进行测量，但是仍然难以获得精确的数值。

【实验原理】

将试样与外界绝热，在某个温度 T 附近，试样吸收或放出少量热量 ΔQ 后，当试样达到热平衡后温度变化 ΔT，那么在温度 T 时该试样的比热容 c 可表示为

$$c = \lim_{\Delta T \to 0} \frac{\Delta Q}{m \Delta T} \tag{2.1}$$

式中，m 为试样质量。

【实验装置】

绝热量热仪、示差温度计、3 V 和 6 V 直流电源、灵敏检流计两台、电流表、测温仪表。

【实验试样】

将 β 黄铜试样做成圆筒状（直径 1 cm，高 1 cm），如图 2.1 所示开三个孔。

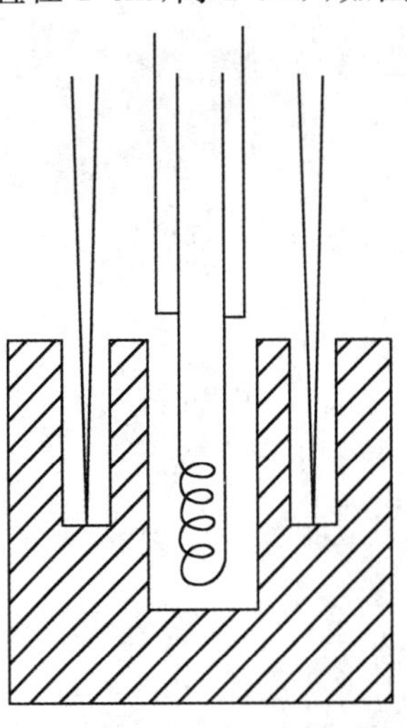

图 2.1　试样台

【实验内容】

测定 β 黄铜的比热容。

【实验步骤】

如图 2.1 所示将加热器放入试样台中间的孔内。测温热电偶放入左、右两个孔中的一个，示差热电偶的一端放入另外一个孔内，另一端放入绝热壁上的孔内，将试样台置于一个密闭容器内形成绝热区。将示差热电偶与可变电阻和灵敏检流计串联组成封闭回路，为保证可变电阻应答时间短且灵敏度高，取与灵敏检流计外临界电阻相近的可变电阻。对密闭容器抽真空后，给电阻炉及加热器通电，以消除试样与绝热壁的温度差，如图 2.2 所示，也就是要消除示差温度计的温差。为使试样与绝热壁温度一致，关闭加热器，给电阻炉通入恒定电流，让试样台保持在稳定温度 T。达到稳定状态后，打开试样内部加热器，保持电流 I[A] 和电压 U[V] 情况下加热 t[s]。使用 6 V 电源加热时，t[s] 内向试样输送热量 ΔQ 为

$$\Delta Q = IUt \tag{2.2}$$

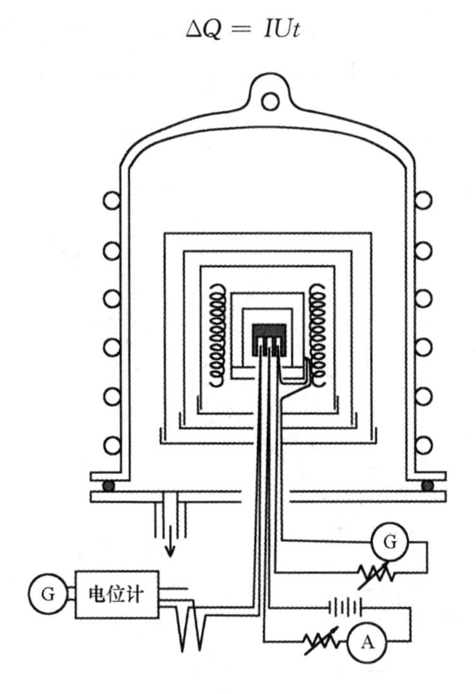

图 2.2　绝热量热仪

设 t[s] 内温度从 T 上升到 $T+\Delta T$，则在 $T+\frac{1}{2}\Delta T$ 时对应比热容 c 为

$$c = \frac{\Delta Q}{\Delta T} \tag{2.3}$$

选择的时间为使温度变化在 1 ℃ 左右为宜。

【结果分析】

从室温到550 ℃温度范围内，作出β黄铜的比热容与温度的关系曲线。在460 ℃附近黄铜会发生有序到无序的相变，因此会得到随机比热容峰。

【讨论事项】

对于可逆相变，如β黄铜中发生的有序到无序相变，并不受外壁温度上升速度的影响。但如果存在如淬火形成的空位缺陷、辐射损伤导致的晶格缺陷、加工引起的晶格缺陷(包含位错)、G. P. 区的形成以及析出等情况，最好在一定的速度下升温，这样做会使得以后的分析工作相对简单。

通过赛克斯(Sykes)法，使外壁保持恒定的升温速度，如图2.3中细线所示，向试样台中加热器提供适当的功率W_1。假设在功率W_1下试样升温速度跟不上外壁升温速度，如图2.3中的粗线所示，将功率增加到W_2，此时试样的升温速度快于外壁的升温速度，试样温度将逐渐超过外壁温度，此时需要降低加热器功率。如此反复，外壁温度不断上升。当外壁温度和试样温度相同，示差热电偶的热电动势为零，此时可以认为外壁和试样台之间是绝热的。得到外壁升温曲线与试样升温曲线的交点温度后，用式(2.4)可以求出c：

$$\frac{\mathrm{d}T}{\mathrm{d}t}=\frac{\mathrm{d}T}{\mathrm{d}Q}\frac{\mathrm{d}Q}{\mathrm{d}t}=\frac{1}{c}W \tag{2.4}$$

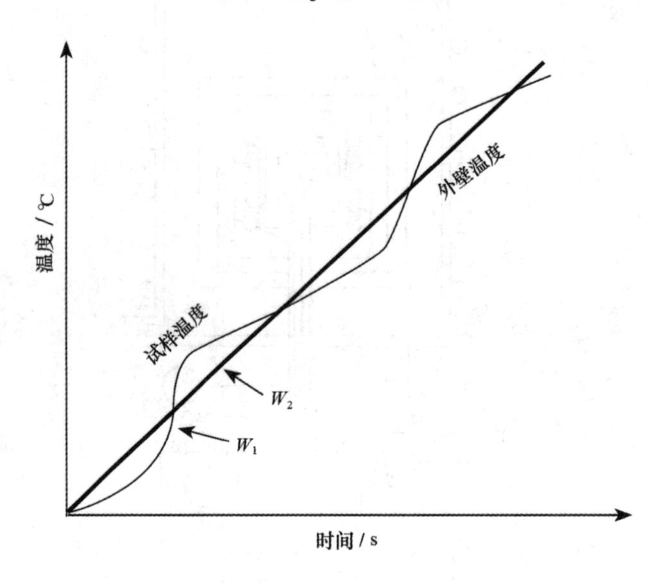

图2.3 试样温度和外壁温度与时间的关系

实验 3　热膨胀系数的测定

【实验概要】

热膨胀就是物质在加热或冷却时，体积或长度随温度成比例变化的现象。如果发生相变，热膨胀曲线伴随这种变化会出现异常。在本实验中，选择广泛使用的 w_C 为0.25% 的铁碳合金（图 3.1），以及热膨胀系数非常小的 Fe-36%Ni 合金进行热膨胀系数的测定，在这些试样中观察到的相变是典型的一级和二级相变。

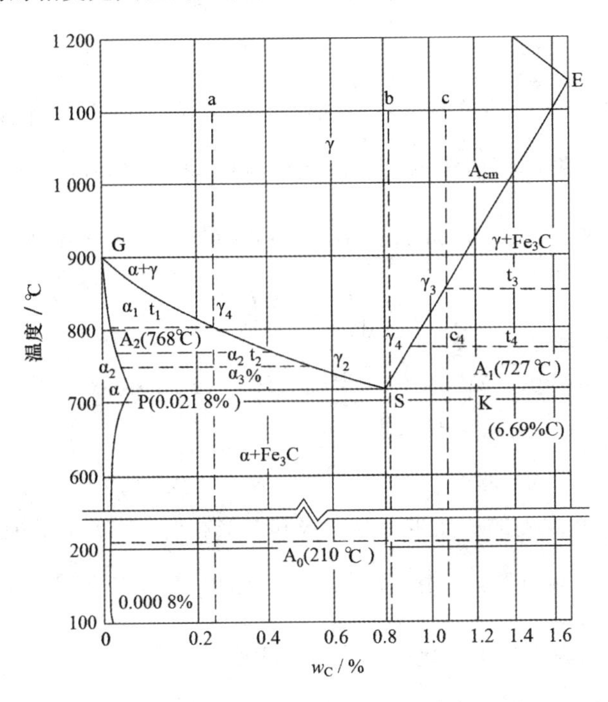

图 3.1　铁碳合金相图

【实验原理】

1. 碳钢与铁 - 镍合金的结构变化

在碳钢中，可以观察到从体心立方结构到面心结构或反之亦然的相变。由于含有微量的碳元素，相变会在很宽的温度范围内逐渐发生。Fe-36%Ni 低膨胀合金又称殷钢或因瓦合金（Invar），意思是不变化，即长度不随温度变化。w_{Ni} 为 36.5% 的合金热膨胀系数仅为普通钢的 1/10，常用在钟表等精密测量仪器中，如图 3.2 所示。这种物质的晶体结构为面心立方，在 200 ～ 300 ℃ 加热时发生铁磁材料到顺磁材料的二级相变。由于铁磁性引起原子间的吸引，使得因瓦合金的热膨胀系数非常小。

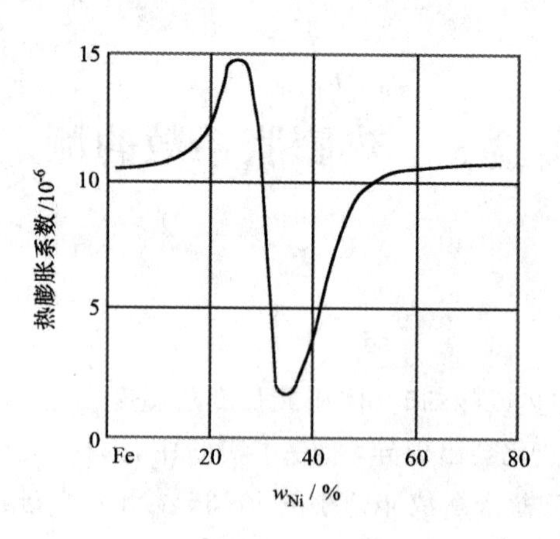

图 3.2 铁 - 镍合金的膨胀

通过测定碳钢的延伸率,可以求出从面心立方到体心立方的相变时体积变化率$\frac{\Delta V}{V_\alpha}$。为此,测量 γ 相在高温下的伸长率,将其外推至 727 ℃ 的转变点,并将其与 α 相的转变点进行比较。另外,用 X 射线衍射法测定晶格常数,利用其变化亦可计算体积变化率$\frac{\Delta V}{V_\alpha}$。利用克劳修斯 - 克拉佩龙(Clausius-Clapeyron) 公式也可以求出体积变化率$\frac{\Delta V}{V_\alpha}$。

$$\frac{\mathrm{d}p}{\mathrm{d}T} = \frac{\Delta H}{T\Delta V} \tag{3.1}$$

在 727 ℃,$\frac{\mathrm{d}p}{\mathrm{d}T} = 0.009\ \mathrm{MPa \cdot K^{-1}}$,潜热 $\Delta H = 653\ \mathrm{J \cdot mol^{-1}}$,另外,常温下 α 铁的晶格常数为 0.286 nm。

2. 相变的级数

基于热力学,通常观测的相变被分为一级和二级相变。吉布斯自由能G一阶导数的体积$\left[V = \left(\frac{\partial G}{\partial p}\right)_T\right]$为不连续变化时称为一级相变,二阶导数的热膨胀系数$\left[\beta = \frac{1}{V}\left(\frac{\partial^2 G}{\partial p \cdot \partial T}\right)_p\right]$为不连续变化时称为二级相变。

可以根据该标准对各种相变进行分类(表 3.1)。

表 3.1 一级相变和二级相变

相变标准	一级相变	二级相变
体积	不连续变化	连续变化,热膨胀系数不连续变化
潜热	放热或吸热	无

(1) 一级相变

① 气体 - 液体

② 液体 - 固体

③ 同素异构转变

④ 析出

(2) 二级相变

① 磁转换

② 铁电转换

③ 合金的规则 - 不规则相变

④ 超导体的相变

碳钢的相变为同素异构转变,因瓦合金的相变为磁转换。

【实验装置】

利用差动变压器测定试样延伸率的装置如图 3.3 所示。

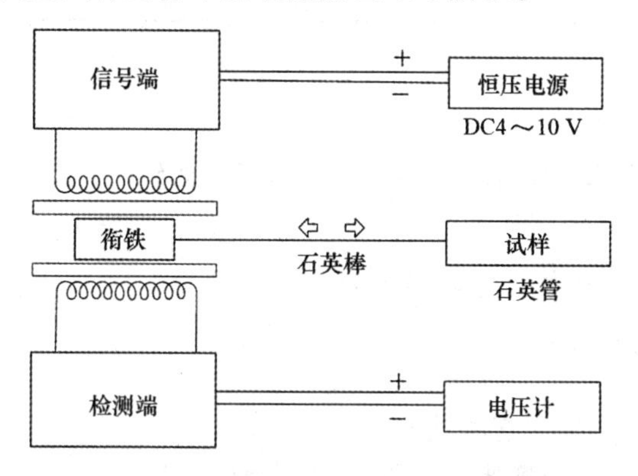

图 3.3　差动变压器测定试样延伸率的装置

将试样安装在石英管内,并通过石英棒与差动变压器的铁芯一端压紧。温度变化会引起试样长度的变化使得铁芯移动,引起差动变压器的二次线圈电压发生变化。该电压与铁芯移动的距离成比例,通过测量电压可求出试样的位移量。输入电压为 5.47 V 时,使用的差动变压器灵敏度为 0.60 V · mm^{-1}。

当试样温度从 T_1 变化到 T_2 时,试样长度从 L_1 变化到 L_2,则在(T_2-T_1)的温度区间平均热膨胀系数为

$$\alpha_{(T_2-T_1)}=\frac{L_2-L_1}{(T_2-T_1)\cdot L_1} \tag{3.2}$$

为精确获得试样的热膨胀系数,有时需要考虑石英管的热膨胀,对实验获得的数据进行补偿。常温至 1 000 ℃ 温度范围内,石英的热膨胀系数为 5.4×10^{-7} ℃$^{-1}$。

【实验试样】

碳钢(w_C 为 0.25 %)和因瓦合金(Fe-36%Ni)。

【实验内容】

碳钢与因瓦合金热膨胀系数的测定。

【实验步骤】

(1) 准备直径 5 mm,长约 30 mm 的圆柱形试样,长度由游标卡尺测定。

(2) 试样安装后,为防止氧化,装置要用机械泵抽真空。另外,装置还需要水冷。

(3) 用电炉加热,一边以一定的速度升温,一边读取差动变压器的电压变化。

(4) 碳钢升温至 960 ℃,因瓦合金升温至 400 ℃,测量升温过程与冷却过程的热膨胀。

(5) 数据记录在下面表格中。

温度	长度	温度	长度	温度	长度

【结果分析】

(1) 根据原始数据,绘制试样的热膨胀曲线,根据曲线确定 T_1 和 T_2 以及对应的 L_1 和 L_2。

(2) 用式(3.2) 计算试样的热膨胀系数。

【讨论事项】

(1) 引起实验误差的原因有哪些?

(2) 对于同一种材料,热膨胀系数是否为一个常数?

实验 4　金属电阻的测定

【实验概要】

金属最典型的性质之一就是可以导电，也就是说金属的电阻比其他物质小得多。通过测量金属电阻可以了解金属的本质属性，并且相较于金属的其他物理性质，测量电阻较容易获得高精度数据。无论是实用还是研究，电阻的利用率都非常高。

【实验原理】

在金属两端加电压 U，便有电流 I 流过金属。U 与 I 的比例关系为

$$U = IR \tag{4.1}$$

式(4.1) 为欧姆定律。由于电阻 R 会随着物体的形状和长度而改变，所以需要知道该物体特有的量。对于整体横截面积为 A，长度为 l 的物体，其电阻为

$$R = \frac{\rho l}{A} \tag{4.2}$$

式中，ρ 为电阻率，一般与物体形状无关，是一定温度下物体的固有属性。

测量金属电阻，只需根据需要精确测量式(4.1) 中电压 U 与电流 I 的值。首先考虑是否可用动圈式电压表测量电压，用普通电流表测量电流，简单的电阻测量线路如图 4.1 所示。一般来说，金属电阻很小，即使测量微小电压，也会有较多电流通过动圈式电压表，造成结果不准确。因此，我们不能使用这种方法来获得金属电阻的精确值。

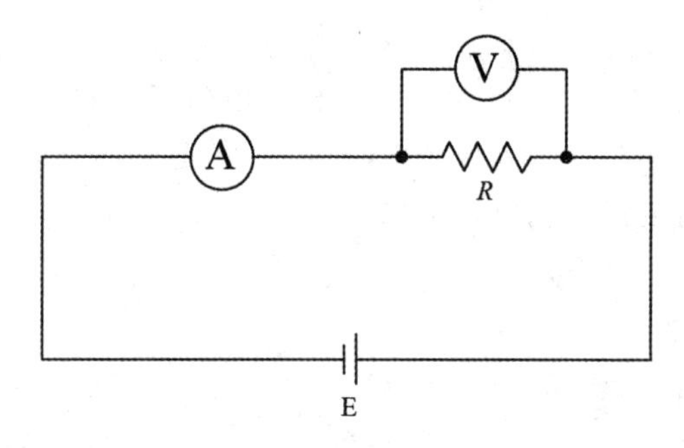

图 4.1　简单的电阻测量线路

实践中测量电阻广泛使用的方法是惠斯通电桥(Wheatstone bridge)。下面简要介绍其原理，如图 4.2 所示，R_1、R_2、R_3 和 R_x 为电桥的四个桥臂，R_1、R_2、R_3 为已知电阻，其中 R_1 和 R_2 称为比例臂，R_3 为比较臂，R_x 为待测电阻，称为测量臂。电池 E 在 AC 对角线两端，检流计 G 和 BD 对角线相连。设检流计 G 内阻为 r_G，则通过 G 的电流为 i_G 可用基尔霍夫(Kirchhoff) 定理给出：

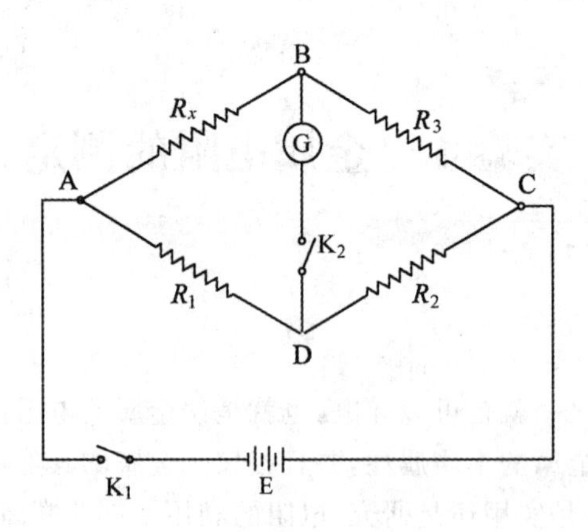

图 4.2 惠斯通电桥原理

$$i_G = \frac{I(R_1R_x - R_2R_3)}{r_G(R_1 + R_2 + R_3 + R_x) + (R_x + R_3)(R_1 + R_2)} \tag{4.3}$$

式中,I 为通过电池的电流。若式(4.3)中 $i_G = 0$,则有

$$R_x = \frac{R_2R_3}{R_1} \tag{4.4}$$

R_1、R_2 按 1、10、100 和 1 000 Ω 的方式设置电阻,因此$\frac{R_x}{R_3}$为 10^n,通过改变电阻 R_3,利用 $R_x = 10^nR_3$ 就可以计算出 R_x 的电阻值。假设电池内部的电阻值为 0,则检流计外部电阻 r_c 值为

$$r_c = \frac{(R_x + R_3)(R_1 + R_2)}{R_1 + R_2 + R_3 + R_x} \tag{4.5}$$

最好使 r_c 尽可能地接近检流计外临界电阻值。

【实验装置】

电位差计、蓄电池(2 V一个、12 V一个)、标准电阻(10 Ω两个)、可变电阻(1 Ω)、检流计。

液氮罐或保温瓶内装液氮、酒精、干冰。

【实验试样】

直径 0.4 mm 的纯 Al 线。

【实验内容】

采用惠斯通电桥测定纯 Al 线的电阻值。

【实验步骤】

使用电位差计对淬火后纯 Al 线电阻值进行测定。

如图 4.3 所示,将直径为 0.4 mm 的纯 Al 线完全退火后安装在铜薄架上,尽可能将试样的电压端子 ab 与 cd 作成等长。将试样与假负载浸入液氮中,如图 4.4 所示建立电桥,调

节 R 使电流计读数为零。用电位差计测量 U_s，根据 $I=\frac{U_s}{R_s}$，可求得通过试样与假负载的电流大小。用电位差计测量 U_{ac}、U_{bd}，可知假负载与试样电阻的差为

$$\Delta R=\frac{U_{ac}-U_{bd}}{I}=\frac{R_s(U_{ac}-U_{bd})}{U_s} \tag{4.7}$$

随后改变电流方向再次测量，取两次测量结果的平均值。这样做是为了抵消接点处的热电动势。

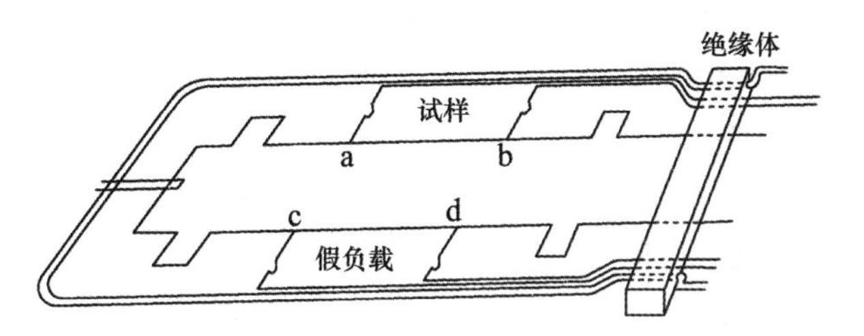

图 4.3　纯 Al 线淬火用装配

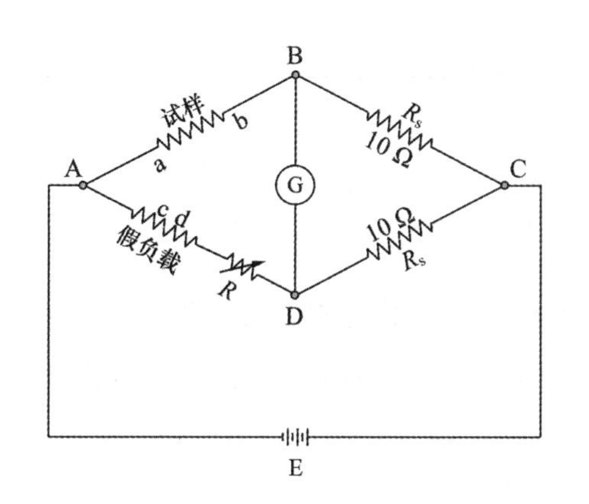

图 4.4　纯 Al 线淬火引起电阻变化的测量电路

如图 4.5 所示，将上述装置放在水面正上方，让电流仅通过试样对其进行加热，具体温度可由 0 ℃时电阻之比求出。撤去支点 A 将试样放入水中急冷后，立即放入液氮中。构建上述同样的电桥求出 ΔR。淬火前后 ΔR 是不同的，这是由于淬火使金属内空位增加造成的。

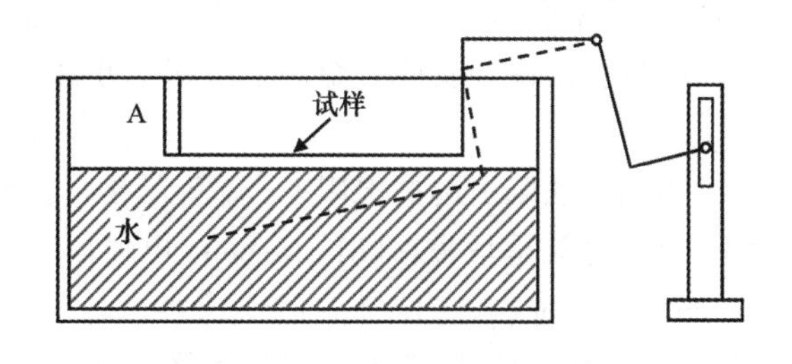

图 4.5　水淬火装置

【结果分析】

改变试样温度，求出电阻率与温度的函数。用电位差计测得淬火后电阻改变量，以其对数值作纵轴，以温度的倒数为横轴作图 4.6。假设淬火引起的电阻增加是由于原子空位的形成而引起的，求出形成一个空位所需能量(大约为 0.76 eV)。如淬火温度较高，由于

空位逃逸会使得所得数据偏离直线。

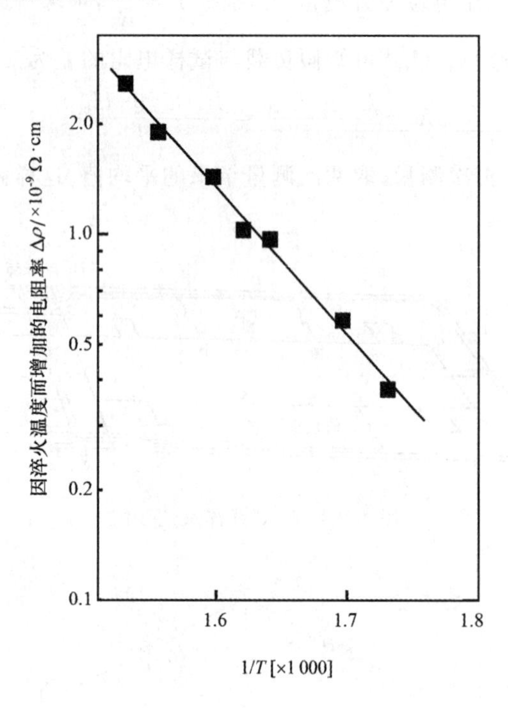

图 4.6　纯 Al 线淬火引起的电阻率增加 $\Delta\rho$ 与淬火温度 T[K]

(1) 如不考虑泡利不相容原理,固体中的电子会有何性质?

(2) 写出纯金属中原子空位的浓度表达式:$C = A\exp\left(-\frac{E_F^V}{kT}\right)$。

此处 E_F^V 为形成一个空位所需要的能量,k 是玻耳兹曼常量,T 是热力学温度。

【讨论事项】

金属电阻率受晶格应变的影响。应变可分为晶格缺陷造成的应变与声子(热振动)造成的应变。也就是说金属或合金的电阻率 ρ 可表示为

$$\rho = \rho_d + \rho_{th} \tag{4.8}$$

式中,ρ_d 为晶格缺陷引起的电阻率;ρ_{th} 为晶格热振动引起的电阻率。随着温度改变只有 ρ_{th} 会发生变化,这就是马蒂森(Mathiesen)规则,其中 ρ_{th} 在低温端与 T^5 成正比。在远高于德拜(Debye)温度时,$\rho = \rho_0(1+\alpha T)$ 成立。

如马蒂森规则所述,金属电阻为晶格缺陷引起的电阻率与晶格热振动引起的电阻率之和。因此,在测量晶格缺陷时要使热振动降到最低,最好把待测试样置于液氦中。这样,尽管仍有一点热振动,但其造成的误差已经可以被忽略;但是如果在室温下测量,因为热振动很大,会造成结果的不准确。

实验5　高温热电偶的校验与修正

【实验概要】

在工业生产过程中，温度是需要测量和控制的重要参数之一。在温度测量中，热电偶的应用极为广泛，它具有结构简单、制造方便、测量范围广、精度高、惯性小和输出信号便于远程传输等许多优点。另外，由于热电偶是一种无源传感器，测量时不需外加电源，使用十分方便，所以常被用作测量炉子、管道内的气体或液体的温度及固体的表面温度。

【实验原理】

将两种不同金属或合金制成的导线两端连接在一起组成闭合回路，当接点温度变化时，温度差会使两接点间产生电势差（热电动势）。运用此原理将导线一端保持在一定温度下（冷接点，标准为0 ℃），另一端放在高温下（温接点），通过测量热电动势，就可求出温接点的温度。高温热电偶便是运用此原理制成的测温计。

典型热电偶见表5.1，其电动势见附表5。

表5.1　典型热电偶

<table>
<tr><th colspan="2" rowspan="2">种类</th><th colspan="2">组成 /%</th><th rowspan="2">线径 /mm</th><th colspan="2">使用温度 /℃</th><th rowspan="2">20 ℃时，
1 m电阻(双向)/Ω</th></tr>
<tr><th>+</th><th>−</th><th>连续</th><th>过热</th></tr>
<tr><td rowspan="2">铂铑 - 铂</td><td>R</td><td>Pt 87
Rh 13</td><td>Pt 100</td><td rowspan="2">0.5</td><td rowspan="2">1 400</td><td rowspan="2">1 600</td><td rowspan="2">1.56</td></tr>
<tr><td>S</td><td>Pt 90
Rh 10</td><td>Pt 100</td></tr>
<tr><td>镍铬 - 镍硅</td><td>K</td><td>Ni 90
Cr 10</td><td>Ni 97
Si 3</td><td>0.65
1.0
1.6
2.3
3.2</td><td>650
750
850
900
1 000</td><td>850
950
1 050
1 100
1 200</td><td>2.98
1.26
0.49
0.24
0.12</td></tr>
<tr><td>铜 - 铜镍</td><td>T</td><td>Cu 100</td><td>Cu 55
Ni 45</td><td>0.3～0.5</td><td>200</td><td>250</td><td>7.2～2.6</td></tr>
</table>

高温热电偶在使用前必须要进行修正。本实验通过对纯金属进行热分析，测定其凝固温度，与实际凝固温度比较后对高温热电偶进行修正。

【实验装置】

高温热电偶、冷接点容器、电阻炉、电压调节器、坩埚。

【实验试料】

高纯度 Sn、Pb、Zn、Sb、Al。

【实验内容】

利用不同的选定金属，对高温热电偶进行校验。

【实验步骤】

实验前按照图 5.1 准备好管式电阻炉、调压器、冷接点容器、高温计（毫伏表）、秒表、实验记录表等。应避免高温计、秒表、冷接点容器接触电阻炉等热源或机械振动以及阳光直射等。照明所用光源的亮度只需达到可清晰读取高温计数值的程度即可。

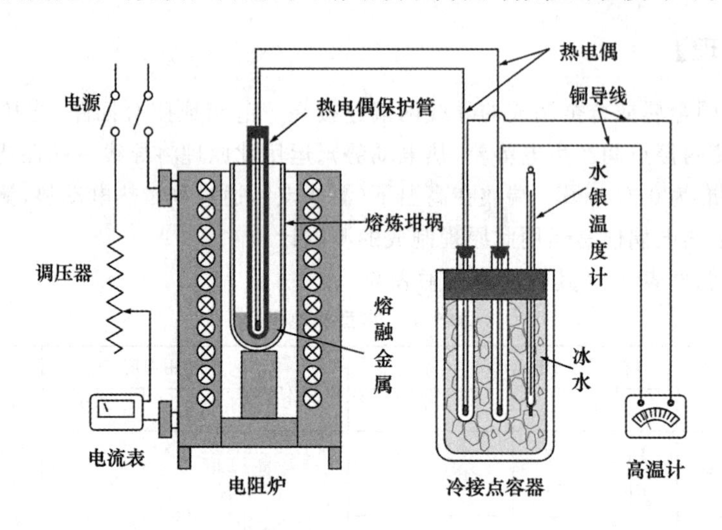

图 5.1　热分析装置

实验仪器要轻拿轻放。螺丝类零件不要快速拧动，也不要用很大力气去拧。当高温计进行调零时，要断开热电偶的回路。为保证冷接点温度为 0 ℃，要在保温瓶中加入冰块，同时加入适量的水。使用前要将热电偶完全退火。使用过程中尽量避免弯曲或与异物附着。

称取 Sn、Pb、Zn、Sb 各 40 g，Al 为 20 g。为各金属准备不同的坩埚以及保护管。

将试样装入坩埚后，将电阻炉加热到熔点以上 100 ～ 200 ℃ 并保温。将装有试样的坩埚放入电阻炉内，待试样完全熔化后，如图 5.1 所示将热电偶装入保护管，充分预热后放入熔融金属当中。

对于电阻炉的加热，开始时可以用电阻炉所允许的最大电流进行升温。待炉温上升后，用滑线电阻器调整电流。到高温时（800 ℃ 以上）要避免用大电流加热。

表 5.2 给出了管状电阻炉所用金属加热器的性质。

表 5.2　金属加热器的性质

种类		组成 /%	电阻率 /μΩ·cm	温度系数	熔融温度 /℃	使用温度 /℃	
						常用	最高
镍铬电阻丝 1 号		Ni 75-79 Cr 18-20	101 ～ 115	11×10^{-6}	1 430	1 000	1 100
镍铬电阻丝 2 号		Ni 62-68　Fe 余量 Cr 15-18	105 ～ 119	13×10^{-5}	1 400	800	950
铁铬铝线	D	Cr 23-26　Fe 余量 Al 4-6	132 ～ 148	6×10^{-5}	1 500	1 100	1 200
	A	Cr 17-21 Al 2-4　Fe 余量	115 ～ 129	20×10^{-5}	1 455	800	950
铂		Pt 100	10.6	390×10^{-5}	1 774	1 400	1 600

通过改变电阻炉的电流，当温度上升到高于金属熔点 100 ～ 150 ℃ 之后，断开电源让其自然冷却。将盛有熔融金属坩埚转移到另外的容器中，用石棉充分保温，其他冷却不太快的方法也可以采用。此方法适用于低熔点金属。

(1) 冷却曲线。测定温度随时间的变化(每隔 15 ～ 60 s 测一次)，绘制如图 5.2 所示的冷却曲线。记录持续到凝固点以下 50 ℃。

为了保证测量是在熔融金属的中心部进行，保护管的前端适当地用石棉板等保持在坩埚的底部几毫米以上。

(2) 过冷。Sn、Sb 冷却过程中易发生过冷现象。尤其是 Sb 可有数十度的过冷度，因此可在冷却过程中给予振动或在判断到达凝固点后投入大小约为 2 mm 的 Sb 片。

(3) 加热曲线。将凝固后的试样重新加热得到加热曲线。在这种情况下，确保电炉的最终温度保持在比试样熔点高 100 ～ 200 ℃ 的一定温度下。

在坩埚中重新加热凝固后的试样时，注意热膨胀容易导致保护管破裂。因此在重复实验时，要检查保护管在试样熔化时是否破裂。

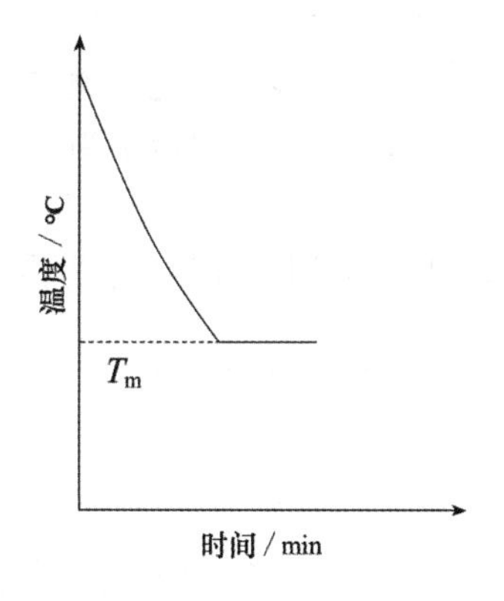

图 5.2　冷却曲线

(4) 测定。用水银温度计读取冷接点温度时，要从垂直于水银柱的方向看，读数要读取水银面上端所对应的刻度。对冷接点的测温在实验开始时和结束后都要进行。

读取高温计指针示数时，指针下方有个平面镜，将目光放在指针和其平面镜形成的像完全重叠的位置上进行读取。

高温计所用的毫伏表上有温度刻度。读数要精确到 1 个刻度(10 ℃) 的 1/10(1 ℃)。由于个人读数习惯的不同，不同人读同一个刻度时会有 ±1 ～ 2 ℃ 的偏差，比如，有的人读取的数字多为偶数，有的人读取的数字多为奇数。虽然随着读数的熟练，这样的习惯会有所矫正，但是这依然是造成个人误差的一个因素。

【结果分析】

求出金属实际的凝固温度与测定温度的差值，并以差值及测定温度绘制在坐标系中(图 5.3)。

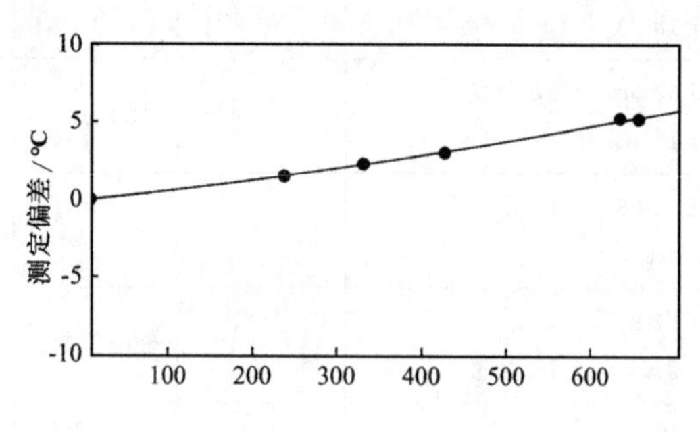

图 5.3　修正曲线

各金属的凝固温度见表 5.3。

表 5.3　金属的凝固温度

金属	凝固点 /℃	金属	凝固点 /℃	金属	凝固点 /℃
Sn	231.9	Pb	32.7	Zn	419.6
Sb	631	Al	660.4	Ag	961.8
Au	1 064.4	Cu	1 084		

修正曲线要标记出测定时间、高温计编号、检验员姓名等。

如果冷接点温度不为 0 ℃，在求上述修正曲线前必须要用下式进行修正。

$$T = T_i + \rho t, \quad \rho = f(T,t)$$

式中：T 为测定温度；T_i 为指示温度；t 为冷接点温度。ρt 取值在表 5.4、表 5.5 中查得。

表 5.4　镍铬 - 镍硅热电偶 ρt 值

t/℃	T_i/℃											
	100	200	300	400	500	600	700	800	900	1 000	1 100	1 200
10	9.8	10.0	9.8	9.3	9.3	9.3	9.5	10.0	10.0	10.3	10.5	11.1
20	19.5	20.0	19.3	18.8	18.8	18.8	19.0	19.8	20.0	20.5	21.1	22.2
30	29.3	30.0	29.0	28.3	28.1	28.1	28.6	29.5	30.0	30.8	31.6	33.1
40	39.5	40.0	38.8	38.8	37.9	37.9	38.3	39.5	40.3	41.3	42.7	44.4
50	49.5	50.0	48.6	47.9	47.4	47.4	48.3	49.5	50.5	52.1	53.8	57.5
60	60.0	60.0	58.3	57.4	56.9	57.1	58.1	59.8	61.0	62.9	64.9	67.6

表 5.5　铂铑 - 铂热电偶 ρt 值

t/℃	T_i/℃													
	100	200	300	400	500	600	700	800	900	1 000	1 100	1 200	1 300	1 400
10	7.2	6.1	5.6	5.2	5.0	4.8	4.6	4.4	4.2	4.1	4.0	3.9	3.9	3.9
20	15.4	12.4	11.4	10.8	10.0	9.8	9.4	9.0	8.7	8.3	8.2	8.0	8.0	8.0
30	22.3	19.0	17.4	16.4	15.6	15.0	14.4	13.8	13.3	12.8	12.5	12.3	12.2	12.2
40	30.0	25.8	23.5	22.2	21.2	20.3	19.5	18.7	18.0	17.4	17.0	16.7	16.6	16.6
50	38.0	32.7	30.0	28.4	27.0	26.0	24.9	23.9	23.0	22.2	21.7	21.3	21.1	21.2
60	47.6	40.0	36.7	34.9	33.1	31.8	30.0	29.2	28.1	27.2	26.5	26.0	25.9	26.0

从表 5.4 可知，在冷接点温度为 0 ～ 40 ℃ 的范围内，镍铬 - 镍硅热电偶的 $\rho \approx 1$。在实验精度要求不高的情况下，可直接将指示温度与冷接点温度相加得到测定值。

【讨论事项】

1. 补偿导线

当测温点与冷接点相距较远时，热电偶的延长需要用到补偿导线。

在温度较低时（100 ℃ 以下），要求补偿导线与热电偶的热电动势相近，且电阻较低。表 5.6 为常用补偿导线。

表 5.6　常用补偿导线

用途	100 ℃ 下的热电动势 /mV	组成		1 m 导线电阻 /Ω
		+	−	
铂铑 - 铂用	0.64 ± 0.05	纯铜	Ni 0.5% ～ 1.0%　Cu 余量	0.03
镍铬 - 镍硅用	4.10 ± 0.2	纯铜	Ni 55%　Cu 余量	0.24

2. 热电偶的修理

在使用过程中，有时会遇到热电偶高温计示数不稳定或不工作的情况，这常常是由于保护管破裂致使热电偶折断或劣化造成的。

保护管损坏时，替换新的保护管。

裁掉热电偶劣化或折断的部分，将热电偶两头相互缠绕两三圈后进行焊接 。

改变热电偶长度会改变其热电动势大小，具体关系为

$$E = E'\left(1 - \frac{\Delta r}{R}\right)$$

式中：E、E' 分别为热电偶修理前、后的热电动势；Δr 为修理前、后电阻变化；R 为修理前内部电阻（仪器内部电阻）与外部电阻（热电偶、导线等外部回路中的总电阻）之和。

热电偶经过修理后，最好将其热电动势进行修正，但是一般情况下切掉的长度很短，而内部电阻又很高（1 000 Ω 以上），因此可以不经过修正继续使用。而当内部电阻较低时（200 Ω 以下），则需要修正。

当精度要求较高时，要先根据仪器上所标的外部电阻值来调整外部电阻，再进行测量。同时，在测温时还必须考虑热电偶被加热的长度以及温度对其电阻的影响（对铂铑热电偶来说影响较大）。

实验 6　半导体电阻及霍尔系数的测定

【实验概要】

顾名思义，半导体就是电阻介于金属与绝缘体之间的物质，一般室温下其电阻率为 $10^{-3} \sim 10^{9}\ \Omega \cdot cm$。常见的半导体有硅（Si）、锗（Ge）等单质以及其他金属间化合物、氧化物、硫化物等。半导体物理性质中最基本最重要的特性就是其传导类型、载流子浓度（杂质浓度）和电阻率等电气性质。本实验的目的是通过测定从液氮温度到室温范围内不同电阻率 Ge 的霍尔系数与电阻，让学生加深对半导体内载流子行为的理解，并对半导体试样的处理方法更加熟练。

【实验原理】

1. 霍尔系数

通过测定霍尔系数，可以知道半导体内载流子的种类及浓度，还可对禁带级进行计算。

考虑带正电的空位（空穴）作为载流子进行导电的半导体。如图 6.1 所示，电流通过试样时，空穴向 x 轴正向移动，此时，如果在 y 轴方向施加大小为 B 的磁场，空穴将会受到 z 轴方向的洛伦兹力。这样使得试样上表面带正电，下表面带负电，上、下表面间由此产生大小为 E_z 的电势差。达到平衡状态时，电场力与磁场力相等，即

$$eE_z = eV_xB_y \tag{6.1}$$

式中：V_x 为 x 方向上空穴的速度；e 是单位电荷量。

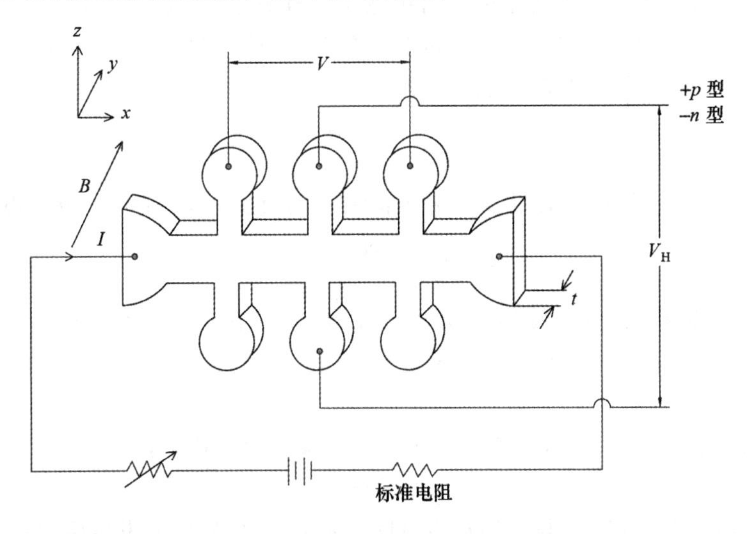

图 6.1　霍尔系数与电阻的测定

假设电流密度为 J_x，空穴浓度为 p，有

$$J_x = peV_x \tag{6.2}$$

联立式(6.1)和式(6.2)，有

$$E_z = \frac{J_x B_y}{pe} \tag{6.3}$$

霍尔系数 R_H 被定义为单位电流密度在单位磁场中产生的电势差 E_z，即

$$R_H = \frac{E_z}{J_x B_y} = \frac{1}{pe} \tag{6.4}$$

对于 n 型半导体，载流子为电子，因此霍尔电压为负，霍尔系数也为负。

利用实验值测定值修正式(6.4)，得到：

$$R_H = \frac{tV_H}{IB \times 10^8} = \frac{1}{pe} \tag{6.5}$$

式中：V_H 为霍尔电压，V；I 为全电流，A；t 为试样厚度，cm；B 为磁场强度，G；p 为载流子浓度，cm^{-3}；e 为单位电荷量，C。

向 Ge 中添加三价或五价的杂质，杂质原子将置换 Ge 进入晶格。比如在 Ge 中添加 Sb 后：

Sb(5 个价电子，中性) $\rightleftharpoons$ Sb^*(4 个价电子，以共价键结合) + e(与 Sb^+ 不稳定地结合)

Sb^+ 与多出价电子的结合能大约为 0.01 eV，因此，在从液氦温度(4.2 K)到室温范围内测量半导体霍尔系数时，由于热激活，电子会从杂质原子中释放出来变为自由的载流子。

如图 6.2 所示为掺 As 的 Ge 中载流子浓度与温度的关系。低温侧的梯度为施主提供电离能。当温度大于液氮温度时，由于施主全部都被电离，载流子浓度便基本不变了。58 号试样由于杂质浓度过大，施主波函数重叠(简并半导体)而出现反常现象。

2. 迁移率

由于热激活，晶体中的载流子能像自由电子一样移动，并能与半导体内的带电杂质、中性杂质、声子、其他载流子以及晶体缺陷反复相互碰撞。施加一个电场 E，载流子在两次碰撞之间的一段自由时间内就会获得加速度，即

$$a = -\frac{eE}{m^*} \tag{6.6}$$

式中：m^* 被称为电子的有效质量。τ 为碰撞间的平均自由时间，则电场方向电子的速度为

$$\nu = -\frac{\tau \times eE}{m^*} = -\mu E \tag{6.7}$$

此处引入迁移率(μ)。如果用 n 表示载流子数的话，电流密度 I 可表示为

$$I = -nev = ne\mu E = \sigma E \tag{6.8}$$

$$\sigma = ne\mu \tag{6.9}$$

从式(6.4)及式(6.8)可知，电导率与霍尔系数的乘积为迁移率，有

$$R_H \sigma = \mu \tag{6.10}$$

由式(6.7)可知，迁移率与平均自由时间 τ 成正比。如果碰撞发生两次以上，可用 τ 的倒数来表示单位时间内的散射概率。τ 的平均值可表示为各概率之和，即

$$\frac{1}{\tau}=\frac{1}{\tau_1}+\frac{1}{\tau_2}+\cdots \tag{6.11}$$

所以对应于各个散射机制的迁移率 $\mu_1,\mu_2,\cdots$ 的总迁移率 μ 表示为

$$\frac{1}{\mu}=\frac{1}{\mu_1}+\frac{1}{\mu_2}+\cdots \tag{6.12}$$

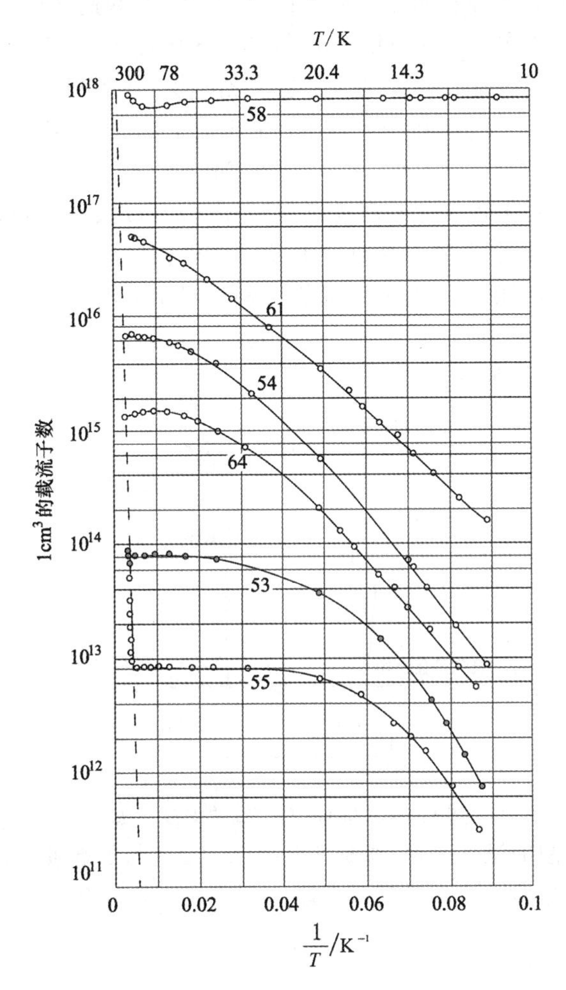

图 6.2 不同杂质浓度的 Ge 中载流子浓度与温度的关系图

虚线代表本征半导体中载流子浓度[由德拜(Debye) 与科垂耳(Conwell) 得出]

【实验装置】

电压计(1 mV ~ 10 V 或电位差计)、蓄电池(2 ~ 4 V)、永久磁体(空隙 4 cm 时达 1 000 G 以上)、标准电阻(10 ~ 100 Ω)、双耳瓶(1 L)、试样架、可变电阻、变压器、转换开关、牙科医用镊子、金线(Φ 0.1 ~ 0.2 mm)、铜 - 铜镍热电偶等。

【实验试样】

将掺锑 10^{14}、10^{16} 和 10^{18} cm^{-3} 的 n 型半导体 Ge 薄板用超声切割机切割成如图 6.1 所示的桥型，以这种形状切割可忽略来自电极的少量载流子对实验结果的影响，也能更精确地测定两电极间的距离。晶体在制作时沿〈111〉方向长大，因此试样面选择(111) 晶面。

(1) 试样的抛光。依次用 600 号和 1000 号 SiC 研磨剂将试样表面磨光。磨光后会在表面留下 10 μm 左右的机械加工层，因此，要进行化学抛光去除机械加工层。用乙酰乙醚脱脂后，用 HF(1 份)、H_2O_2(1 份) 和 H_2O(4 份) 混合的溶液(试剂名：Superoxol) 进行抛光，抛光时间控制在 1 min 左右；抛光后，用去离子水洗净。

(2) 电极的安装。用比较仪和刻度盘测量试样杆的宽度、厚度和长度；然后进行电极安装。半导体电学性质测定实验中最重要的就是电极的安装，不仅要保证接点电阻足够小，还要使接点的电流电压呈直线关系(欧姆接触)。对于 n 型半导体，应该通过焦耳热对金线进行焊接，通过使 Au 和 Ge 形成共晶合金就可以得到合格的接点(p 型半导体用 In 作为焊料来焊接)。焊接方法如图 6.3 所示。

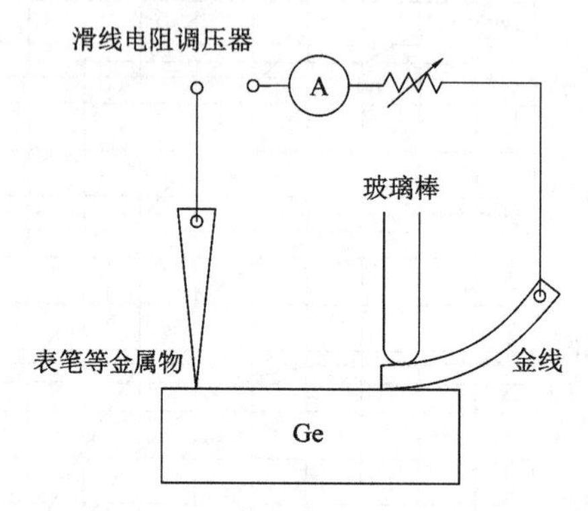

图 6.3　n 型 Ge 与金线的焊接方法

室温下对于高电阻的试样来说，电流不易通过，可适当加热使电阻降低后进行焊接。通过改变万用表的极性后测定端子间的电阻来判断接点是否合格，若改变极性前、后电阻值大致相等，则合格。

【实验内容】

通过测定从液氮温度到室温范围内不同电阻率 Ge 的霍尔系数与电阻，加深对半导体内载流子行为的理解。

【实验步骤】

如图 6.4 所示，将试样固定在试样架上。

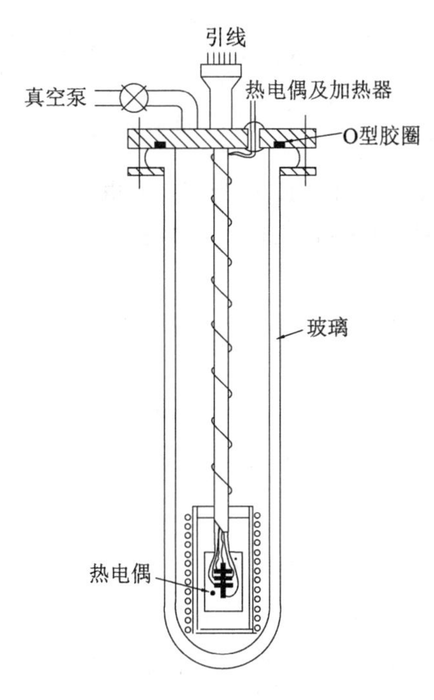

图 6.4　实验装置

(1) 霍尔系数的测定。将试样架放在磁铁缝隙间，保证试样面与磁场方向垂直，连接电源、电阻和电压表。控制电流使电阻两端电压稳定在 1 V 以下，如超过 1 V 会出现发热以及与欧姆定律产生偏差的问题。霍尔系数的测定只在室温下进行。实验中如果试样的霍尔端子不能正确地对准并切断，二者之间的电压降就会加到所测霍尔电压上，因此，为消除误差，要将磁体旋转 180° 测量两次。实验时指定了磁场强度。

(2) 电阻的测定。将试样架设置在双耳瓶内，测定其在液氮温度到室温范围内的电阻。用机械泵抽气，仅充入少量氦气用来做热交换。将铜 - 铜镍热电偶用 In 焊接在空白试样上，将其放在试样旁来测定温度。虽然可用加热器改变试样温度，但如果产生温度梯度，在试样内部会产生热电动势从而造成误差。此热电动势与试样内部电流方向无关，可使电流反向后测值取平均来消除误差。在液氮温度到室温取 7 个温度点进行测量。

【结果分析】

(1) 通过确定霍尔系数的正、负来确认所测试样是否为 n 型半导体；计算出其在室温下的载流子浓度。

(2) 计算各温度下的电导率，利用式(6.9) 计算其迁移率。此处，假设载流子的数目在液态氮的温度上是恒定的，直接采用式(6.1) 中所计算的值。将迁移率与温度关系绘制在对数坐标系中。

半导体中的迁移率由中心电荷 Sb^+ 产生的载流子卢瑟福散射 μ_I 与热振动晶格产生的散射 μ_L 两部分决定。计算整个迁移率，并与实际值进行比较。虽然理论上 μ_L 与 $T^{3/2}$ 成反比，但此处我们用莫林 - 迈塔 (Morin-Maita) 经验公式来计算 μ_L($\mu_L = 4.9 \times 10^7 T^{-1.66}[\mathrm{cm}^2 \cdot \mathrm{V}^{-1} \cdot \mathrm{s}^{-1}]$)。$\mu_I$ 可用布鲁克斯(Brooks) 屏蔽库仑场理论求出：

$$\mu_I = 1.65 \times 10^{19} \cdot N_I^{-1} \cdot \left(\frac{T}{T_0}\right)^{\frac{3}{2}} \cdot \left(\frac{\varepsilon}{\varepsilon_0}\right)^2 \cdot \left(\frac{m}{m^*}\right)^{\frac{1}{2}} \cdot$$

$$\left[\log\left\{1 + \frac{10^{17}}{N_I}\left(\frac{T}{T_0}\right)^2\left(\frac{\varepsilon}{\varepsilon_0}\right)\right\}\right]^{-k} [\mathrm{cm^2 \cdot V^{-1} \cdot s^{-1}}] \tag{6.13}$$

N_I 为被电离的施主数，$T_0 = 300$ K，ε_0 为真空介电常数，ε 为半导体介电常数，m 为电子质量，m^* 为电子有效质量。对于Ge来讲，$\varepsilon = 16\varepsilon_0$，$m^* = 0.13m$。此 μ_I 不适用于简并半导体。

计算 n 型Ge半导体载流子在300 K时的热速度以及如果加10 V·cm^{-1} 的电场，载流子的移动速度是多少？

电子和空穴同时导电时，导出霍尔系数的表达式为

$$R_H = \frac{\mu_p^2 P - \mu_n^2 n}{e(\mu_p P + \mu_n n)^2} \tag{6.14}$$

式中：μ_p、μ_n 分别为空穴与电子的迁移率；p、n 分别为空穴与电子浓度。说明复合导电时不能通过判定霍尔系数的正负来确定传导类型。

半导体中的浅杂质状态可以用介电常数 ε 的介质中的氢原子很好地近似。使用波尔(Bohr)氢原子模型以及电离能 $E = \dfrac{e^4 m^*}{2(4\pi\varepsilon)^2 \hbar^2}$，轨道半径 $a = \dfrac{4\pi\varepsilon\hbar^2}{m^* e^2}$。计算电离能与轨道半径，并求出相邻杂质轨道开始重叠时的杂质浓度。

简述Cu与Ge在从极低温上升到100 ℃附近过程中，电阻随温度的变化；分析它们的异同。

【讨论事项】

不通过测量霍尔系数，采用图6.5的装置可简单测定热电动势也可知道多数载流子是空穴还是电子。

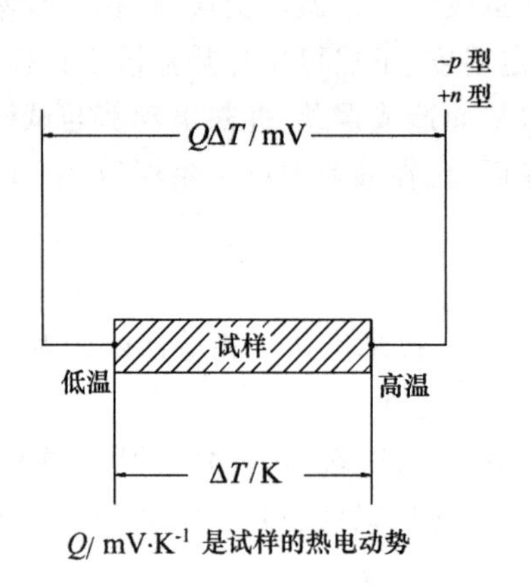

图6.5　通过测量热电动势判定传导类型

实验 7　对流与扩散

【实验概要】

在多数冶金工艺中，固体向液体中的溶解速度一直是个难题，如废料的溶解，氧化铝向电解液中的溶解，等等。一般来说，固体形状较为复杂，研究时还必须考虑传热问题，以及合金的中间相形成等问题。因此，对此类系统的处理会比较困难。然而，液体中的扩散在多数系统中都是相通的，为了促进扩散，可采用自然对流或人为强制使系统对流，这样便把上述问题简化为对流与扩散两个单过程。

【实验原理】

1. 回转圆盘周围的对流

在无限大空间流体中，直径为 d 的圆盘以角速度 ω 旋转。假设流体为非压缩性牛顿流体；对流较小时圆盘附近为层流；并且忽略自然对流的影响。按图 7.1 建立坐标系，假设对流为轴对称的定常流动，则流体的运动方程式与连续方程式为

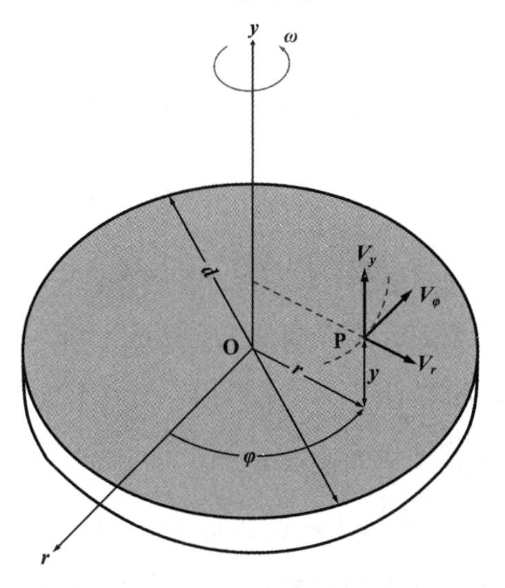

图 7.1　旋转圆盘法的坐标系

$$\begin{aligned}&(\text{运动})\ \mathbf{V}\cdot\nabla\mathbf{V}=-\nabla(P/\rho)+\nu\nabla^2\mathbf{V}\\&(\text{连续})\ \nabla\cdot\mathbf{V}=0\\&\text{B.C.1}:V_r=V_y=0,V_\phi=\omega r\quad y=0\\&\text{B.C.2}:V_\phi=V_y=0,V_y=\text{有限}\quad y=0\end{aligned}\tag{7.1}$$

圆盘附近的级数解可表示为

$$V_y=-(\omega v)^{1/2}\cdot(0.51\eta^2-0.333\eta^3+\cdots)\tag{7.2}$$

式中，v 为运动黏度。$\eta = (\omega v)^{1/2} \cdot y$。

用式(7.2)计算 $V_\phi(\eta)$，$V_y(\eta)$ 可得，$\frac{V_\phi(2.8)}{V_\phi(0)} = 0.1$，$\frac{V_\phi(3.6)}{V_\phi(0)} = 0.05$；$\frac{V_y(2.8)}{V_y(\infty)} = 0.82$，$\frac{V_y(3.6)}{V_y(\infty)} = 0.905$。不难看出，当 $\eta \geqslant 3.6$ 时，圆盘附近与无限远处流速仅有10%左右的不同。也就是说，大部分流速变化集中于 $y \leqslant 3.6\left(\frac{v}{\omega}\right)^{1/2}$ 的薄层范围内，这一薄层被称为普朗特(Prandtl)边界层。

2. 回转圆盘周围的物质移动

对于液体而言，其施密特数 $\left(Sc = \frac{\nu}{D}\right)$ 是非常大的，这说明液体的质量扩散比动量扩散慢得多。因此，在讨论使物质发生扩散的流体时，只需考虑边界层界面附近的流体即可。也就是说，物质浓度的变化发生于比普朗特边界层更薄的薄层内。假设扩散系数不随浓度变化、浓度与 r 无关，由定常流动的对称性得到以下关系：

$$D\frac{\mathrm{d}^2 C}{\mathrm{d}y^2} = V_y \frac{\mathrm{d}C}{\mathrm{d}y}$$

$$\text{B.C.1}: C = C_0 \quad y = 0, \quad \text{B.C.2}: C = C_\infty \quad y = \infty \tag{7.3}$$

因为 V_y 只需讨论 y 很小时的取值，可直接取式(7.2)级数展开式的第一项，后项可忽略。将式(7.3)中自变量代换为 η，边界随之换成 $y \to \eta$，改变变量后的微分方程如式(7.4)：

$$\frac{\mathrm{d}^2 C}{\mathrm{d}\eta^2} + 1.02 Sc\eta^2 \frac{\mathrm{d}C}{\mathrm{d}\eta} = 0 \tag{7.4}$$

式中，Sc 是施密特数(ν/D)。

解此方程，得到：

$$\frac{C - C_0}{C_\infty - C_0} = Sc^{1/3}\left[0.78\int_0^\eta \exp(-0.68 Sc x^3)\mathrm{d}x\right] \tag{7.5}$$

右项方括号内用 Γ 函数表示，扩散通量 $J[\mathrm{g \cdot cm^{-2} \cdot s^{-1}}]$ 可表示为

$$J = -D\left(\frac{\mathrm{d}C}{\mathrm{d}y}\right)_{y=0} = -0.78 D Sc^{1/3}\left(\frac{\omega}{v}\right)^{1/2}(C_0 - C_\infty) \tag{7.6}$$

试样的溶解速度 $W\,[\mathrm{g \cdot s^{-1}}]$ 可表示为

$$W = AJ = \left(\frac{\pi}{4}\right)\mathrm{d}^2 J = 0.606 d^2 D Sc^{1/3}\left(\frac{\omega}{v}\right)^{1/2}(C_0 - C_\infty) \tag{7.7}$$

接下来求解边界层的厚度。按照普朗特流体，应该求解式(7.5)左项的0.9或0.95倍所对应的 η，但如此求解较为复杂。为简化计算，此处取厚度 $\delta = \frac{D(C_0 - C_\infty)}{J}$，这相当于假设线性浓度梯度仅存在于厚度 δ 中，被称作界膜或能斯特(Nernst)边界层。由式(7.6)得 $\delta = 1.3 Sc^{-1/3}\left(\frac{v}{\omega}\right)^{1/2}$，当 $Sc = 10^3$ 时，厚度约为普朗特边界层的4%。

对于 d、ω、v、C_0 和 C_∞ 已知的系统，只需测定 W 就可以利用式(7.7)知道此系统的扩散系数 D。

以上便是回转圆盘法测定扩散系数原理，因为问题只发生在离圆盘很近的地方，即使圆盘的半径与容器的大小有限制，也可得到较为精确的结果，因此被广泛应用。然而要注意的是，实际上扩散系数是受浓度影响的，所得到的值是表观扩散系数。

【实验装置】

实验装置简图如图 7.2 所示。恒温系统由主恒温水槽、循环泵、测定用恒温水槽构成；回转系统由同步电动机与锭剂架构成。实验在 NaCl 锭剂与水所组成的系统中进行，因此可通过电导仪测量溶液浓度或用天平测量锭剂的损失量来测量 NaCl 的溶解量。若使用苯甲酸制成的锭剂，则需要用到滴定装置。如果不考虑实验精度与实验时间的问题，也可以用 Cu 在熔融 Al 中的溶解为研究对象。

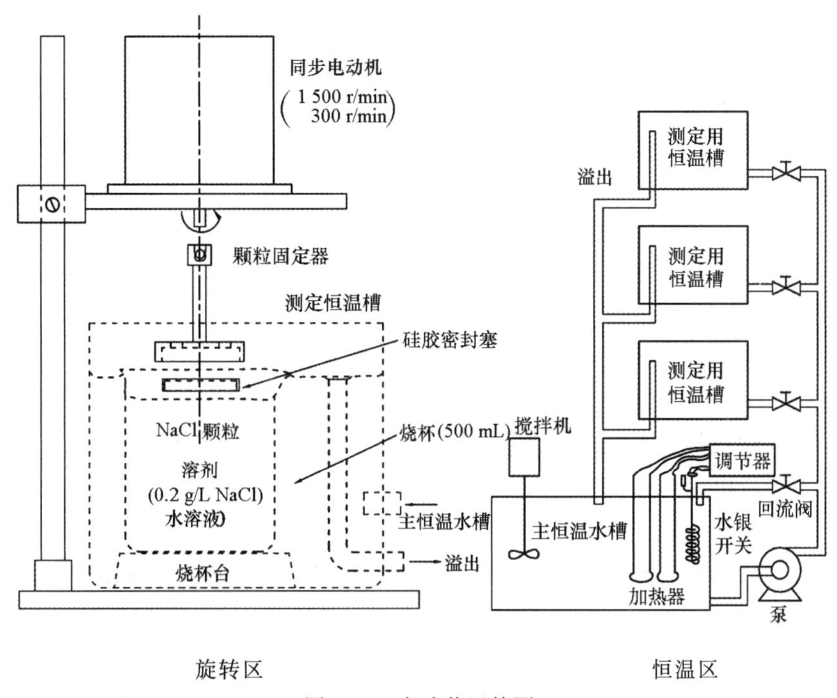

图 7.2　实验装置简图

【实验试样】

锭剂使用市面上顶级 NaCl 先油压成型，再在 NaCl 饱和溶液中反复浸泡干燥后制得，这样所得 NaCl 锭剂更为致密化。锭剂架内径比锭剂直径大 1 mm，将锭剂经过铸型硅树脂包装后放在锭剂架上，使锭剂只有一面露出。

NaCl 溶剂的初始浓度是 0.2 $g \cdot L^{-1}$。注意应在导电率与 NaCl 浓度大致呈直线关系的范围内进行实验。

其他用具：游标游标卡尺、天平、秒表、量筒、烧杯、搅拌棒、吹风机等。

【实验内容】

以能得到对流扩散理论解的旋转圆盘为例，在常温下进行模拟实验，熟悉自然对流与强制对流下的扩散过程。

本实验涉及的旋转圆盘法也可以用来测量扩散系数。

【实验步骤】

(1) 用游标游标卡尺测量锭剂的厚度与直径，用天平测量锭剂质量。

(2) 用量筒向烧杯中量取 500 mL 溶剂。

(3) 将烧杯放入测量用恒温水槽中，用搅拌棒一边搅拌一边等待温度升到实验温度(25 ℃)。

(4) 将锭剂放入锭剂架，启动电动机。

(5) 保持锭剂旋转的同时提高烧杯，使锭剂浸入烧杯。此时打开秒表开始计时($t = 0$)。

(6) 达到规定时间后(转速 300 r/min 时分别取 10 s、20 s 和 30 s；转速 1 500 r/min 时分别取 5 s、10 s 和 15 s)，保持锭剂旋转的同时，降下烧杯，从溶液中取出锭剂。

(7) 关闭电动机，锭剂从锭剂架取出后用甲醇洗净，用吹风机充分吹干后称量，求出溶解量。

(8) 另一方面，将烧杯中溶液充分搅拌后，测量导电率。

(9) 按照 3 个规定时间，重复上述(2) ~ (8) 步骤。

(10) 在电动机转数不同的装置上，工作重复上述(1) ~ (9) 步骤。

(11) 不开启电动机(转速为 0；自然对流) 时如上同样操作(规定时间分别为 1 min、2 min 和 4 min)。

(12) 每个转速测定完，步骤(8) 后，仔细观察试样表面，用游标游标卡尺测量试样厚度与直径。

(13) 测定溶剂的导电率。

(14) 绘制$0.1\ g \cdot L^{-1} \sim 10\ g \cdot L^{-1}$ 范围内导电率对浓度关系的参考线。精确称量 NaCl 的量，用量筒配置成 $20\ g \cdot L^{-1}$ 的溶液，依次稀释后进行测定，效果会更好。

【结果分析】

(1) 以转速为参数，作出时间与累计溶解量的关系曲线。

(2) 以溶解时间为参数，作出转速与累计溶解量的关系曲线。

(3) 假设锭剂表面的盐浓度为该温度下盐溶液的饱和浓度，运动黏度取纯水的值，用式(7.7) 求出 NaCl 在水中的扩散系数。将所得结果与参考值进行比较。

(4) 对于自然对流，按照式(7.8) 计算本实验体系所对应的 Gr 和 Sc，取 $\beta = \gamma = 4$ 和 $\beta = 4$、$\gamma = 3$ 两种情况求出扩散系数 α。

$$Nu = \alpha \cdot Gr^{1/\beta} \cdot Sc^{1/r} \tag{7.8}$$

式中：$Gr=\frac{\rho_f^2 g d^3 \zeta X_s}{\mu_f^2}$，$Nu=\frac{k_X \cdot d}{S \cdot D}$。$\rho_f$ 为溶剂的密度，$g \cdot cm^{-3}$；g 为重力加速度，$m \cdot s^{-2}$；d 为锭剂直径，cm；ζ 为单位溶质浓度密度的变化率，$\zeta=\frac{1}{\rho_f}\left(\frac{\partial \rho_f}{\partial X}\right)_T$；$X_S$ 为溶质的饱和浓度，$mol \cdot mol^{-1}$；μ_f 为溶剂的黏度，$g \cdot cm^{-1} \cdot s^{-1}$；$S$ 为溶液中溶剂和溶质的总量，$mol \cdot cm^{-3}$；D 为溶液中溶质的扩散系数，$cm^3 \cdot s^{-1}$。

当累计溶解量为 M 时，用式(7.9)定义全表面平均摩尔分数的值为

$$\frac{dM}{dt}=\frac{\pi d^2}{4} \cdot \frac{k_X \cdot X_S}{1-X_S} \tag{7.9}$$

式中，k_X 是传质系数，$mol \cdot cm^{-2} \cdot s^{-1}$。

(5) 讨论造成实验误差的原因。如讨论用质量法和电导率法测量溶解量的差别。另外，实验过程中所观察到的流体状态等变化也是重要的讨论内容。

【讨论事项】

(1) 本实验中，虽然做了4个假设，即假设 D 与浓度无关，r 与 ϕ 无关；忽略了自然对流及容器壁的影响，考查一下在本实验中这些假设是否妥当。论述以上这些假设与实际的差别会对结果产生怎样的影响。

(2) 作出从 $\omega=0$ 到较大 ω(边界层厚度几乎为零)范围内 $\log J$ 与 $\log \omega$ 的关系图(无须考虑空穴现象)。在曲线上标出用回转圆盘法测扩散系数 D 的适用范围。

(3) 计算 20 ℃ 纯水中匀速下落的 NaCl 粒子(设雷诺数 $Re \leqslant 1$)在 $t \approx 0$ 时的直径变化率。

实验 8　非稳态传热(热扩散率 α 的测定)

【实验概要】

一般来说,热传导是一个缓慢的过程。在很多情况下,热传导都不能被视为稳态传热。冶金学中有很多高温工序,因此,掌握导热现象相关知识十分重要。实际上,高温工序所涉及的并不仅仅是热的传导,在这个过程中还需对相变、物质移动及反应等进行分析。对于包含气、液相的反应过程,还需考虑流体的流动。本实验只讨论简单二维变量下固体内的导热过程。

【实验原理】

该系统使用如图 8.1 所示的中空厚壁圆筒试样。圆筒的两个端面做绝热处理,因此,该系统可被视为无限长圆柱体。在实际操作过程中,首先对加热器进行连续通电或与以一定周期断续通电,然后测定从中心轴到不同距离处的温度。外部温度取出口处与入口处冷却水的平均温度。

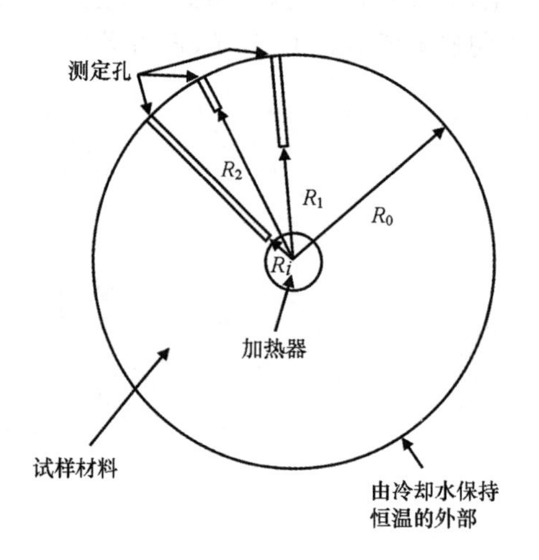

图 8.1　系统截面图

若假设边界温度与中心加热器的温度恒定,则试样内部的温度只是半径及时间的函数。再假设试样的物理性能不随温度变化,则可以推导出试样内部与温度相关的基本方程式为

$$\frac{1}{\alpha}\frac{\partial T}{\partial t}=\frac{1}{r}\frac{\partial}{\partial r}\left(r\frac{\partial T}{\partial r}\right) \tag{8.1}$$

$$\text{B. C. 1}: T(R_i,t)=\Phi(t) \tag{8.2}$$

$$\text{B. C. 2}: T(R_0,t)=T_0 \tag{8.3}$$

$$\text{I. C}: T(r,0) = T_0 \tag{8.4}$$

式中：R_0 为试样外径，cm；R_i 为测温点到中心轴的距离，cm；r 为试样内某点到中心轴距离，cm；T 为时间 t 时，距离 r 处的温度，℃；T_0 为系统外表面温度，℃；t 为开始实验到测定数据的时间，s；α 为热扩散率（$\alpha = k/\rho c_p$，其中 k 为热导率，ρ 为密度，c_p 为定压质量热容），$cm^2 \cdot s^{-1}$；$\Phi(t)$ 为 R_i 处温度随时间变化的函数。此处假设实验开始时系统内部温度与冷却水温度相同，由此确定初始条件。

很显然，$\Phi(t) \geqslant T_0$，设：

$$\begin{cases} \phi(t) = \Phi(t) - T_0 \\ \theta = T - T_0 \end{cases} \tag{8.5}$$

将下式置换 B. C. 1 进行求解：

$$\theta = 1 \tag{8.6}$$

解得：

$$\theta^* = \pi \sum_{n=1}^{\infty} \frac{J_0(R_i C_n) \cdot J_0(R_0 C_n)}{J_0^2(R_i C_n) \cdot J_0^2(R_0 C_n)} \cdot U_0(rC_n)\exp(-\alpha C_n^2 t) + \frac{\ln(R_0/r)}{\ln(R_0/R_t)} \tag{8.7}$$

式中，U_0 为零阶圆柱函数：

$$U_0(rC_n) = J_0(rC_n) \cdot Y_0(R_0 C_n) - Y_0(rC_n) \cdot J_0(R_0 C_n) \tag{8.8}$$

式中，J_0、Y_0 分别为第一类、第二类贝塞尔（Bessel）函数。C_n 是满足 $U_0(R_i C)$ 的第 n 个互异正根。

应用杜哈梅（Duhamel）定理，及式（8.2）中原来边界条件可对式（8.7）进行求解：

$$\begin{aligned} \theta &= \int_0^t \phi(\lambda) \frac{\partial}{\partial t}\theta^*(r, t-\lambda)\mathrm{d}\lambda \\ &= a\pi \sum_{n=1}^{\infty} \left[\frac{C_n^2 J_0(R_0 C_n) \cdot J_0(R_i C_n)}{J_0^2(R_t C_n) - J_0^2(R_i C_n)} \cdot U_0(rC_n) \times \int_0^t \phi(\lambda)\exp\{-\alpha C_n^2(t-\lambda)\}\mathrm{d}\lambda \right] \end{aligned} \tag{8.9}$$

连续通电时，最内侧温度为 $\Phi(t)$，减去 T_0 后就可以求出 $\Phi(t)$；用其他测定点的温度 θ 与时间 t 便可求出热扩散率 α。

断续通电时，到达稳态振动后，对 $\Phi(t)$ 傅里叶展开后代入式（8.9）进行计算，同样可求出热扩散率 α。

通过实测或文献值得到 ρ 和 c_p，可求得热传导率 k。另外，在 $\frac{\alpha t}{R_0^2} \geqslant 10$ 的条件下，可大致确定系统到达稳定状态所需时间。

【实验装置】

实验装置简图如图 8.2 所示。主要由试样、SiC 电阻组成的加热系统、铜管组成的冷却系统、K 型热电偶组成的测温系统以及自动平衡记录仪组成的记录系统五部分组成。所记录数据为热电偶的热电动势的 mV 值，因此在数据处理时需将其转化为温度单位（转换方法参照各种手册）。用开关与变压器控制试样连续通电或断续通电。

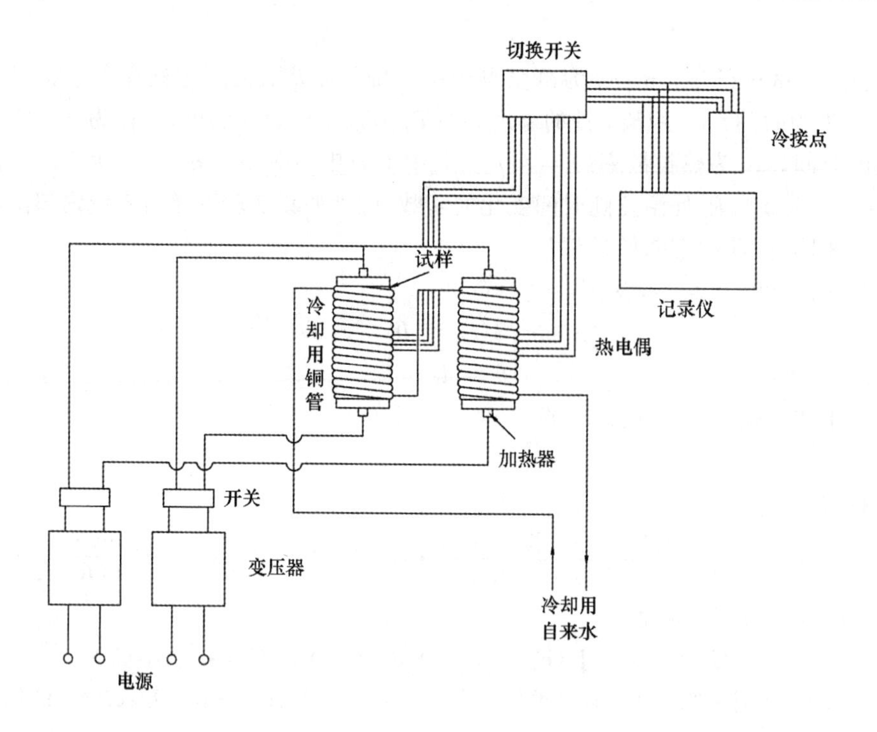

图 8.2　实验装置与器具

【实验试样】

软铁或黄铜,以及绝热砖。

【实验内容】

测定固体内非稳态传热以及它的边界条件,加深对导热现象的理解。

【实验步骤】

(1) 打开圆筒外冷却水开关。

(2) 将冰放入冷接点。

(3) 打开记录仪开关,进行调零。

(4) 确定试样内部温度与外表面温度相等。

(5) 确定记录仪的进给速度和范围。

(6) 开始通电。

(7) 用量筒和秒表测量冷却水量。用水银温度计测量冷却水温度(出口与入口温度差也可用差分热电偶测量)。

(8) 记录数据后,改变试样与加热条件,从第(4) 步重新开始实验。如果使用的是与热电偶对应的温度记录仪,不用进行第(2)(3) 步。

【结果分析】

将以下项目附在实验报告上。

(1) 连续通电时：

(i) 原始数据；

(ii) 计算过程(计算贝塞尔函数与圆柱函数求根的过程)；

(iii) 计算结果。

(2) 断续通电时：

(i) 原始数据；

(ii) 计算过程[$\Phi(t)$ 的傅里叶展开过程]；

(iii) 计算结果。

(3) 解答练习题。

(4) 实验和计算结果的分析。

将所求的热扩散率 α 与参考值(参照化学手册等) 进行比较。

【讨论事项】

(1) 讨论理论分析与通过数据求得的 α 值之间产生误差的主要原因及对误差大小的影响。

(2) 用式(8.1) ～ 式(8.4) 推出式(8.9)。

(3) 写出稳态振动状态下式(8.9) 对应的积分式。

(4) 连续通电与断续通电连续进行，为了在最短时间内取得足以求到热扩散率的数据，应该怎么做?半定量的分析讨论也可以。

【注意事项】

(1) 要及时关闭水、电等。

(2) 报告要简洁。

(3) 实验后进行数据处理时，需要使用 Matlab、Mathematica 等数学工具或 Fortran 等编程语言，因此分组时最好能将会使用这些工具的同学分布在不同组内，以便于同学们进行数据处理。

实验 9　氧化物标准生成吉布斯自由能的测定

【实验概要】

在火法冶金中，为了便于直观地分析比较各种化合物的稳定顺序和氧化还原的可能性，分析冶金反应进行的条件，常将反应的标准生成吉布斯自由能和温度作图，化合物为氧化物时称为氧化物标准生成吉布斯自由能图，也称氧势图或氧位图。本实验通过设计氧浓差电池，测定各种氧化物分解时的氧气分压（分解压），从而计算出氧化物的标准生成吉布斯自由能。

【实验原理】

$$\frac{E}{P_{O_2}\,\mathrm{I}\ \mid ZrO_2 \cdot CaO \mid P_{O_2}\,\mathrm{II}}$$

此处，$ZrO_2 \cdot CaO$ 为固体电解质，$P_{O_2}\,\mathrm{I}$ 和 $P_{O_2}\,\mathrm{II}$ 为两极的氧气分压。

设计上述浓差电池。由于两极氧气浓度的不同，会产生电势差，电势差与氧气浓度具有以下关系。假设电解质 $ZrO_2 \cdot CaO$ 对氧离子的运输率为 100%。

$$E = \frac{RT}{4F}\ln\frac{P_{O_2}\,\mathrm{I}}{P_{O_2}\,\mathrm{II}} \tag{9.1}$$

式中，R 为气体常数；T 为热力学温度；F 为阿伏伽德罗常数。

由此，使用某温度下分解压已知的氧化物作为一个电极（标准电极），通过测定电动势，便可以得到另一氧化物电极在某温度下的分解压。本实验中，使用 NiO 作为标准电极，利用其分解压（根据表 9.1 算出），测量铁的氧化物（方铁矿，Fe_3O_4）的分解压；从而进一步得出它们的标准生成吉布斯自由能。

表 9.1　NiO 的分解压

T/K	ΔH°_f/(cal · mol^{-1})	ΔG°_f/(cal · mol^{-1})	T/K	ΔH°_f/(cal · mol^{-1})	ΔG°_f/(cal · mol^{-1})
298.15	−57 300 (±100)	−50 570 (±140)	1 100 1 200	−55 970 −55 900	−33 900 −31 890
400	−57 150	−48 360	1 300	−55 860	−29 890
500	−56 830	−46 200	1 400	−55 850	−27 890
600	−56 600	−44 100	1 500	−55 850	−25 810
630	−56 580	−43 440	1 600	−55 900	−23 880
700	−56 460	−42 060	1 700	−55 970	−21 880
800	−56 310	−39 970	1 726	−55 990	−21 370
900	−56 180	−37 940	1 726	−60 200	−21 370
1 000	−56 070	−35 910	1 800	−60 250	−19 700

续表

T/K	ΔH°_f/(cal · mol^{-1})	ΔG°_f/(cal · mol^{-1})	T/K	ΔH°_f/(cal · mol^{-1})	ΔG°_f/(cal · mol^{-1})
1 900	−60 350	−17 400	2 500	−60 850	−3 700
2 000	−60 400	−15 100	2 600	−60 950	−1 400
2 100	−60 500	−12 900	2 700	−61 050	+900
2 200	−60 600	−10 600	2 800	−61 150	+3 200
2 300	−60 650	−8 300	2 900	−61 250	+5 500
2 400	−60 750	−6 000	3 000	−61 350	+7 800

1. 方铁矿(Fe_xO) 标准生成吉布斯自由能($\Delta G^\circ_{Fe_xO}$) 的测定

Fe_xO 的分解反应由式(9.2) 给出。某温度 T 下将 Fe_xO 与 Fe 粉混合后达到平衡，此时氧分压就是其分解压，可通过测定此电极与标准电极间电动势 E 得出。标准电极由 Ni 与 NiO 粉末构成，某温度下反应方程如式(9.3) 所示。

$$Fe_xO = xFe + \frac{1}{2}O_2 \tag{9.2}$$

$$Ni + \frac{1}{2}O_2 = NiO \tag{9.3}$$

如此得到的 Fe_xO 分解压与 $\Delta G^\circ_{Fe_xO}$ 有式(9.4) 所示关系，这样便可求出 T 温度下 $\Delta G^\circ_{Fe_xO}$ 的值。

$$\Delta G^\circ_{Fe_xO} = RT\ln P_{O_2}^{\frac{1}{2}} \tag{9.4}$$

叠加式(9.2) 与式(9.3)，可得到电池反应的总方程式(9.5)。由此可得出电池反应的标准生成吉布斯自由能为

$$xFe + NiO = Fe_xO + Ni \tag{9.5}$$

电池反应：$\Delta G^\circ = \Delta G^\circ_{Fe_xO} - \Delta G^\circ_{NiO}$。

与 E 的关系如式(9.6) 所示。此式中，NiO 的标准生成吉布斯自由能 ΔG° 可由表 9.1 算得，因此，在实际计算中，并不需要先由 E 得到 Fe_xO 分解压，再由其分解压得到 ΔG°_{NiO}。只需直接构建 E 与 $\Delta G^\circ_{Fe_xO}$的关系，便可计算 Fe_xO 的标准生成吉布斯自由能。

$$\Delta G^\circ = -2FE \tag{9.6}$$

应该注意，此处涉及的 Fe_xO 与 Fe 处于平衡状态。从图 9.1 可以看出 JLQ 线表示此 Fe_xO 的组成。因此，方铁矿并不是如其化学记号 FeO 所表示的具有确定组成的化合物，而是如图 9.1 所示具有成分变化的铁与氧的固溶体。相变点温度及 w_O 见表 9.2。

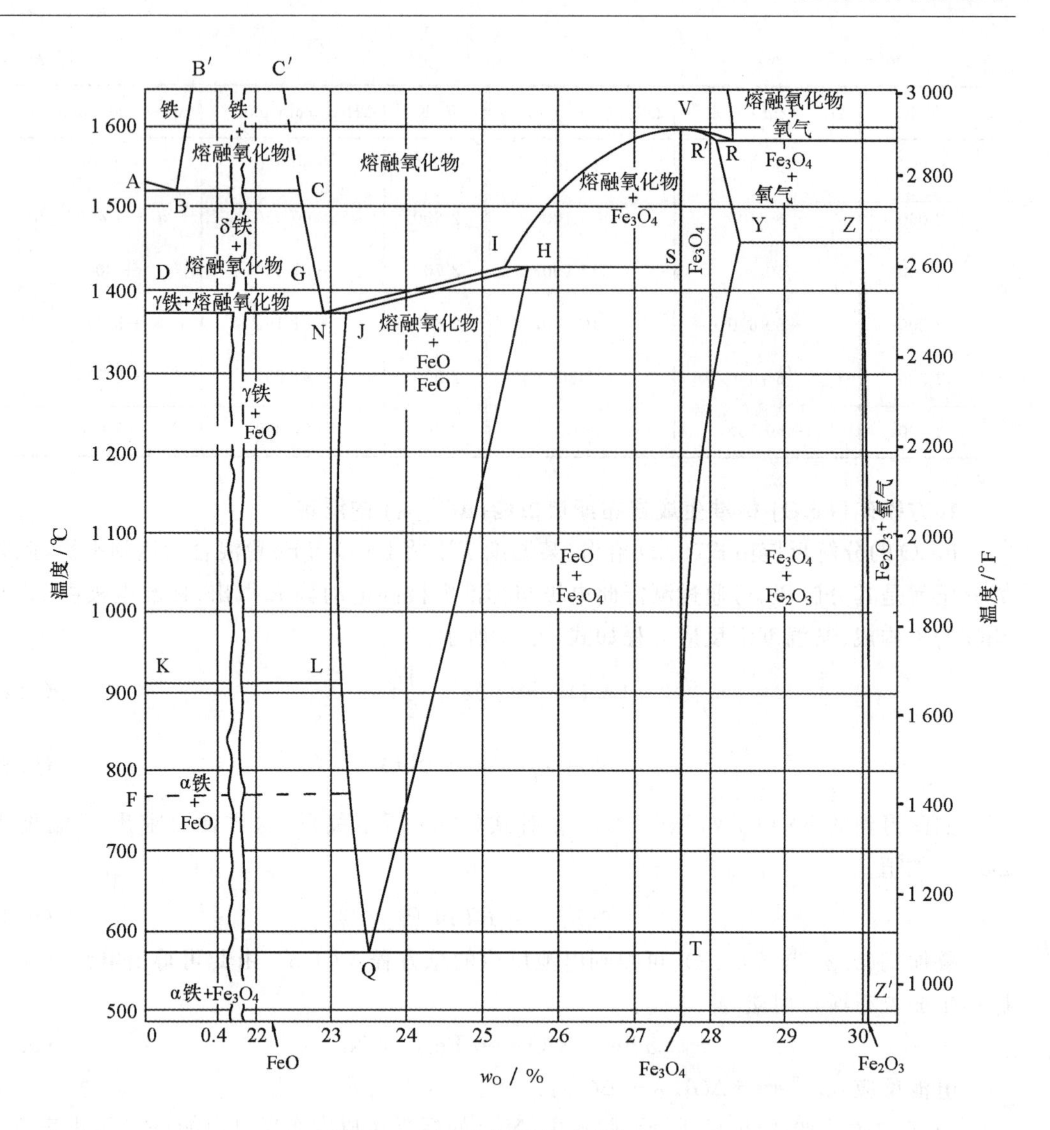

图 9.1　铁氧相图及相变点和 w_O

表 9.2　相变点温度及 w_O

点	温度		w_O/%	点	温度		w_O/%
	/°F	/℃			/°F	/℃	
A	2 795	1 535	0	*J*	2 500	1 371	23.15
B	2 775	1 524	0.16	*K*	1 670	910	0*
C	2 775	1 524	22.63	*L*	1 670	910	23.15
D	2 552	1 400	0*	*N*	2 500	1 371	22.92
F	1 418	770	0*	*Q*	1 058	570	23.57
H	2 593	1 423	25.60	*R*	2 881	1 583	28.30
I	2 593	1 423	25.26	*R′*	2 881	1 583	28.08

续表

点	温度		$w_O/\%$	点	温度		$w_O/\%$
	/°F	/℃			/°F	/℃	
S	2 593	1 423	27.64	Z	2 651	1 455	30.04
V	2 907	1 597	27.64	Z′			30.06
Y	2 651	1 455	28.36				

注：* 表示在这些温度下氧的溶解度并不清楚，但是应该非常小。

2. Fe_3O_4 标准生成吉布斯自由能($\Delta G^\circ_{Fe_3O_4}$)的测定

由式(9.7)所示的反应(为简化计算，方铁矿由 FeO 表示)可求出 Fe_3O_4 的分解压。

$$3FeO + \frac{1}{2}O_2 = Fe_3O_4 \tag{9.7}$$

式(9.8)为电池总反应，其标准生成吉布斯自由能为

$$3FeO + NiO = Ni + Fe_3O_4$$

$$\Delta G^\circ = -2FE = \Delta G^\circ_{Fe_3O_4} - 3\Delta G^\circ_{FeO} - \Delta G^\circ_{NiO} \tag{9.8}$$

因此可求出 $\Delta G^\circ_{Fe_3O_4} - 3\Delta G^\circ_{FeO}$ 的值，但应注意，此式中 ΔG°_{FeO} 为图 9.1 中具有 HQ 线组成的方铁矿的标准生成吉布斯自由能，因此，不能直接使用 $\Delta G^\circ_{Fe_xO}$ 的值。在本实验的温度范围内，方铁矿中氧的质量分数有近 1% 的浮动，虽然用 $\Delta G^\circ_{Fe_xO}$ 求出的 $\Delta G^\circ_{Fe_3O_4}$ 与真实的值并不会相差很大，但在本质上是不正确的。另外，如果假设方铁矿为固溶体，也可能由 $\Delta G^\circ_{Fe_xO}$ 计算得到 ΔG°_{FeO}，但任何方法都不能由所测值直接得到，因此，这个实验只限于求 $\Delta G^\circ_{Fe_3O_4} - 3\Delta G^\circ_{FeO}$ 的值。

【实验装置】

实验装置如图 9.2 所示。实验中电池制作时使用的固体电解质与其形状如图 9.3 所示。电解质一般有两种形状，一种为如图 9.3(a) 所示摩尔分数约 15% 的 $ZrO_2 \cdot CaO$ 管，一种为如图 9.3(b) 所示同样材料的盘状。

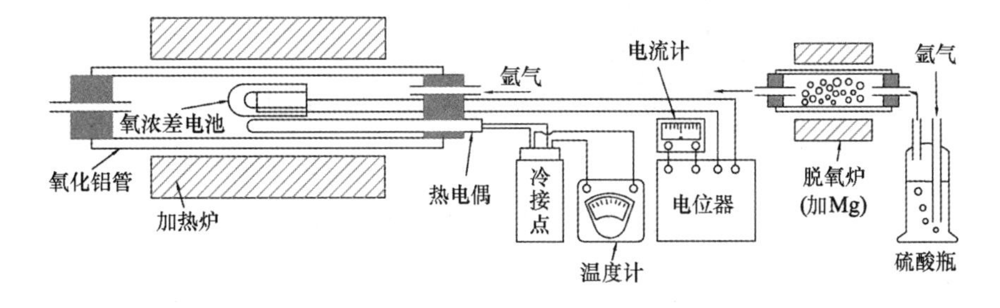

图 9.2　实验装置

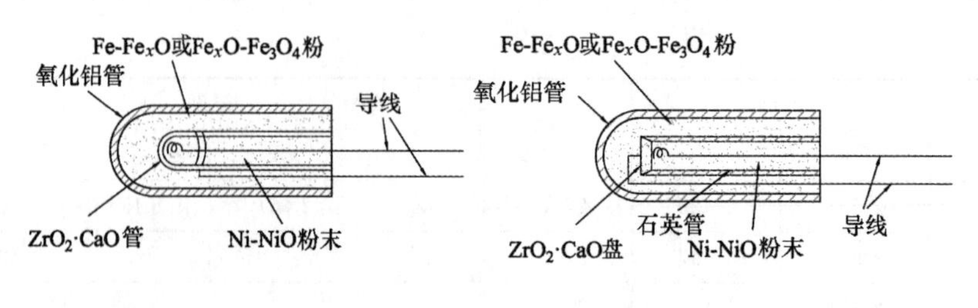

(a) 管状 $ZrO_2 \cdot CaO$ 电解质　　　　(b) 盘状 $ZrO_2 \cdot CaO$ 电解质

图 9.3　氧浓差电池结构

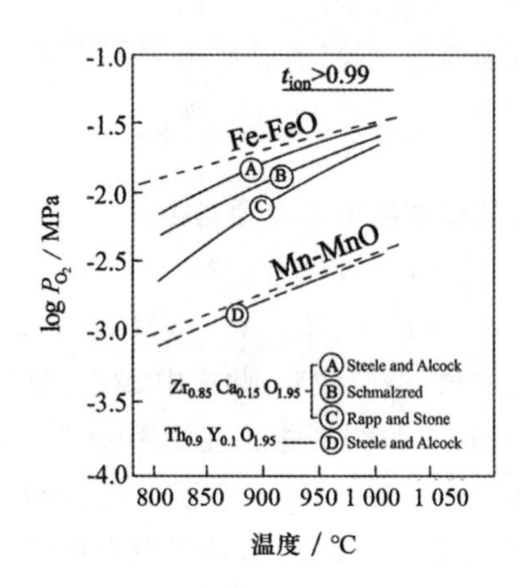

图 9.4　固体电解质中的温度、氧分压及离子传输率的关系

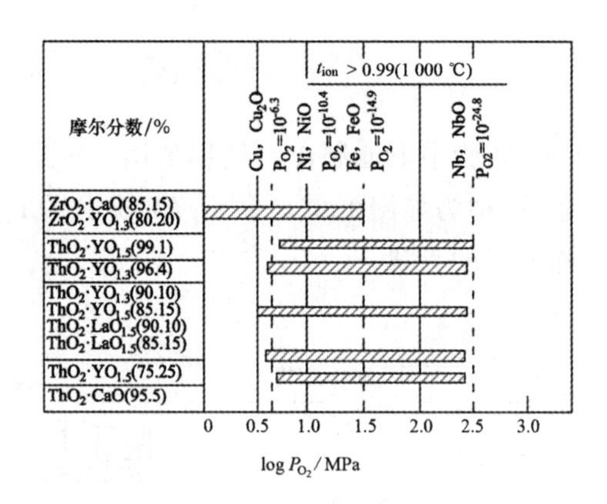

图 9.5　固体电解质的组成、氧分压及离子传输率的关系

已知在本实验的温度与氧分压范围内，此种电解质对氧离子的传输率大于 0.99，如图 9.1 和图 9.4 所示。

对于电解质种类，在本实验中 $ZrO_2 \cdot CaO$ 电解质比较适用，但需要注意的是，在同温度范围内测定一些分解压较低的氧化物（如 NbO）时，应结合实验条件在图 9.4 和图 9.5 中寻找合适的电解质，使所选电解质对氧离子的传输率要接近 100%，使得式(9.1) 成立，才能正确测得氧化物的标准生成吉布斯自由能。

对于电解质的形状，尽可能把它做成盘状，将其推入石英管等非电解质管的底端，使得气体完全密封[图 9.3(b)]，这样做的优点是可使两极完全进入炉子的均热部分，但是，因为加工比较困难而不能被广泛使用。构建电池的方法还有很多，但都需要比较高的技术。

实验导线用铂导线即可(Φ0.5 mm)，若有更耐用的材料则更好。为避免产生热电动势，两极尽量用同种导线。必须使用电位差计来测量电动势，如果采用普通电压表，会产生少量电流引起电池极化，是不可取的。

气体氛围采用市面销售的罐装氩气即可。尽管其中水、氧气已被充分去除(氧分压约为 10^{-9} MPa)，但我们仍期望氩气中氧分压接近电池两极氧分压。为达到此目标，需进行以下脱氧操作：把镁屑放入 Φ30 mm × 500 mm 的不锈钢管中；将其放入电阻炉中并加热到 600 ℃ 保温(注意不要超过镁的熔点 650 ℃)；将氩气通入不锈钢管(≈ 200 mL · min^{-1})。经测量，除氧后的氩气氧分压已经降到 10^{-18} ～ 10^{-19} MPa，符合实验要求。

【实验试样】

电池所用的 Ni、NiO、Fe_3O_4 采用市面销售的粉末试剂，Fe 粉最好用电解法生产的。经 X 射线判定，市面所销售的 Fe_xO 试剂大多已被氧化为 Fe_3O_4，因此，必须在实验室重新制备。制粉的方法有多种，下面介绍其中一种方法：将称量后的 Fe_2O_3 粉末松装于瓷反应管中；以 200 mL · min^{-1} 左右的流量在 900 ℃ 下通入 H_2 与 CO_2 的混合气体，CO_2 ∶ H_2 = 1 ∶ 1；注意在通入过程中不要造成气体泄露。为将 Fe_2O_3 还原为 Fe_xO，需要持续通入气体 30 min 左右。当红色 Fe_2O_3 大部分被还原为黑色 Fe_xO 后，将红色粉末去除，便得到了 Fe_xO 粉末。将该粉末置于真空干燥器中保存一段时间，待其稳定后，使用 X 射线确认该粉末是否为所期望产品。此环节中产生的废气中含有氢气，一定要将其排到室外。

【实验内容】

采用氧浓差电池，测定氧化物分解时的氧分压(分解压)，计算氧化物的标准生成吉布斯自由能。

【实验步骤】

把耐热钢丝(Φ0.2 mm) 一端制成环状，装入单侧密封的 ZrO_2 · CaO 管(Φ8 mm × 5 mm × 40 mm) 的底端；将 Ni 和 NiO 的混合粉末(质量比约为 1 ∶ 1) 填充于管内，用竹棒等工具尽可能地将其拓实；钢丝另一端穿过粉末从管口取出。再取一条钢丝，在距石英管底端大约 10 mm 处，将钢丝在管的外侧紧紧绕两圈，另一端沿上条钢丝的方向取出。将 ZrO_2 · CaO 管立于单侧密封的氧化铝管中，氧化铝管用来装电解铁粉与 Fe_xO 的混合粉或 Fe_xO 与 Fe_3O_4 的混合粉，填装时，仍需用竹棒等尽可能拓实。这样，电池部分便构建完成了(图 9.3)。将准备好的电池安装于电阻炉的均热区，注意不要让导线短路；用浓硫酸和实验试样中所述方法将氩气中水分和氧气去除后，以 200 mL · min^{-1} 的流速通入实验装置，同时开始对电池升温。为得到准确数据，从室温到实验温度的整个加热过程应该使用比较长的时间(2 ～ 3 h)。如升温过快，被测电极会产生裂纹，氩气进入后，最终测得的值就变成了氩气中的氧分压；而如果缓慢升温的话，反应有足够时间建立平衡，如此才能得到正确结果。到达实验温度后保温数分钟，待电位计指针读数稳定后，记录此时电池电动势。接下来，改变实验温度重复上述操作。实验温度取 750、800、850 及 900 ℃。为保证实验有良好的再现性，要测定 750 ～ 900 ℃(升温)和 900 ～ 750 ℃(降温)两个过程；测量结束后，观察两个过程所得数据是否一致。这里需要说明：如果系统反应在规定温度下达到平衡后，即使改变温度令前后温差达到 50 ℃，也能在 30 min 左右再次达到平衡，并且在降温过程中，会更快达到平衡。

作为参考，表 9.3 给出了 1 000 K、1 100 K 和 1 200 K 下 $\Delta G^\circ_{Fe_xO}$ 与 $\Delta G^\circ_{Fe_3O_4} - 3\Delta G^\circ_{FeO}$ 的值。

表 9.3　不同温度下 $\Delta G^\circ_{Fe_xO}$ 和 $\Delta G^\circ_{Fe_3O_4} - 3\Delta G^\circ_{FeO}$ 的值

温度 /K	$\Delta G^\circ_{Fe_xO}$ /(cal · mol⁻¹)	$\Delta G^\circ_{Fe_3O_4} - 3\Delta G^\circ_{FeO}$ /(cal · mol⁻¹)
1 000	− 47 550	− 44 720
1 100	− 16 050	− 41 730
1 200	− 44 650	− 38 740

【结果分析】

(1) 运用所测电动势与 ΔG°_{NiO} 的值，计算各个温度下 $\Delta G^\circ_{Fe_xO}$ 与 $\Delta G^\circ_{Fe_3O_4} - 3\Delta G^\circ_{FeO}$ 的值(Fe_xO 与 Fe_3O_4 以 1 mol 来计算)。以温度为横轴，$\Delta G^\circ_{Fe_xO}$、$\Delta G^\circ_{Fe_3O_4} - 3\Delta G^\circ_{FeO}$的值为纵轴作图。

(2) 将所得数据与表 9.3 中标准值进行比较。标准值不一定是用电动势法求得的，针对两者精度进行分析。

(3) 简述造成实验误差的原因。

【讨论事项】

采用什么方法来更好地测量标准组成方铁矿的标准生成吉布斯自由能及其分解压。

实验 10　不锈钢极化曲线的测定

【实验概要】

金属和合金的耐腐蚀性在很大程度上取决于它们的使用环境。本实验中，在非氧化性酸和中性氯化物的水溶液中测量不锈钢的极化曲线，并根据获得的极化曲线学习这些环境中不锈钢的腐蚀特性。

【实验原理】

当反应速率限制步骤在活化过程中时，水溶液中金属电极上电化学反应速率与通过电极的电流 i 成比例，并且它与电极电位 E 的关系可表示为

$$i = i_0 \exp\left[\frac{\alpha z F(E - E_{eq})}{RT}\right] \tag{10.1}$$

式中：i_0 为交换电流密度；α 为传递系数；z 为电荷数；F 为法拉第常数；E_{eq} 为平衡电位；R 为气体常数；T 为热力学温度。

因此，在电极反应中，通过求出电流和电位的关系，即极化曲线，可以得到与反应相关的信息。水溶液中金属的腐蚀也是由电化学反应引起的，通过测量极化曲线，可以了解腐蚀速率和反应机理。本实验讨论以被腐蚀金属为实验电极材料，惰性金属铂等为对电极，使用外部电源在两极间通电来测量极化曲线的情况。金属在水溶液中的腐蚀反应是复合电极反应，包括金属溶解反应的阳极反应和作为氧化剂还原反应的阴极反应。因此，实测的电流 I 表示为阳极反应电流 i_a 和阴极反应电流 i_c 之间的差值，即

$$I = i_a - i_c \tag{10.2}$$

水溶液中自然浸泡的金属在 $I = 0$（即 $i_a = i_c$）时的电位下腐蚀，这种电位为自然电极电位（或腐蚀电位）E_{corr}。其中 $I > 0$ 的电位区域的极化曲线称为阳极极化曲线，而 $I < 0$ 的电位区域的极化曲线称为阴极极化曲线。为了准确地获得金属的溶解速度，需要知道每个电位下的电流 i_a，设在 $i_a \gg i_c$ 的某一电位区域 $I \approx i_c$，则可以从阳极极化曲线的电流密度直接评价金属的溶解速率①。

在不锈钢的阳极极化曲线中，当电位上升到某一值以上时，生成了具有耐腐蚀性的钝化膜，阳极溶解电流密度急剧下降，发生钝化现象。图 10.1 中定性地表示酸溶液的这种情况。包括不锈钢在内的许多耐腐蚀合金的高耐腐蚀性都是由于钝化膜赋予的，因此钝化现象非常重要。

---

①i_a 与金属腐蚀速度 dx/dt 之间存在下列关系：

$$dx/dt = i_a M/\rho z F$$

式中：x 为腐蚀深度；t 为时间；M 为分子量；z 为溶解原子价；ρ 为浓度。

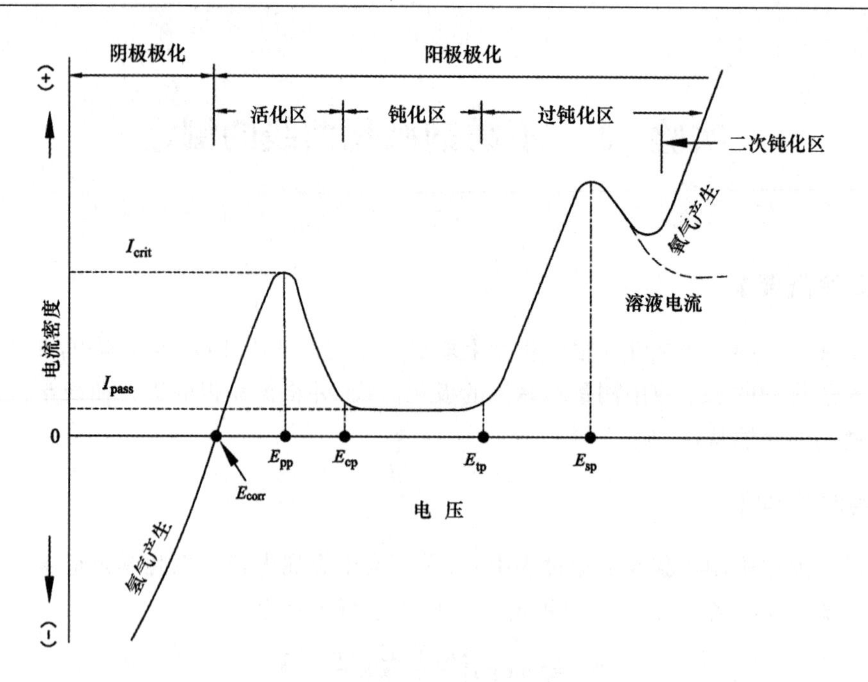

图 10.1　酸溶液中的不锈钢极化曲线

E_{corr}— 自然电极电位；E_{pp}— 一次钝化电位；E_{cp}— 钝化结束电位；E_{tp}— 过钝化开始电位；E_{sp}— 二次钝化电位；I_{crit}— 临界钝化电流密度；I_{pass}— 钝化维持电流密度

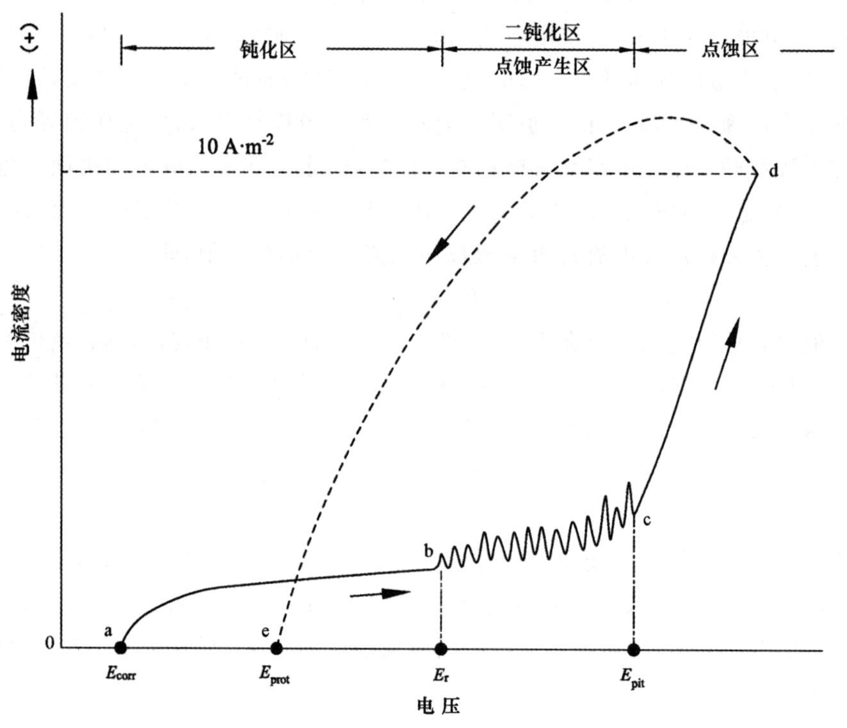

图 10.2　中性 NaCl 中不锈钢阳极极化曲线

E_{prot}— 保护电位；E_r— 二次钝化点蚀发生电位；E_{pit}— 点蚀电位；箭头方向 — 电位方向

只要钝化膜是致密的，不锈钢就显示出高耐腐蚀性。在含有 Cl^- 离子的环境中，钝化膜局部被破坏，该部分高速溶解并发生点蚀。在某一电位以上电流突然增加就可判断发生点蚀。图 10.2 为在中性氯化物水溶液中发生点蚀情况下的极化曲线。由点蚀引起的电流开始急剧增加的电位称为点蚀电位 E_{pit}。E_{pit} 电位越高，点蚀越不易发生，因此 E_{pit} 是比较材料耐点蚀性的一个指标。

【实验装置】

图 10.3 为使用恒电位仪测量极化曲线的装置示意图。恒电位仪可以被视为将试样电极的电位保持在预设电位的自动控制电源装置，Ag/AgCl 电极[①]用作参比电极。这里，电位以标准氢电极（NHE）为基准。铂板用作对电极。电解槽使用 H 型玻璃容器。

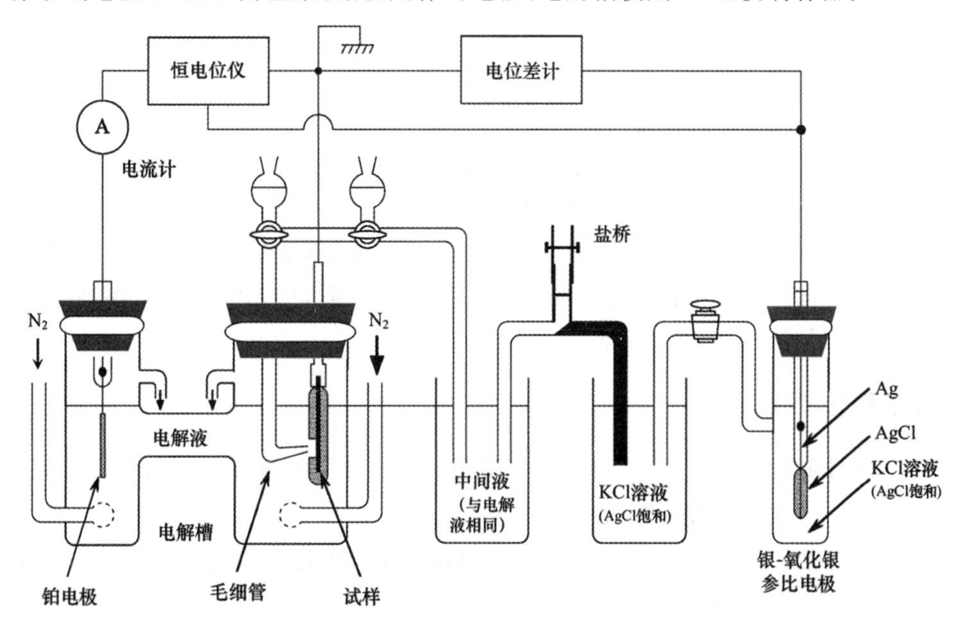

图 10.3　恒电位仪电化学极化测量装置

【实验试样】

将 18-8 不锈钢切成 30 mm×15 mm×1 mm 的尺寸，并用砂纸将表面磨光，抛光的表面用有机溶剂脱脂后放置到黄铜电极支架上。接下来，将特氟龙和环氧树脂黏合剂覆盖试样表面，留下 10 mm×10 mm 的区域作为电极表面。

实验中的电解液，使用 1 kmol · m^{-3} 的 H_2SO_4 溶液作为非氧化性酸溶液，以及 0.1 kmol · m^{-3} 的 NaCl 溶液作为中性氯化物溶液。

---

①实验中使用的内部溶液为含有饱和 AgCl 的 KCl 溶液，298 K 时，Ag/AgCl 电极电位为 0.206 V(NHE 标准)。

【实验内容】

在 H_2SO_4 溶液中及 NaCl 溶液中测量不锈钢的极化曲线。

【实验步骤】

(1) H_2SO_4 溶液中阳极极化曲线的测量

在 H 型电解槽中加入 1 kmol·m^{-3} H_2SO_4，通入 N_2 10 min 用于除去溶解氧。接下来，将试样电极浸入溶液中，与中间槽经液路连接后，在 10 min 时间内以 30 s 间隔测量 E_{corr} 的变化。在测量 E_{corr} 后，开启恒电位仪，首先在阴极极化区的电位 −0.35 V 下进行 5 min 阴极处理。然后，将电位调整到 −0.20 V，略低于试样的 E_{corr}。极化测量从 −0.20 V 开始，以 25 mV 的间隔顺序地向阳极方向改变电位，并且在每个电位下保持 1 min 后测量电流，测量到 +2.0 V 为止。

(2) NaCl 溶液中阳极极化曲线的测量

与(1) 的步骤相同，将 0.1 kmol·m^{-3} NaCl 溶液脱气，每间隔 10 min 测量 E_{corr} 的变化。接下来，从 −0.05 V 开始进行阳极极化。将电位进给间隔设定为 25 mV，并在各设定电位下保持 1 min 后记录电流值。当发生点蚀并且阳极电流达到 10 A·m^{-2} 时，电位方向反转到阴极方向进行极化直到电流值变为 0。测量完成后，用光学显微镜观察电极表面，调查点蚀出现的位置、数量和形态。

【结果分析】

(1) 绘制在 1 kmol·m^{-3} 的 H_2SO_4 溶液中的阳极极化曲线，并从该曲线求出 E_{pp}、E_{cp}、E_{tp}、E_{sp}、I_{crit} 及 I_{pass} 的各值(图 10.1)。

(2) 绘制在 0.1 kmol·m^{-3} 的 NaCl 溶液中的阳极极化曲线，并从该曲线中求出 E_r、E_{pit} 及 E_{prot} 的各值(图 10.2)。

(3) 将 E_{corr} 在 1 kmol·m^{-3} 的 H_2SO_4 溶液和 0.1 kmol·m^{-3} 的 NaCl 溶液中随时间的变化绘图。

【讨论事项】

(1) 将 1 kmol·m^{-3} 的 H_2SO_4 溶液中的阳极极化曲线划分为活化、钝化、过钝化和二次钝化等区域。分析每个区域发生了怎样的电极反应。

(2) E_{pp}、E_{cp}、E_{tp}、E_{sp}、I_{crit} 及 I_{pass} 各值的大小与不锈钢耐腐蚀性之间的关系，叙述一般会存在什么关系？

(3) 将 0.1 kmol·m^{-3} 的 NaCl 溶液中的阳极极化曲线划分为钝化、二次钝化点蚀产生区和点蚀区等区域。叙述在这些区域中使用不锈钢时，表面会发生什么样的变化？

(4) 讨论 E_r、E_{pit} 及 E_{prot} 各值与不锈钢的耐腐蚀性的关系。

第 2 章　材料分析

实验 11　热分析

【实验概要】

物质的状态在发生变化时会发生吸热或放热现象。在特定的温度范围内通过观察这种现象可以发现相变及再结晶等状态的变化。热分析方法包括测出试样的加热曲线及冷却曲线方法及差热分析方法。本实验是通过测定不同组成的 Al-Cu 合金的冷却曲线，来绘制平衡相图。

【实验原理】

1. 平衡相图及冷却曲线

图 11.1 是描述匀晶合金二元平衡相图与冷却曲线关系的示意图。L 是液相单相区，S 是 A 和 B 完全固溶的区域。图右侧纯金属 A 和 B 的冷却曲线中出现了凝固温度恒定的区域。在成分 X 的冷却曲线上出现了 b 和 c 两个不连续的点，bc 之间的曲线向上凸起。

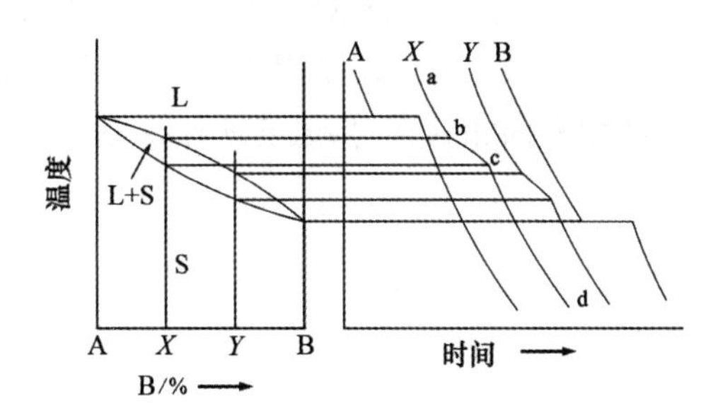

图 11.1　匀晶合金二元平衡相图与冷却曲线

图 11.2 是共晶合金二元平衡相图与冷却曲线关系的示意图。这种相图出现了 A 中固溶 B 的 α 固溶体以及 B 中固溶 A 的 β 固溶体。共晶成分 Z 的液相冷却到 R 点时发生 L→α＋β 共晶反应。R 点的温度称为共晶温度，该点成分称为共晶成分。共晶成分 Z 的冷却曲线与纯金属 A 及 B 的冷却曲线非常相似。亚共晶合金 Y 的冷却曲线形状是合金 X 的冷却曲线与共晶合金 Z 的冷却曲线组合而成的。

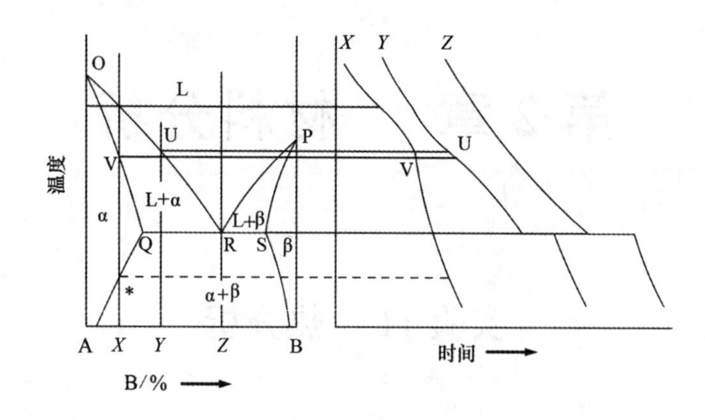

图 11.2　共晶合金二元平衡相图与冷却曲线

2. 相律

实验得到冷却曲线的形状可通过相律来说明。平衡状态是用一个体系的相状态，包括压力(P)、温度(T)以及构成各成分的浓度($X_1, X_2, \cdots, X_n$)等强度量及广延量所表示的状态函数来描述的。对于一个体系来说，不引起相的数量发生变化，且能够独立变化的各变量的总和称为自由度 f。根据相律，自由度 f、相的数量 p 及组分的数量 c 之间存在下列的关系，即

$$f = c + 2 - p \tag{11.1}$$

相律在探讨高温状态下合金的相平衡等物质体系的热平衡时很重要。对于在大气压下进行的实验来说，压力可以看成是恒定的，因此强度量的数量可以减去一个，即

$$f = c + 1 - p \tag{11.2}$$

纯金属($c = 1$)在凝固点液相(L)与固相(S)两相($p = 2$)共存，所以自由度 $f = c + 1 - p = 0$。当自由度 f 为 0 时，两相共存的温度就确定下来了。因此，如图 11.1 中的 A 和 B 的冷却曲线所示，只有在液相和固相共存时，温度才保持恒定。

【实验装置】

装置图见图 5.1。

【实验试样】

使用的试样是 Al-Cu 合金，以下为 w_{Cu}。

亚共晶合金：5%、10%、20%、25%

共晶合金：33%

过共晶合金：40%、50%

【实验内容】

测定 Al-Cu 合金的冷却曲线绘制平衡相图。

【实验步骤】

(1) 将上述试样装入熔炼坩埚内,并用电炉加热熔化。w_{Cu} 在 5% ~ 20% 时加热温度设为 680 ℃,20% ~ 50% 时加热温度设为 660 ℃。

(2) 断电后温度开始下降,每间隔 1 min 测量一次温度,与测定时间一起记录在实验笔记里。

【结果分析】

(1) 将测试结果以时间为横轴,温度为纵轴作图,即可得到冷却曲线。

(2) 利用冷却曲线上出现的不连续点的温度及纯 Al 的熔点等,绘制 Al-Cu 合金 Al 端的相图。得到的结果与图 11.2 进行比较讨论。

(3) 共晶合金 Z 的冷却曲线在共晶点出现温度恒定的区域。请用相律解释说明这个现象。

【讨论事项】

查阅差热分析相关知识,结合金相组织观察,说明各自用的试样如果通过热分析会得到怎样的冷却曲线。

实验 12　光学显微镜组织观察

【实验概要】

练习用光学显微镜观察材料组织，掌握试样抛光、腐蚀和显微镜的使用方法。另外，为了测量组织中第二相的数量，以截点法为例，学习组织定量观察方法，并探讨测量上的问题和误差等。

【实验原理】

1. 金属组织观测用光学显微镜

如图 12.1 所示，金相显微镜与生物显微镜的不同之处在于，自带光源发出的光经半透明反射镜照射到试样上，其反射光进入显微镜成像。

(1) 分辨率和数值孔径

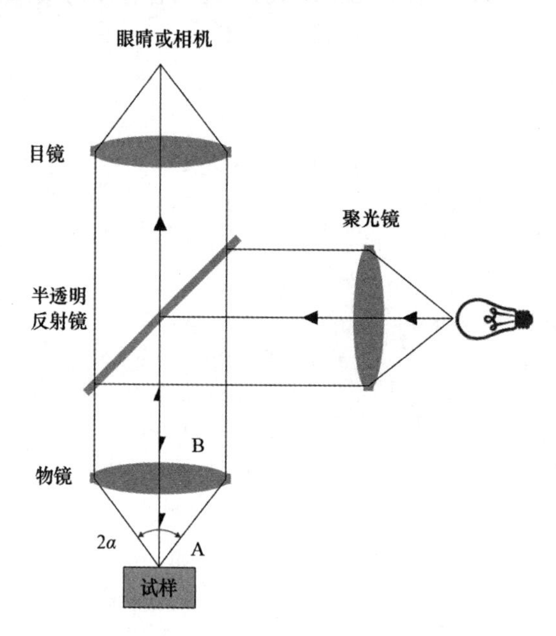

图 12.1　光学显微镜的光路图

光学上，能够区分两个点的最小距离称为分辨率。光学显微镜的分辨率是由光波发生的衍射效应与物镜的结构约束决定的。当来自试样 A 的波长 λ 的反射光通过折射率为 n 的介质并进入具有孔径角 2α 的物镜 B 成像时，由于衍射效应，该图像不是一个点，而是如下面阿贝(Abbe)公式所示的铺展成直径为 d 的大小，即

$$d=\frac{0.61\,\lambda}{n\sin\alpha} \tag{12.1}$$

式(12.1) 是分辨率的表达式,比这更短距离处的两个点是不能分辨的。阿贝公式中的 $n\sin\alpha$ 称为数值孔径,用 N. A. 表示。通常,数值孔径与物镜中的放大率写在一起。为了提高分辨率,可通过减小入射光的波长 λ 或者增加数值孔径来实现,但是,只要使用可见光(λ 为 400 ~ 800 nm),λ 的值就不能减小到 400 nm 以下。因此,除了增加数值孔径来增加分辨率之外别无他法。因此,在需要更高倍率时,可以使用油浸物镜,即将具有比空气($n = 1$) 更大的折射率的介质[例如,香柏油($n = 1.52$)] 插入试样和镜片之间,使油浸物镜与香柏油接触进行观察。

(2) 倍率及焦点深度

当用显微镜观察金属组织时,重要的一点是要根据观察的目的将其放大到需要的倍率。若使用比必要的倍率更高的镜头,则不可能掌握整个组织的状态,并且焦点深度变小,不容易聚焦。

光学显微镜的倍率是通过将物镜中的倍率乘以目镜中的倍率而获得的值。拍摄时,拍摄尺度为1/1 000 mm的金属板(物镜测微计),并通过在打印的相纸上进行比较来确定倍率。该打印相纸上的最终倍率成为正确的显微镜照片中的倍率。

2. 定量组织观察

金属组织本来是立体的,但光学显微镜仅能观察到一个截面。因此,在组织分析时,需要准确地从二维平面组织转换为三维立体组织。定量表式组织的三维参数通常不能直接通过光学显微镜组织评价,需要把通过几何关系得到的各种测量的结果组合来评价。下面举一个例子来描述组织中目的相容积比 V_V 的测定法。可以很容易地证明 V_V 可表示为

$$V_V = A_A = L_L = P_P \tag{12.2}$$

式中,A_A 是面积比;L_L 是通过线分析测量时目标相的比率;P_P 是通过截点法确定的比率。

A_A、L_L 和 P_P 等是二维测量的量,并且是可以从光学微观组织进行评价的量。用这种处理去计算三维参数非常麻烦。在实际应用中,有时也会直接采用二维的测定量作为定量表示组织的值。例如,在 ASTM 标准中,奥氏体晶粒尺寸由 n 表示,当放大 100 倍时每 1 平方英寸(1 英寸 = 2.54 厘米) 存在晶粒数量为 a,n 与 a 的关系由 $a = 2^{n-1}$ 给出。虽然实践中经常使用这种符号表示,但这仅仅是为了使用方便,我们应该注意 n 的值并不表示晶粒的真实大小。

【实验装置】

实验室的磨样机及光学显微镜。

【实验试样】

根据实际条件选择材料进行实验。

【实验内容】

进行试样的磨抛、腐蚀及金相观察,并进行第二相的定量分析。

【实验步骤】

(1) 试样的准备

通过以下步骤制备观察金属组织的试样。

① 试样的准备:将试样切成直径 10 ~ 20 mm,高度约 15 mm 的圆柱。如果试样很小,需要将其嵌入固化树脂中。

② 粗抛光:用砂轮大致磨平检测面后,进一步用砂纸磨平。砂纸的磨料是 SiC,粒度按 80、150、320、600、1 000 和 1 500 号由粗至细。将试样放置在旋转盘中的砂纸上,轻轻按压的同时进行研磨。研磨到先前的研磨痕迹完全消失,然后改变试样的方向并使用下一大号码砂纸继续研磨。

③ 抛光:向固定在旋转盘上的呢绒抛光布滴上了氧化铝悬浊液作为抛光液或涂抹金刚石抛光膏,轻轻按压试样进行抛光,直至将整个表面抛光出漂亮的镜面。

④ 腐蚀:腐蚀时应注意选择适合金属类型和微观观测目的的试剂。对于不同金属和合金的试剂,请参见相关文献。适用于本实验碳钢的腐蚀液为 3% ~ 5% 硝酸酒精溶液。

(2)V_V 评价

本实验中,通过截点法测量碳钢中球形渗碳体的体积比 V_V。图 12.2 为用于说明该测量方法的照片,其中同时附上碳钢的组织和用于测量的网格。通过测量图中所示的 400 个网格点中的渗碳体相上的网格点的数量,则可以从关系式(12.2) 评估体积比 V_V。在实际测量中,我们在目镜的前焦点平面上插入一个总共有 N 个网格点的网格,观测在渗碳体相上重叠的格点数 N_c,并通过公式 $P_P = \frac{N_c}{N}$ 来计算 V_V。

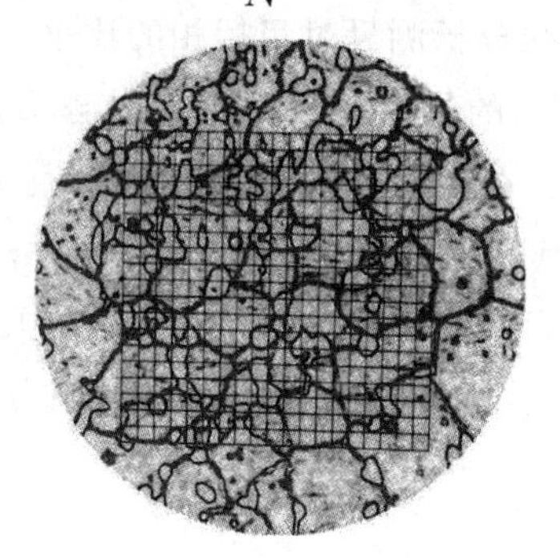

图 12.2　截点法说明图

【结果分析】

(1) 假设试样是 Fe-C 二元体系,并且试样中的所有碳都存在于化学计量组成的渗碳体(Fe_3C) 中。在这个前提下,利用实验获得的 V_V 值估算试样的 w_C。

(2) 讨论本实验测得的 V_V 的误差。

【讨论事项】

(1) 用配有数值孔径为 0.65 的物镜，倍率为 40 的显微镜拍摄金属组织的照片挂在墙上展示，请求出最适宜拍摄照片的倍率。注意人眼在 3 m 外的分辨率约为 1 mm。

(2)1 000 ℃ 和 −195 ℃ 下用显微镜观察金相组织，设备分别应该如何配置。

实验 13 电子显微镜组织观察及电子衍射

【实验概要】

电子显微镜大致分为扫描电子显微镜(SEM) 和透射电子显微镜(TEM) 两种。本实验中,要了解每种方法的特征和原理,并实际通过每个装置观察典型的材料组织,同时还要了解电子衍射(Electron Diffraction) 的原理和特征。

【实验原理】

1. 扫描电子显微镜

(1)SEM 的特征

SEM 可在广泛的领域用于观察材料的组织。其优异的特征体现在更高的分辨率(nm 级) 和更深的焦点深度(简称焦深)。由于可见光的波长的原因,光学显微镜仅能够获得亚微米级分辨率,而电子的波长更短,因此 SEM 能够观察到更精细的组织。此外,由于其焦点更深,适合于观察如断口等凸凹不平的组织。

(2) 装置的构成

SEM 的基本构成如图 13.1 所示。在 SEM 中,由电子枪发射的电子束经由电磁线圈制成的聚光镜和物镜汇聚到纳米尺度扫描试样的表面,通过电子束照射,从试样表面发射的二次电子经检测器收集获得电信号,该电信号放大后在显示器上得到与试样对应的扫描图像。

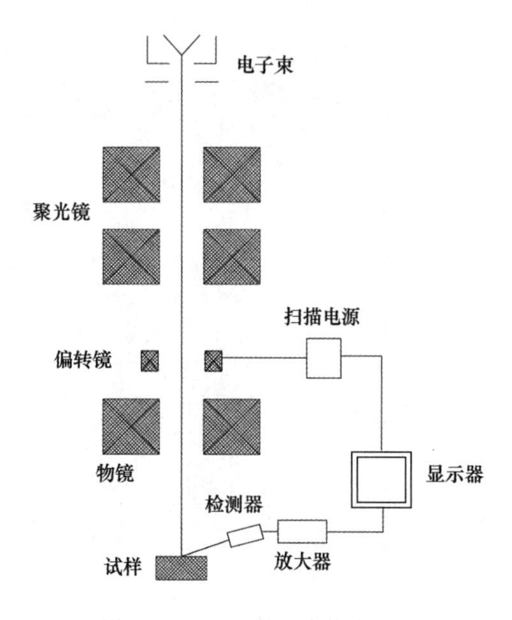

图 13.1 SEM 的基本构成

(3) 二次电子图像的对比与焦深

图 13.2 是典型的沿晶断裂断口的 SEM 照片。试样表面上的二次电子发射量的差异主要是由于表面的凸凹引起的。如图 13.3 所示,与垂直于电子束的位置相比,倾斜试样表面的二次电子发射量更多,因此,当观察表面上具有凸凹的试样时,比较电子束倾斜的程度就可以得到试样表面形貌细节。

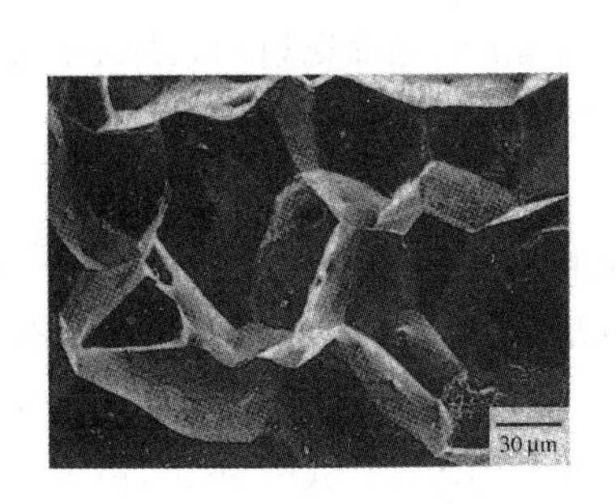

图 13.2　沿晶断裂断口

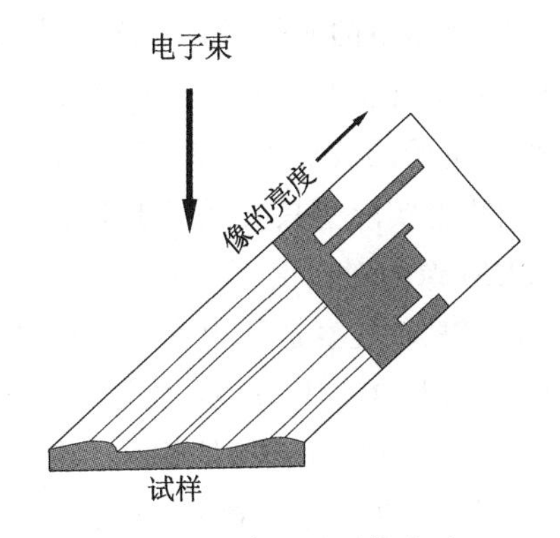

图 13.3　二次电子图像的对比

SEM 的最大特征不是分辨率高，而是焦深大。焦深 F 与分辨率 d 的关系式为

$$F = \frac{d}{\tan \alpha} \tag{13.1}$$

式中，α 是电子束的发散角。

在 SEM 中使用具有极小发散角的电子束扫描试样表面，使得 $\tan \alpha$ 也非常小，因此焦深可达到光学显微镜的 10 到 1 000 倍。

2. 透射电子显微镜

(1) TEM 的特征

通过 TEM 不仅可进行组织观察，还可利用电子衍射对晶体结构进行解析。组织观察的特征包括：① 约 0.2 nm 的高分辨率；② 能够观察薄膜试样的位错、晶界和堆垛层错等内部组织。此外，电子衍射通过减小电子束直径及适当聚焦，能够将电子束只聚焦于单个晶粒或析出粒子，即使在多晶体试样中也可得到单晶体的信息。

(2) 装置的构成

TEM 的基本结构如图 13.4 所示。TEM 的构成原理与光学显微镜的相同，通过搭配与透镜相对应的电磁线圈，实现图像的放大。普通 TEM 的加速电压比 SEM(通常约为 25 kV) 高一个数量级，为 100 ～ 300 kV。TEM 中的电子束源，一般利用 W 或 LaB_6 灯丝通电加热时产生的热电子，但最近使用向针状 W 单晶施加高电场而产生的场发射电子(FE) 的情况越来越多。

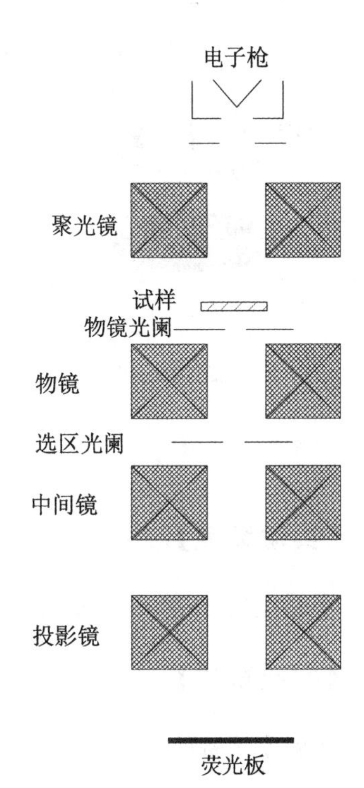

图 13.4　TEM 的基本结构

(3) 电子衍射

普通晶体结构分析用到的弹性散射，不论使用何种类型的光线(X 射线、电子、中子等)，都可以通过式 (13.2) 中所示的布拉格条件进行分析，即

$$\lambda = 2d\sin \theta \tag{13.2}$$

式中:d 是衍射晶格的面间距,nm;λ 是所用放射线的波长,nm;θ 是射角,°。

电子束的 λ 比晶格的尺寸小两个数量级是利用电子衍射分析的重要条件。例如,在 200 kV 加速电子的波长为 2.5×10^{-3} nm,由 $d=0.2$ nm 的晶面衍射的条件是衍射角 $\theta=0.36°$。这意味着实际上只有平行于电子束的晶面才能满足布拉格条件。

(4)TEM 像的对比度

通常的 TEM 观察是利用透过试样内部的透射电子束进行的,该方法称为明场法。如图 13.5(a) 和图 13.5(b) 所示,将电子束施加到满足布拉格条件的和不满足布拉格条件的单晶试样上。这时,对于满足条件的图 13.5(a) 来讲,由于入射电子束的一部分发生衍射,所以透射电子束的强度降低。但是,对于不满足条件的图 13.5(b) 来讲,由于不发生衍射,强度几乎没有降低。因此,该区域的明视场像,当满足布拉格条件时变暗,而不满足时变亮。若薄膜中的晶格不连续或者存在应变,则与周围晶格之间存在发生布拉格条件的差异,如图13.5(c) 所示,可以获得与内部缺陷对应的对比度。

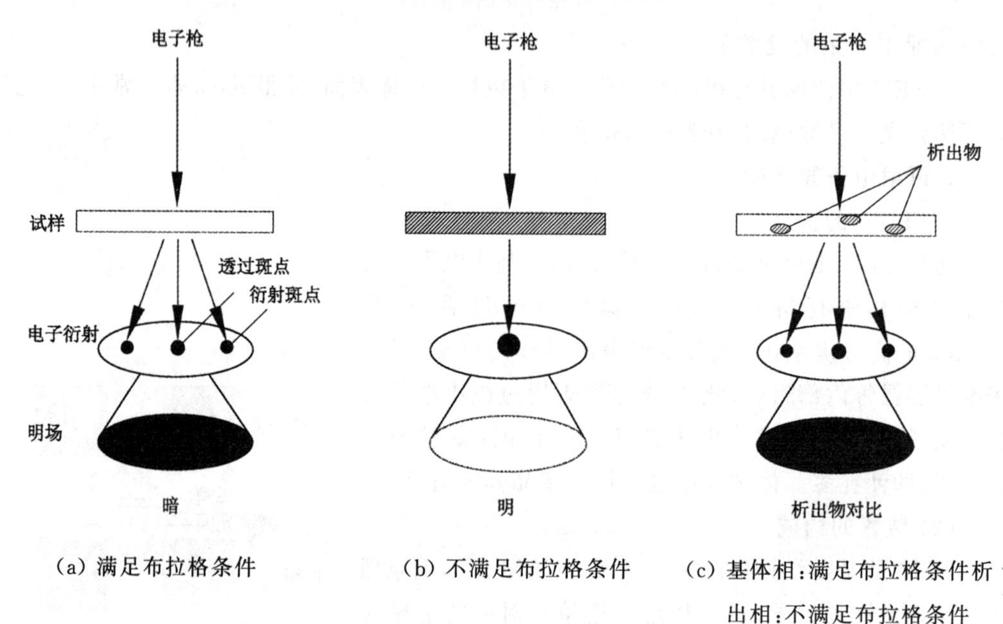

(a) 满足布拉格条件　　(b) 不满足布拉格条件　　(c) 基体相:满足布拉格条件析出相:不满足布拉格条件

图 13.5　明场的对比度

【实验装置】

实验室的 SEM 和 TEM。

【实验试样】

实验室预备的典型试样。

【实验内容】

通过 SEM 观察材料组织,学习由表面形状引起的对比度差异和焦深等,以及组织的识别方法。观察以下内容：

(1) 断口(韧性断口、沿晶界断口等)。

(2) 材料组织(共晶组织、凝固组织等)。

通过 TEM 观察各种金属组织，学习组织的识别方法。观察不锈钢位错、堆垛层错和晶界等。

【实验步骤】

(1)SEM

① 将实验室准备的典型断口试样、共晶组织试样和凝固组织试样清洗干燥后，按操作规程放入样品台。

② 抽真空，加高压，电镜进入工作状态。

③ 控制样品台的移动，从低倍到高倍进行观察，对感兴趣的区域进行拍照。

④ 拍好电镜照片后，关高压，放气，从样品台中取出试样。

(2)TEM

① 将实验室准备的典型不锈钢试样按操作规程放入样品台。

② 成像系统合轴，电镜进入工作状态。

③ 控制样品台的移动，对感兴趣的区域改变放大倍数，获得满意的图像后进行拍照。

④ 拍好电镜照片后，按操作规程进行操作，从样品台中取出试样。

【结果分析】

(1) 对 SEM、TEM 组织照片进行识别。

(2) 分析 SEM 断口照片。

(3) 确定位错的伯氏矢量。

(4) 对实验室准备的 Fe-C 二元合金电子衍射花样进行分析，主要分析以下几点：

① 标出出现在衍射花样中的所有晶体结构为 fcc 或 bcc 衍射点的指数。

② 确认上面操作。

③ 确定晶体结构。

④ 确定晶格常数(相机常数为 $K = 2.4 \times 10^{-8}\ \mathrm{cm}^2$)。

⑤ 确定电子束的入射方向。

【讨论事项】

比较和描述光学显微镜、SEM 和 TEM 在组织分析中的优缺点。

实验 14　电子探针 X 射线显微分析

【实验概要】

电子探针 X 射线显微分析简称电子探针分析，这个技术是用汇聚成 1 μm 以下的电子束轰击试样产生特征 X 射线，通过分析其强度，识别几微米的微小区域中元素及其含量的分析方法。本实验将了解电子探针分析的原理和特点，以及掌握定量分析方法。

【实验原理】

进行 X 射线微量分析的设备通常被称为 X 射线微区分析仪（Electron Probe Micro-analyzer，EPMA），X 射线微区分析仪的基本结构如图 14.1 所示。其基本构成与扫描电子显微镜（SEM）几乎相同，但 SEM 是检测二次电子，而 EPMA 是检测 X 射线。因此，最新的 EPMA 都会配置如图 14.1 所示的标准的 SEM 观察功能。

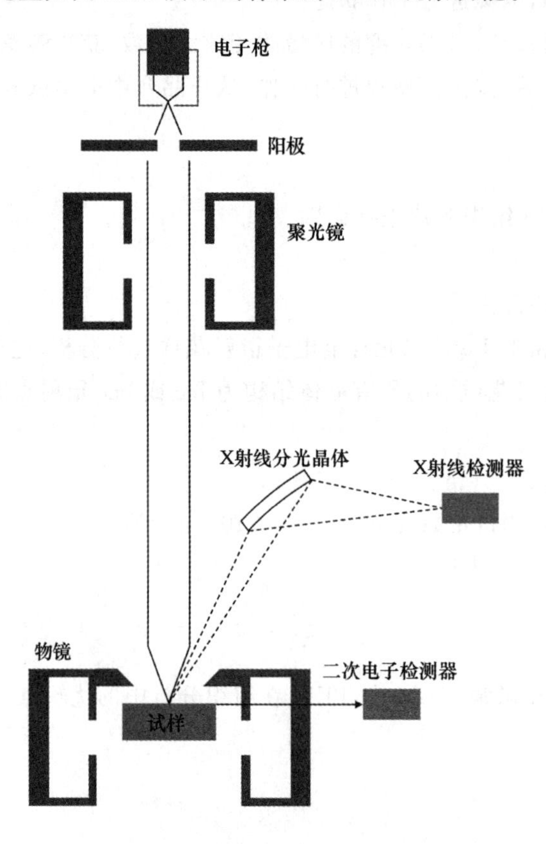

图 14.1　X 射线微区分析仪的基本结构

当经 5 ～ 50 kV 加速的电子束轰击物质时，如果原子低能级的内层电子被轰出，内层轨道上的空位将被高能级的外层轨道上的电子所补充，从而产生具有与能级差相对应的特定波长(能量)的特征 X 射线。EPMA 是一种从该特征 X 射线的强度测定元素含量的方法。分为检测特征 X 射线波长的波长分散谱仪(Wavelength Dispersive Spectroscopy，WDS)和特征能量的能量分散谱仪(Energy Dispersive Spectroscopy，EDS)两种。WDS 是根据 X 射线衍射原理，由弯曲晶体构成的 X 射线光谱仪分离出任意波长的 X 射线，并用检测器测量其强度的方法。在 EDS 方法中，不需要使用光谱仪，而通过脉冲幅度分析仪同时测量 X 射线的能量和强度，在特定能量范围内确定观察到的 X 射线强度。WDS 的分析精度高，但它不适用于多元素分析，而 EDS 的测量简单且可能同时测量多个元素，但分析精度低。

分析的空间分辨率与照射电子束的直径相关，如图 14.2(a) 所示，电子束在材料内部立体扩展至 1 ～ 2 μm，因此，对于块状试样来说，难以定量地分析比此更细的区域。最近，在透射电子显微镜(TEM)中配备 EDS 的分析电子显微镜(TEM-EDS)已经变得普遍。在该装置中，如图 14.2(b) 所示，因为是分析薄膜试样，试样内部的电子扩展受到抑制，可以分析约 1 nm 的非常小的区域。

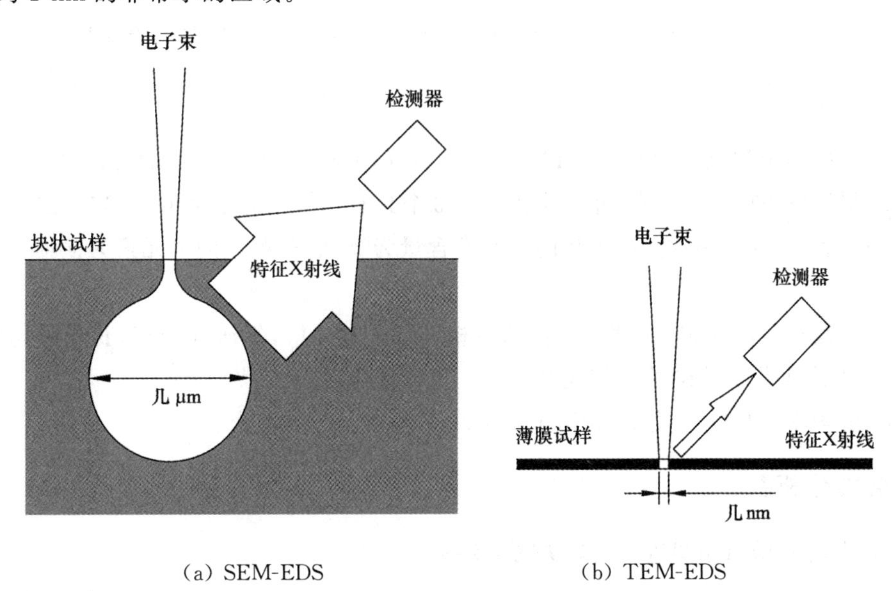

(a) SEM-EDS　　(b) TEM-EDS

图 14.2　分析的空间分辨率

电子照射到质量浓度 c_A 试样上产生的元素 A 的特征 X 射线强度为 I_A^s，浓度已知的标准试样(通常是纯物质)的强度为 I_A^r，定量分析是通过它们的比值 $k_A(=I_A^s/I_A^r)$ 来求解各个元素的含量，并对其进行各种修正。通常各种校正是由以下三个要素构成的，它们统称为 ZAF 校正。

(1) 原子序数校正(GZ)：入射电子的原子散射强度因元素的原子序数(Z)不同而产生差异，因此产生特征 X 射线的量也相应地发生变化，消除这种影响的校正就是原子序数校正。

(2) 吸收校正(GA):对试样内部吸收的特征 X 射线的校正。

(3) 荧光激发校正(GF):对材料中其他元素特征 X 射线所激发的附加特征 X 射线进行的校正。

在最近的 EPMA 中,ZAF 校正软件已是标准配置,并能自动分析。然而,对于 EDS 来说,即使在校正之后,当试样的元素之间的原子序数差异大时,仍可能产生至少百分之几的误差。因此,当需要进行严格的定量分析时,需要分析已知组成的标准试样,并基于结果制备校正曲线来确定未知试样的含量。

【实验装置】

实验室的 EPMA。

【实验试样】

根据实际情况选择 3 个已知成分的二元合金,试样表面要求平整,必须进行抛光。

【实验内容】

使用有 ZAF 校正功能 EPMA,学习精确确定二元两相合金成分相含量的方法。

【实验步骤】

(1) 按操作规程顺序启动 EPMA 系统,放入实验试样,待满足要求后进行实验操作。

(2) 制作校正曲线。分别选取 5 个点分析 3 个具有已知不同浓度的 A-B 二元单相合金标准试样,每个分别求平均值,实际的 B 元素含量为纵轴,待测量的 B 元素为横轴,建立校正曲线。

(3) 平衡成分的测定。对两相试样的各相进行含量分析,每次 5 个点,获得平均值,然后根据校正曲线获得精确的平衡成分。

(4) 按操作规程顺序关闭 EPMA 系统。

【结果分析】

将获得的数据与相图进行比较并考查结果。

【讨论事项】

通过 EPMA 尽可能正确地分析微米级尺寸的析出物含量,写下必要的注意事项。

实验 15　分光化学法定量分析材料中的极微量元素

【实验概要】

光谱化学分析是利用物质的光谱特性进行的化学分析。本实验中，通过使用光谱化学分析中具有良好的分析灵敏度的高频电感耦合等离子体原子发射光谱(Inductively Coupled Plasma Atomic Emission Spectroscopy，ICP-AES，简称 ICP) 对黄铜中微量铁进行定量分析，进而学习化学分析的基础知识。

【实验原理】

发光光谱法是一种通过热激发过程激发原子(或离子) 并测量原子返回基态时发出的光强度来定量分析元素的方法。在 ICP 发光分析中，原子的激发使用了高频电磁波产生的等离子体。由于该等离子体的温度为 7 000 K 以上且激发效率高，因此 ICP 发光分析具有"高灵敏度""不易受试样中其他元素影响""线性校准范围宽" 的分析特性。虽然等离子体的激发机制目前尚不完全清楚，但一般认为等离子体中的激发氩原子 Ar^*、亚稳态氩原子 Ar^m、氩离子 Ar^+ 和高速电子 e^- 都是激发的介质。元素 X 被激发的情况为

$$Ar^* + X \rightarrow Ar + X^{+*} + e^0$$

$$Ar^m + X \rightarrow Ar + X^{+*} + e^0$$

$$Ar^+ + X \rightarrow Ar + X^{+*}$$

$$X^+ + 2e^- \rightarrow X^* + e^0$$

离子核外激发态电子 X^{+*} 跃迁回基态 X^+ 发出的谱线(离子线)，原子核外激发态电子 X^* 跃迁回基态 X 发出的谱线(原子线)，即

$$X^{+*} \rightarrow X^+ + h\nu_1 \text{(离子线)}$$

$$X^* \rightarrow X + h\nu_2 \text{(原子线)}$$

因此，如果预先知道 X 的含量与发光强度(校准曲线) 之间的关系，那么可以通过测量未知试样中 X 的发光强度来知道 X 的含量。

【实验装置】

实验室 ICP 发光光谱分析装置。

该装置由高频电源、试样导入、光谱和数据处理部分构成。其方框图如图 15.1 所示。高频电源通过石英晶体控制振荡器产生 27.12 MHz 的高频电流，可向感应线圈提供高达 2.5 kW 的功率。试样导入部分的配置如图 15.2 所示。通过喷雾器将试样溶液雾化后导入

等离子体中。通常，光谱仪有棱镜光谱仪、衍射光栅光谱仪和干涉光谱仪等，在本装置采用的是衍射光栅光谱仪，并安装在恒温室中。

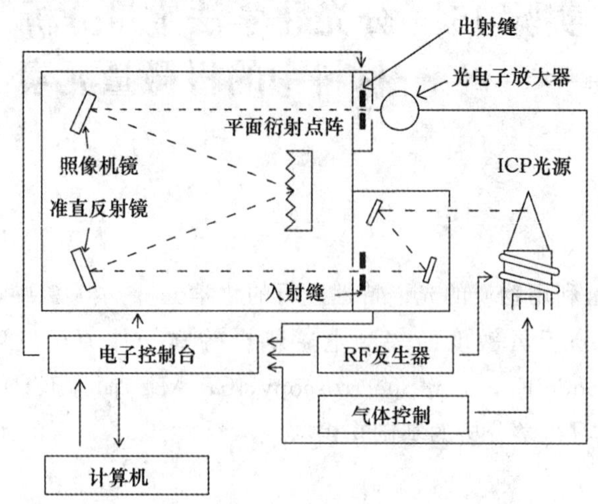

图 15.1　ICP 发射光谱分析装置的方框图

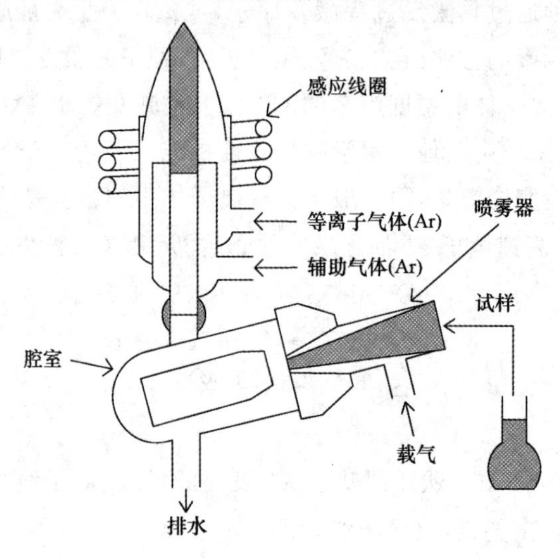

图 15.2　试样导入部分的构成

【实验试样】

(1) 黄铜片(试样)。

(2) 混合酸[盐酸(1 份)＋硝酸(1 份)＋水(2 份)]。

(3) 盐酸。

(4) 铁标准溶液(40 $\mu g \cdot mL^{-1}$)。

(5) 铜溶液(约 20 $\mu g \cdot mL^{-1}$)。

(6) 锌溶液(约 20 $\mu g \cdot mL^{-1}$)。

【实验内容】

使用 ICP 定量分析黄铜中微量铁。

【实验步骤】

(1) 溶解试样

用电子天平称量约 0.15 g 试样并转移到 100 mL 烧杯中。加入 10 mL 混合酸后，用玻璃皿盖住烧杯并缓慢加热以溶解试样。试样溶解后，用约 10 mL 蒸馏水清洗玻璃皿内壁和烧杯，再次缓慢加热以除去氮氧化物。冷却后，用蒸馏水冲洗至 100 mL 容量瓶中，并稀释至标线。

(2) 检量线溶液的制备

为了制备检量线，需要准备以下两种溶液：

① 分析线用溶液

在容量瓶中称取 10 mL 铁标准溶液，用蒸馏水稀释至标线。

② 铁浓度已知的溶液

配制与测量铜、锌和酸时的溶液相类似的组成浓度，取 5 mL 铜溶液，2 mL 锌溶液和 5 mL 盐酸放入 5 个容量瓶中，用吸液管准确加入 5 mL、10 mL、15 mL 和 20 mL 标准铁溶液(有一个不添加)，用蒸馏水稀释至标线。

其中 ① 用于分析铁的发光产生的峰(分析线)是否受到基体中其他元素(本实验中的 Cu、Zn) 的光谱干扰。

(3) 测量

用 ICP 发射光谱法测定 ① 和 ② 溶液中铁的发光强度。

【结果分析】

(1) 计算黄铜中铁的质量分数。

(2) 各组实验结果相互比较。

【讨论事项】

(1) 讨论 ICP 发射光谱的误差原因。

(2) 描述比色法及原子吸收法的原理和特点，并与本方法进行比较。

实验 16 加热溶解法分析气体的成分

【实验概要】

加热溶解法广泛用作定量分析陶瓷和金属等材料中的气体成分。本实验中，我们将学习通过熔解-红外吸收/热导率测量方法同时分析各种材料中的氧-氮的原理，同时在实验中掌握试样、天平和高压气体等操作方法。

【实验原理】

试样在石墨坩埚中被强烈加热，试样中的氧以 CO 气体的形态，氮以 N_2 气体的形态抽取，并通过 He 气体作为载气输送。产生的 CO 气体用 CuO 氧化成 CO_2 后，通过红外吸收法测量载气中的 CO_2 含量，用烧碱石棉等吸收剂除去 CO_2，通过热导率测量 N_2 含量。将获得的值与标准试样中的测量值进行比较，确定试样中氧和氮的含量。

通过使用镍、锡或铁等助熔剂，对高熔点金属、陶瓷及金属间化合物等难熔材料和熔融状态下流动性差的材料也能进行分析。

在分析具有高蒸气压的金属时，可能存在金属蒸气吸收产生的 CO 气体的情况，此时可以使用助熔剂来防止这种影响。另外，分析粉末试样时要用到镍胶囊和锡胶囊等。

【实验装置】

(1) 分析仪

氧-氮同时分析仪的结构如图 16.1 所示，该装置由载气净化装置、抽取炉和气体分析部分组成。

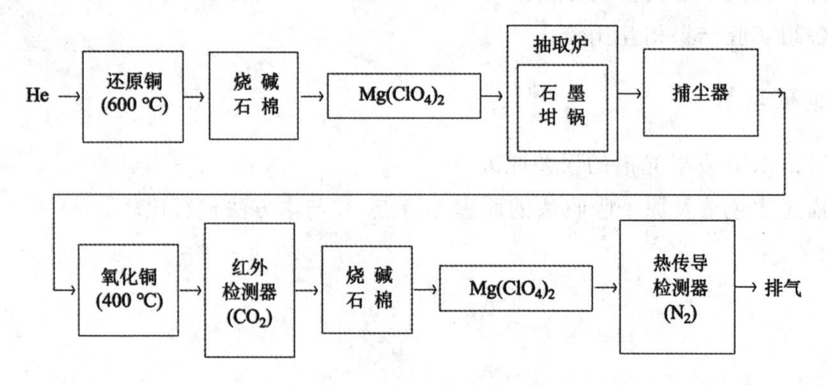

图 16.1 氮-氧同时分析仪的结构

(2) 载气净化装置

还原铜：通过加热至 600 ℃ 的金属铜除去载气中的氧，并分解有机杂质。

烧碱石棉：吸收和去除载气中的 CO_2。

高氯酸镁：一种脱水剂，可以去除水分。

(3) 抽取炉

对石墨坩埚直接通电进行加热，并将试样投掷到坩埚中。该方法的特点是直接给坩埚通电，并能在非常短的时间内将温度升高到 3 000 ℃ 以上。抽取炉中产生的气体与载气 He 一起经捕尘器导入气体分析部分。

(4) 气体分析部分

氧化铜：试样中的氧与石墨坩埚反应产生的 CO 被加热至 400 ℃ 的 CuO 氧化成 CO_2。

红外检测器：用红外吸收法测量载气中的 CO_2 的浓度。

烧碱石棉：吸收载气中的 CO_2。

高氯酸镁：一种脱水剂，用于去除水分。

热导率检测器：利用 He 和 N_2 之间的热导率差来测量载气中的 w_N。

【实验试样】

可根据实际情况选择高熔点金属、陶瓷或金属间化合物等难熔材料作为试样，必要时可使用镍、锡或铁等助熔剂。

【实验内容】

学习熔解 - 红外吸收 / 热导率测量方法，并定量分析各种材料中的 $w_{O\text{-}N}$。

【实验步骤】

(1) 分析开始前 3 h 以上，预先打开分析仪电源，通入载气并预热 1 h 以上。

(2) 用砂纸打磨金属试样和标准试样表面后，用酒精清洗并干燥。如果是粉末试样，称量后应封入镍胶囊或锡胶囊中。

(3) 适当设定室温下置换抽取炉内气体的时间和空烧石墨坩埚的时间，空烧后气体导入分析部分开始至试样投入的时间，以及各步骤的抽取炉输出功率等。

(4) 分析标准试样并进行校准。

(5) 试样分析。分析操作的过程如下：

① 称量试样质量并将测量值输入设备。

② 打开试样室将试样放入。

③ 打开燃烧室清除内部灰尘。

④ 用镊子将新坩埚放在下部电极上。有必要的话，将镍和锡等助溶剂放入坩埚。

⑤ 开始分析操作。

【结果分析】

（1）在报告中要记录待测试样及标准试样的种类、质量、分析结果、分析条件、分析所需要时间及分析年月日等。

（2）相互比较同一试样不同分析者之间的结果，并对分析结果进行讨论。

【讨论事项】

（1）讨论氧化铜作为氧化剂，硫酸、氯化钙、五氧化二磷及高氯酸镁作为脱水剂，烧碱石棉作为二氧化碳吸收剂的反应、作用和能力。

（2）除本方法以外，钢铁中的氧测定法有氢还原法和真空熔炼法等；氮测定法有酸溶解水蒸气蒸馏中和滴定法和奈斯勒试剂吸光法等。请描述它们的原理并与本实验方法进行比较。

第3章 材料力学性能

实验17 金属的拉伸实验及硬度实验

【实验概要】

要了解材料的机械性能，最普遍的方法是做拉伸实验。通过拉伸实验得到拉伸强度、屈服强度、延伸率、断面收缩率、弹性模量以及加工硬化率等，这些都是材料设计时的基本数据。硬度实验由于对试样的形状及大小的限制少，不需要特殊的加工，另外，在很多情况下是非破坏性实验，操作也比较简单，与拉伸实验一样应用领域很广。

本实验是对碳钢及纯铝进行拉伸实验，做成应力-应变曲线并对机械性能进行比较和探讨。另外，还用硬度实验对铝的加工硬化、再结晶软化以及Al-Cu合金的固溶强化和析出强化进行了探讨，并分析与这些现象相对应的组织变化。

【实验原理】

对碳钢施加拉伸载荷，会得到如图17.1所示碳钢的应力-应变曲线。直线OP是应力与应变成比例的范围，临界点P对应的应力σ_p为比例极限。点Q是弹性区域与塑性区域的临界点，所对应的应力σ_E为弹性极限。在达到某一应力时，滑移线会从试样的一端与拉伸应力成45°的面（剪切应力最大的面）呈现出来，这个现象称为屈服，此时的应力σ_y为屈服强度。如图17.1所示，碳钢的屈服强度分为上屈服强度和下屈服强度，之后塑性应变增加，经过加工硬化区域，一直到颈缩开始应力都在增加。产生颈缩的试样因承载能力急速降低而断裂。最高载荷对应的应力称为拉伸强度。以上的应力为名义应力σ_0，是用载荷除以试样的初始横截面积得到的数值表示的。拉伸强度、屈服强度、延伸率及断面收缩率由式(17.1)～式(17.4)表示。

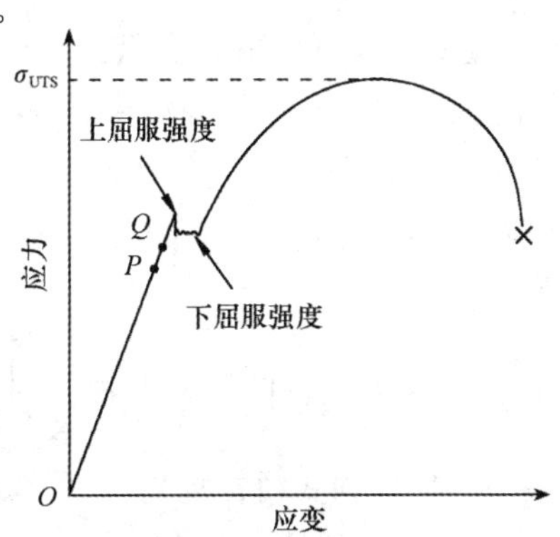

图17.1 碳钢的应力-应变曲线

拉伸强度

$$\sigma_{\mathrm{UTS}} = \frac{P_{\max}}{A_0} \tag{17.1}$$

屈服强度

$$\sigma_y = \frac{P_y}{A_0} \tag{17.2}$$

延伸率

$$\varepsilon(\%) = \frac{l - l_0}{l_0} \times 100 \tag{17.3}$$

断面收缩率

$$\phi(\%) = \frac{A_0 - A_T}{A_0} \times 100 \tag{17.4}$$

式中：$P_{\max}$ 为最大载荷，MPa；l_0 为初始标距长度，mm；l 为断裂后标距长度，mm；A_0 为初始截面积，mm^2；A_T 为断裂后最小的截面积，mm^2。

实际上的试样的截面积在拉伸过程中时刻都在变化着，变形大的时候，在计算应力与应变时需要考虑上述变化。不考虑截面积的名义应变与考虑截面积的真实应变的定义如下：

名义应变

$$\varepsilon = \frac{l - l_0}{l_0} = \frac{l}{l_0} - 1 \tag{17.5}$$

名义应变增量

$$\mathrm{d}\varepsilon = \frac{\mathrm{d}l}{l_0} \tag{17.6}$$

所以

$$\varepsilon = \int \mathrm{d}\varepsilon = \frac{l - l_0}{l_0} \tag{17.7}$$

真应变增量

$$\mathrm{d}\varepsilon' = \frac{\mathrm{d}l}{l} \tag{17.8}$$

真应变

$$\varepsilon' = \int \mathrm{d}\varepsilon' = \ln(\varepsilon + 1)$$

所以

$$\varepsilon' = \ln(\varepsilon + 1) \tag{17.9}$$

若在塑性变形中体积保持不变，即存在式(17.10)和式(17.11)的关系：

$$Al = A_0 l_0 \tag{17.10}$$

$$A = \frac{A_0}{1 + \varepsilon} \tag{17.11}$$

则真实应力可由式(17.12)来表示：

$$\sigma = \frac{P}{A} = \frac{P}{A_0} \cdot \frac{A_0}{A} = \sigma_0(1 + \varepsilon) \tag{17.12}$$

塑性金属材料的真应力 - 应变曲线可由下式表示：

$$\sigma = k\varepsilon'^n \text{ 或 } \ln\sigma = \ln k + n\ln\varepsilon'$$

式中，n 为应变硬化指数。

通过作图法可以从名义应力 - 应变曲线获得真应力 - 应变曲线。由式(17.12)，用 ε 对 σ_0 进行微分可得到式(17.13)：

$$\frac{\mathrm{d}\sigma_0}{\mathrm{d}\varepsilon} = \frac{1}{(1 + \varepsilon)^2}\left[(1 + \varepsilon)\frac{\mathrm{d}\sigma}{\mathrm{d}\varepsilon} - \sigma\right] \tag{17.13}$$

当最大载荷 $P_{\max}$ 在 $\frac{\mathrm{d}\sigma_0}{\mathrm{d}\varepsilon} = 0$ 时，得到式(17.14)：

$$\frac{\mathrm{d}\sigma}{\mathrm{d}\varepsilon}=\sigma_{\mathrm{UTS}} \tag{17.14}$$

这就意味着在应力最大点 σ_0 处的真应力 σ 的斜率$\frac{\mathrm{d}\sigma}{\mathrm{d}\varepsilon}$与应力-应变曲线的最大应力 σ_{UTS} 相等。因此，通过图 17.2 的作图法，可以得到最大载荷 C'。应变(ε) 轴上 $OE=-1$ 的点设定为 E，EF 的延长线与直线 CD 的交点设为 C'，真应力-应变曲线与直线 EF 在 C' 点相切。

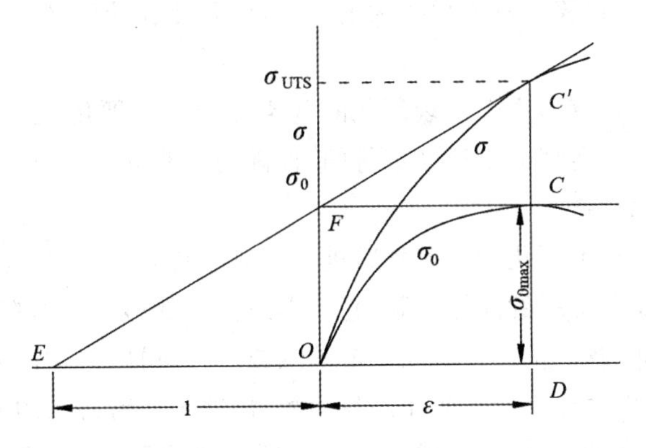

图 17.2　真应力-应变曲线

铝的应力-应变曲线如图 17.3 所示。这里并未出现超越弹性限 σ_{E} 后的屈服现象，而是经历连续应变硬化直至到达断裂强度。

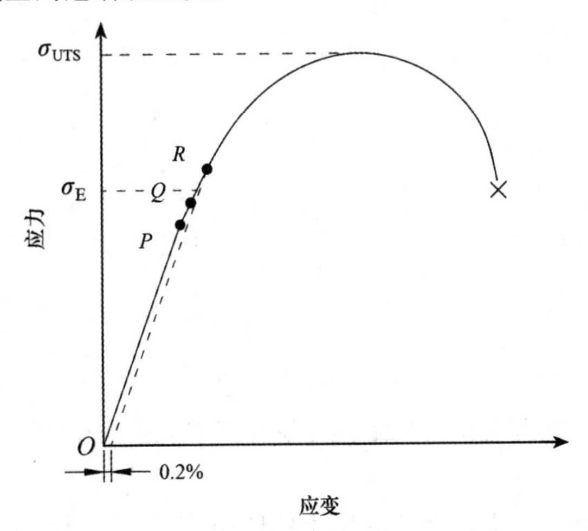

图 17.3　铝的应力-应变曲线

作为材料的机械性能，塑性变形开始的应力 σ_{E} 是非常重要的，但这个数值很难通过简单的方法确定，因此，这里采用发生了一定量塑性变形时的应力，对于碳钢，用这个数值替代屈服强度。铝采用发生 0.2% 的永久应变时的 R 点对应的应力，即条件应变屈服强度($\sigma_{0.2}$)。

断裂强度或屈服强度随晶粒的尺寸减小而增加，屈服强度与晶粒尺寸的关系可用霍尔-佩奇(Hall-Petch)公式表示：

$$\sigma = \sigma_0 + kd^{-1/2} \tag{17.15}$$

式中，σ_0 及 k 为常数；d 为晶粒直径。

这个关系是在考虑了外力作用下开始运动的位错在晶界处聚集而推导出来的。

碳钢的屈服现象可用科垂耳(Cottrell)效应来说明，即C或N等间隙原子在拉伸变形时比较容易移动，从而聚集在刃形位错的周围，在外力的作用时起到钉扎位错的作用。由于位错被固定，要让位错移动就需要更大的外力，但开始移动后，所需要的应力会变小，出现了明显的屈服点。

金属材料发生塑性变形后会出现硬化的现象称为加工硬化。这是由于金属材料塑性变形是通过位错在几个滑移面上运动进行的，而随着变形量的增加，位错密度增加，相互缠结从而形成了不动位错。

对由于冷加工而产生硬化的金属材料进行加热，使其软化的处理方法称为退火。经冷加工的材料中会存在非常多的晶体缺陷，它们以应变能的形式蓄积在材料中。通过对材料进行退火处理，点缺陷及位错通过运动逐渐消除或进行重排，但在回复过程中的软化量并不大。接着以位错发生重排而形成的亚晶粒为核，借助于残留蓄积的能量生成了无内部应变的晶粒。这种再结晶过程中出现的软化效果非常明显。因此，通过测定退火过程中硬度变化，可以知道再结晶的程度。同时，加工量越大，晶格缺陷越多，再结晶形核密度越高，软化速度就越快。

【实验装置】

万能试验机。

【实验试样】

碳钢及铝。

【实验内容】

(1) 拉伸实验

碳钢采用圆棒试样在万能试验机上进行拉伸实验，铝采用片状试样在万能试验机上进行拉伸实验。

首先用千分尺测量试样平行部分的尺寸，用冲击针在游标卡尺测量的标距处(碳钢为50 mm，铝为25 mm)做标记。

(2) 硬度实验

通过如图17.4所示的显微维氏硬度计进行硬度测试。

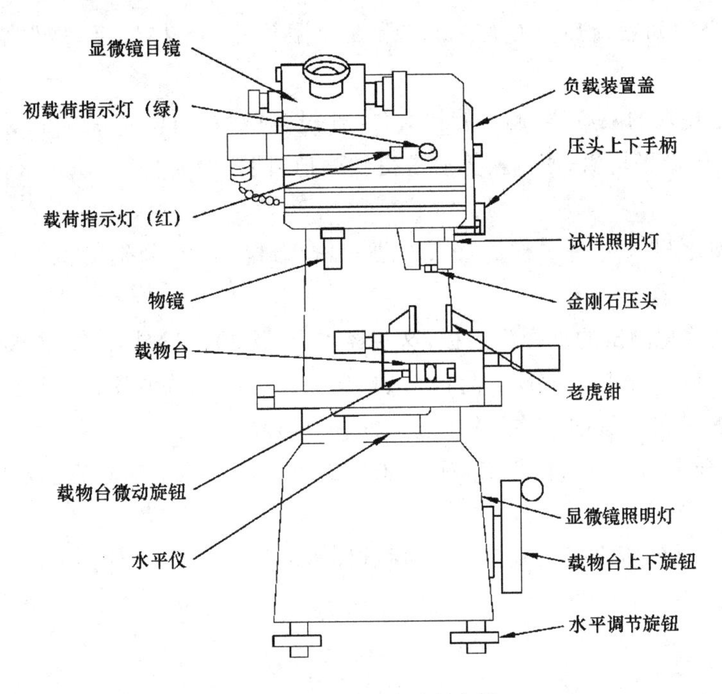

图 17.4　显微维氏硬度计

【实验步骤】

(1) 拉伸实验

① 万能试验机的实验载荷设定为 6 t。

② 将试样固定在上部夹头，调整载荷指针到零点。

③ 拉伸速度调整为 2 mm · min^{-1}。

④ 将试样的下端固定在下部夹头。实验中需要读取上屈服点及下屈服点的载荷。

⑤ 实验后，将负载操纵按钮设置在保持状态，取下试样，并测量最高载荷、标距长度及最小直径。

⑥ 设定负载传感器(1 t) 及满量程范围选择器到合适条件(200 kg)。

⑦ 将连杆及上部夹头与载荷传感器相连。

⑧ 小心地将夹头上的试样连接到连杆上。

⑨ 设定拉伸速度为 1 mm · min^{-1}，按下开始按钮后开始加载。

⑩ 实验后，取下试样并进行标距的测定。

(2) 硬度实验

① 一边看水平仪，一边调节 3 个螺丝使硬度仪处于水平位置。

② 设定载荷为 100 g，试样用夹具固定，并将载物台向左滑移至限位器。

③ 调节载物台上下旋钮对焦，寻找要测定的位置，并通过载物台微动旋钮将该视场移至视野的中央。

④ 将载物台移至右端的限位器，旋转压头上下移动旋钮。金刚石压头接触试样的表

面后，施加所定的初载荷后灯变红。旋转旋钮至限位器，经 15 s 后，逆转旋钮返回到限位器。

⑤ 滑移至左端的限位器，调节旋钮对焦。通过测微目镜，测定凹坑的对角线长，并将两条线的测定值做平均值，通过换算表求得硬度值。同样的条件下，测定 3 个区域并取平均值。

⑥ 加工硬化测试用的试样为经冷轧加工的铝板，板厚分别为减少了 20%、40%、60%、80% 和 90%。

⑦ 再结晶软化测试的试样为铝板，这些经 40% 及 90% 冷轧加工后的试样(15 mm×15 mm) 再经 300 ℃ 加热，并分别保持 0.5、1、10 及 30 min后在水中淬火得到。加热是在电炉的盐浴(硝酸钙与硝酸钠的共晶) 中进行的。

⑧Al-Cu 合金的固溶强化测定：对经 500 ℃ 加热，保温 1 h 后在室温水中进行淬火处理的 Al-4%Cu 合金进行硬度测试。

⑨Al-Cu 合金的析出强化测定：对上述试样再加热到 150 ℃，保温 1 天后冷却至室温，进行硬度测试。

【结果分析】

(1) 将载荷 - 拉伸曲线重新绘制成名义应力 - 应变曲线。

(2) 算出拉伸强度、屈服强度、延伸率及断面收缩率的值。

(3) 通过作图法获得真应力 - 应变曲线。

(4) 求出晶粒尺寸与抗拉强度及屈服强度的关系。

(5) 求出塑性变形量与硬度的关系。

(6) 求出再结晶退火软化曲线。

(7) 比较纯铝与 Al-Cu 合金的硬度。

【讨论事项】

讨论室温时机械性能与组织的关系，并讨论高温与室温时的现象有何不同之处。

实验 18　夏比摆锤冲击试验评价低温脆性

【实验概要】

在机械性能测试中，时刻跟踪变形情况的测试通常称为静态测试。如果加载后 10^{-2} ～10^{-3} s内断裂，或加载后出现屈服时间在 10^{-3} ～ 10^{-5} s的高速破坏测试称为冲击试验。尽管通过冲击试验获得的数据是定性的，但是材料的冲击性能在很多情况下与静态的情况不同。为了获得机械等安全设计的数据，判断高速塑性加工时的加工性，以及阐明变形机制，都要用到冲击试验。钢在某一温度下显著变脆的情况很多，冲击试验是研究这种韧脆转变温度的简单方法。本实验中，以普通碳钢和低温结构材料奥氏体不锈钢为对象进行夏比冲击试验，弄清楚冲击值的意义，不同材料和热处理对冲击值及断面的影响，确认韧－脆转变温度的是否存在，并掌握夏比冲击试验方法。

【实验原理】

GB/T229—2020《金属材料　夏比摆锤冲击试验方法》规定了金属材料在冲击试验中测定冲击试样吸收能量的夏比摆锤冲击试验方法。

夏比摆锤冲击试验采用如图 18.1 所示的摆式锤，撞击试样缺口相对面将其破坏(图 18.2)，并测量所吸收的能量。根据 GB/T229—2020《金属材料　夏比摆锤冲击试验方法》，夏比冲击试验可以采用 U 形、V 形缺口的任意一种试样(图 18.3)。评估低温脆性时经常使用 V 形缺口试样。

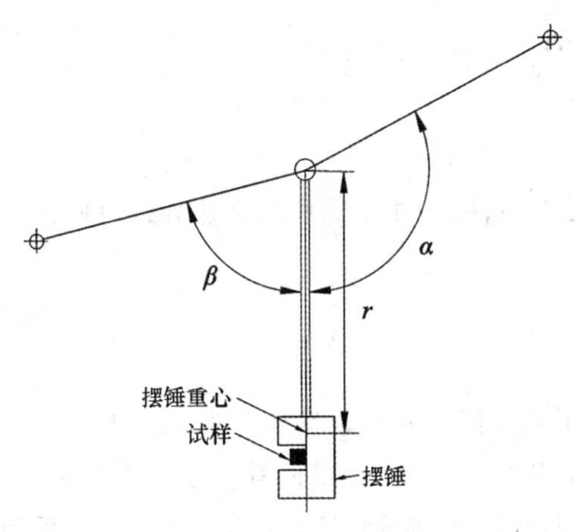

图 18.1　夏比摆锤冲击试验的预扬角与升角

破坏试样所需的能量 E[J] 通过以下等式计算。

$$E = M(\cos\beta - \cos\alpha) \tag{18.1}$$

式中：$M = Wr$ 是摆锤的力矩，其中 W 是摆锤的重力，r 是摆锤旋转中心到重心的距离；α 是摆锤的提升角度；β 是断裂后的摆动角度。在 GB/T229—2020《金属材料　夏比摆锤冲击试验方法》中，将 E 除以缺口的初始截面积得到的值表示为夏比冲击值。此时，小数点后的数值四舍五入保留 1 位。如果试样未完全断裂，那么忽略该数据，或在数据中清楚地表明未断裂。

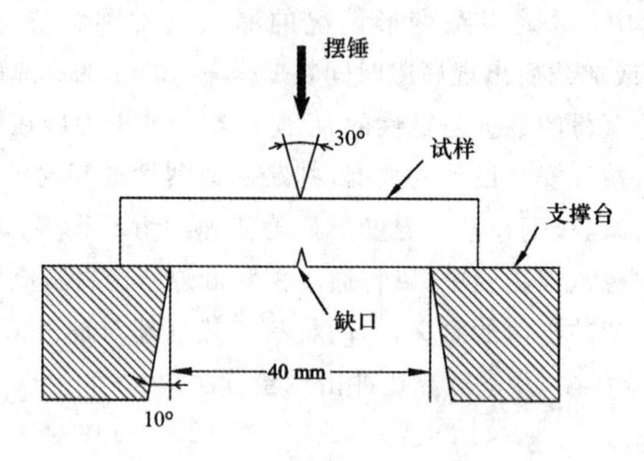

图 18.2　夏比摆锤冲击试样的设定

【实验装置】

夏比摆锤冲击试验机、热处理炉、用于承装冰水混合物及液氮的装置。

【实验试样】

普通碳钢和低温结构材料奥氏体不锈钢。

【实验内容】

掌握夏比摆锤冲击试验方法。分析不同材料和热处理对冲击值及断面的影响，确认是否存在韧 - 脆转变温度。

【实验步骤】

(1) 在该实验中，除了夏比摆锤冲击试验机之外，还使用铜 - 康铜热电偶，杜瓦瓶和维氏硬度计。另外，采用 GB/T229—2020《金属材料　夏比摆锤冲击试验方法》规定的 V 形缺口实验[图 18.3(a)]，对(A) 正火碳钢(45＃)、(B) 淬火回火后随炉冷却碳钢(45＃) 和(C) 奥氏体不锈钢(SUS 304)3 种材料每种各 6 个试样(总共 18 个) 进行实验。

(2) 观察伴随断裂的塑性变形，预先用砂纸将试样侧面(如图 18.3 所示的面) 打磨至1200 号。

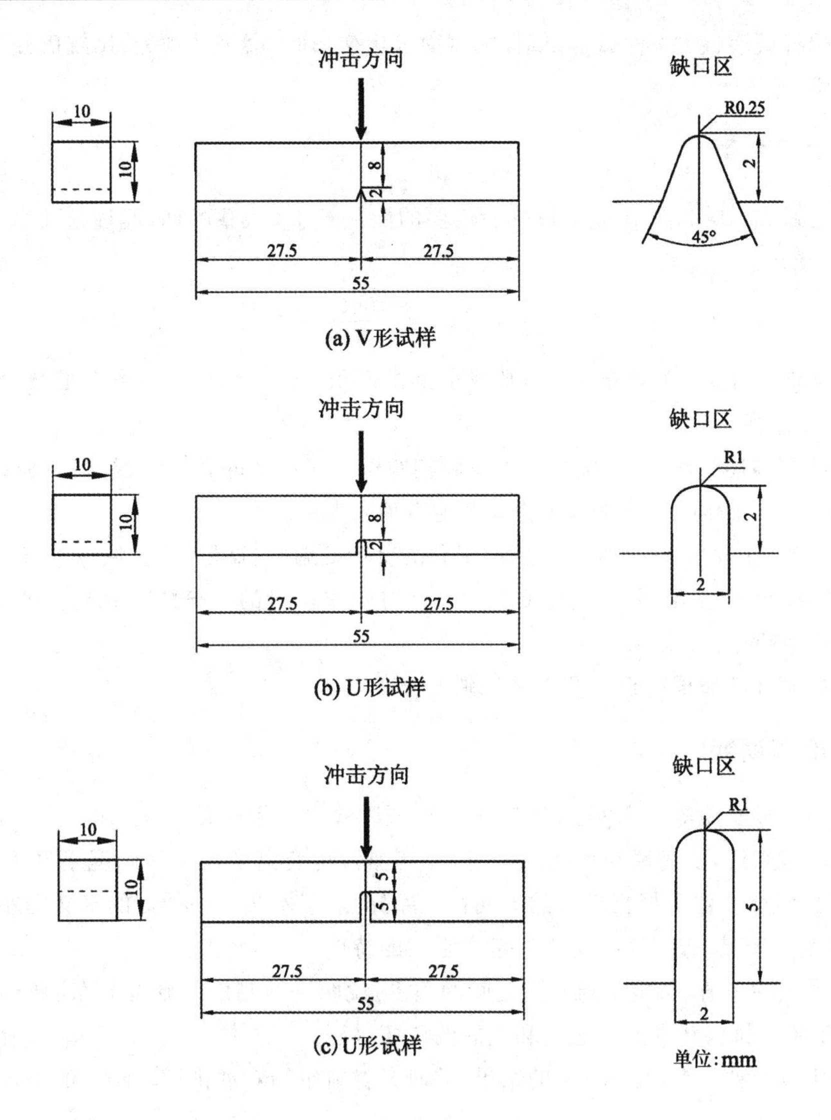

图 18.3　夏比摆锤冲击试样

(3) 从试验机标记的 W 和 r，当试验机容量 $Wr(1-\cos\alpha)=294$ J 时，算出试验机的提升角 α。

(4) 使试样的缺口与试样支撑座的中心重合。

(5) 冲击试验在 100 ℃、室温、0 ℃ 和液氮温度(−196 ℃)下进行，测量摆动角度，通过试样的打击痕迹位置确认摆锤的打击位置是否正确。高温和低温下进行测试时，将试样放入液体槽中至少 10 min，以便保持试样整体温度一致。从液体槽中取出试样到进行冲击试验的时间在 5 s 以内，但为了避免出现危险，放置试样及释放摆锤应始终由同一实验者操作。

(6) 根据冲击试验结果，对剩余的 2 个试样进行分组讨论，为了确定韧脆转变温度，用干冰 - 乙醇设定最佳实验温度，并进行实验。

(7) 选择代表性的3种试样，试样的侧面发生变形时，磨平并抛光，用维氏硬度计测量断裂表面附近的硬度。

【结果分析】

(1) 通过式(18.1)算出断裂试样所需要的能量 E[J]。观察断面，脆性断面率 B[%]由式(18.2)求出。

$$B[\%] = \frac{100C}{A} \tag{18.2}$$

式中：A 为断面的全面积，mm^2；C 为脆性断面的面积，mm^2。脆性断面率 B 的数值，原则上至少按5%计算。

(2) 绘制描述吸收能量、脆性断面率和实验温度间关系的转变曲线。转变曲线分别以吸收能量及脆性断面率为纵轴，实验温度为横轴来表示。

(3) 通过转变曲线求出断面转变温度和能量转变温度。这里，将脆性破裂率为50%的温度确定为断面转变温度，将脆性断面率为0时吸收能量的二分之一相对应的温度定义为能量转变温度。

(4) 在试样断裂面附近的侧面制作硬度分布图。

【讨论事项】

(1) 与拉伸实验等静态实验相比，考查冲击试验的实际意义。

(2) 一般来说，从韧性到脆性的转变并不突然，转变温度在很多情况下并不明确。因此韧性 - 脆性转变温度根据定义的不同存在差异。除了本实验中使用的定义之外，还有几种转变温度的定义，查阅这些定义并考查它们的特性。

(3) 讨论冲击值、断裂面与温度之间的关系。说明试样侧面的硬度分布图的意义是什么?进一步考查材料转变温度之前和之后的破坏过程。

(4) 比较3种材料(A、B、C)的结果，并研究材料组织对冲击试验结果的影响。

实验 19　金属的高温机械性能

【实验概要】

在高压蒸汽锅炉、汽轮机、燃气轮机、航空发动机以及化工炼油设备中，很多部件长期在高温条件下服役。虽然承受应力小于该温度下材料的屈服强度，但在长期使用中部件会产生缓慢而连续的塑性变形，即蠕变。如果在服役期内产生过量的蠕变变形，将会引起部件的早期失效。因此对蠕变产生的原因、衡量的指标和影响因素的理解非常必要。本实验将对粒径不同的纯铝试样进行恒载荷高温蠕变实验，探讨铝的强度随晶粒尺寸的变化而发生怎样程度的变化，并分析其理由。

【实验原理】

在室温条件下，虽然金属或合金在发生一定量的塑性变形后就不再发生变形，但在 0.3 ～ 0.5 T_m（T_m 为熔点）以上的温度时，由于金属原子的运动加剧，会在应力载荷的作用下发生蠕变变形，变形会随着时间延长逐渐增加直至断裂。应变与时间的关系曲线（蠕变曲线）如图 19.1 所示。根据蠕变曲线的形状可分为三个阶段。第一阶段蠕变速率随时间延长不断降低，称为初始蠕变阶段。第二阶段蠕变曲线为直线，蠕变速率保持不变，称为稳态蠕变阶段。第三阶段蠕变速率随时间延长而加快直至断裂，称为加速蠕变阶段。对于发动机和电力工厂等所使用的高温结构材料来说，蠕变破坏强度非常重要。

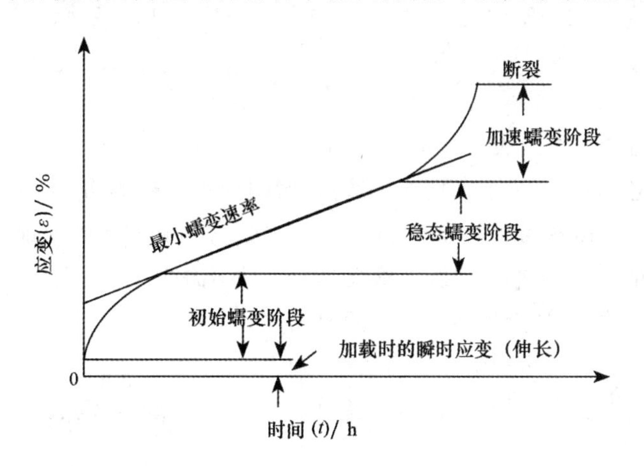

图 19.1　蠕变曲线上的三个蠕变区域

在室温条件下，晶粒尺寸越小，金属及合金的强度越高。因此，细化晶粒是强化金属及合金的最有效的方法。但在高温条件下，晶粒越小强度越低。

【实验装置】

本实验采用杠杆型蠕变试验机进行高温机械性能测试。实验前先做如下准备：

(1) 将 K 型热电偶放置在试样的中央，并用镍线连接。

(2) 将装有试样的卡盘连接到拉伸杆上。

(3) 将试样放置在加热炉的中央位置。

(4) 调整杠杆处于水平位置后开始升温。

(5) 设置测微表。

(6) 温度设定为 230 ℃，并保持 20 min。

【实验试样】

准备高温拉伸实验时采用纯铝及相同材料经冷加工后实施退火处理的试样。蠕变试样的厚度为 1.0 mm、宽 7.0 mm 和标距 28 mm 的板状试样(图 19.2)，晶粒大约为 300 μm。

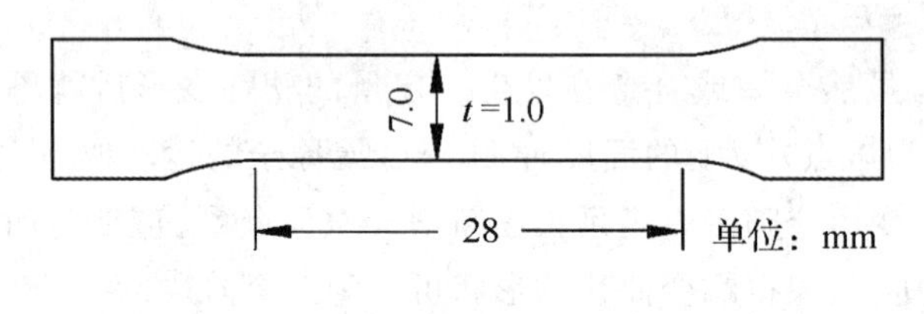

图 19.2　纯铝的蠕变试样

【实验内容】

通过恒载荷高温蠕变实验，探讨纯铝的强度随晶粒尺寸的变化情况。

【实验步骤】

(1) 加载之前调整测微表使其指示为“0”。

(2) 到达设定应力后，马上测定伸长数值(瞬间伸长)，在最初的 1 min 内每隔 10 s 测定 1 次，之后的 30 min ～ 2 h 每隔 1 min 测定 1 次，直到试样断列前都这样测定。

(3) 与实验并行，做成蠕变曲线及蠕变速率 - 时间曲线。

(4) 取出断裂试样，测量延伸率及断面收缩率。

(5) 使用晶粒不同的两种试样进行实验。

(6) 相同的试样在相同的应力下，温度设定为 200 ℃ 进行实验。

【结果分析】

(1) 根据晶粒尺寸不同的两种试样的测量结果，做成蠕变曲线及蠕变速率 - 时间曲线(图 19.3)。

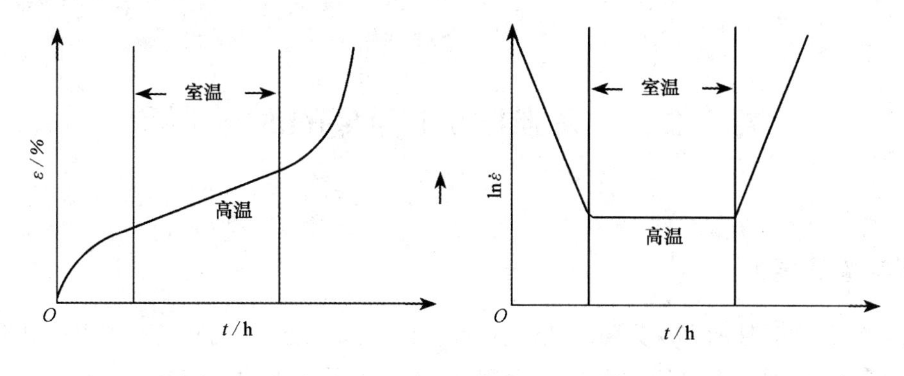

(a) 应变与时间的关系　　　　(b) 稳态需变速率与时间的关系

图 19.3　室温与高温变形的区别

(2) 讨论蠕变强度、蠕变断裂时间及断裂延伸率与晶粒尺寸的关系。

(3) 分析高温时晶粒越小的材料越弱的原因。

【讨论事项】

温度发生 30 ℃ 的变化,蠕变速率会发生怎样的变化?参考图 19.4 绘制蠕变速率与时间的倒数的曲线,通过其斜率求激活能 Q_c。

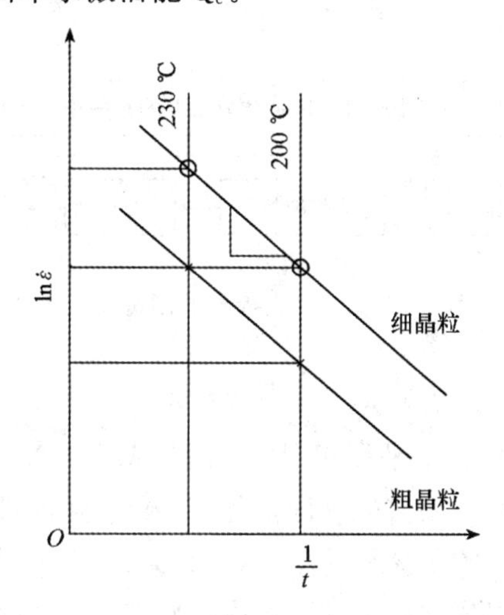

图 19.4　通过作图求 Q_c

实验 20　高强度 Al 合金的时效现象

【实验概要】

纯 Al 的力学性能表现为强度低、塑性好，可以冷、热变形加工，但不能用来制造承受载荷的零部件。通过添加 Cu、Mg、Si、Mn 和 Zn 等元素形成 Al 合金，经加工及热处理，可获得高强度的铝合金。由于铝的密度（$2.70\ g \cdot cm^{-3}$）小，作为比强度极高的轻质高强度铝合金已实用化。特别是添加 w_{Cu} 为 4% 的 Al-Cu 合金通过淬火和回火等时效热处理，其强度可与钢材相媲美。它的强化机制是基于利用添加元素的固溶度极限的温度依赖性大所产生的析出效应。Al-Cu 合金通常被称为硬铝、超硬铝，用作飞机和车辆的外皮骨架等结构件，也广泛用于齿轮、液压部件及轮毂等。

Al 合金板材的制造流程如图 20.1 所示。

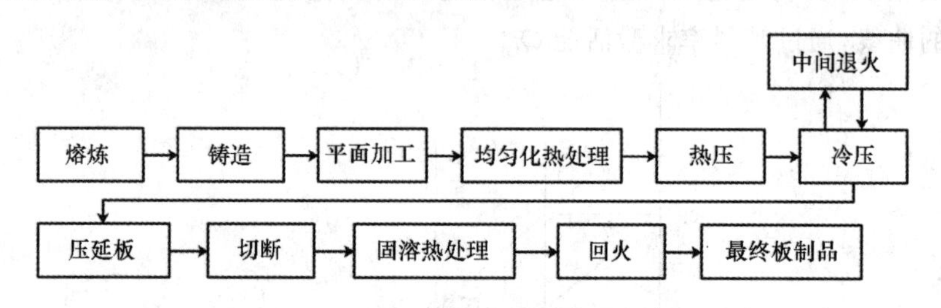

图 20.1　Al 合金板材的制造流程

【实验原理】

图 20.2 为沉淀强化型 Al 合金平衡相图的 Al 侧。成分为 X 的合金加热至温度 T_s 并保持一定时间，形成溶质原子均匀固溶的 α 固溶体，该操作称为固溶热处理。逐渐冷却时，β 相在 D 点从 α 固溶体中析出，平衡状态下，α＋β 两相共存。但如果急冷即淬火，溶质原子的迁移即扩散受到抑制，至常温依然保持 α 固溶体的状态。在这种状态下，溶质原子过饱和称为过饱和固溶体。同时，由淬火导致的空位也处于过饱和状态，称为淬火冻结过剩空位，对原子的扩散起了很大的促进作用。

过饱和固溶体处于高自由能状态，在常温或稍高的温度下保持这种状态，即时效处理时，内部组织随时间延长逐渐向更稳定的平衡状态转变，即向 α＋β 两相状态变化。但在 β 相（稳定相）从 α 相析出之前会析出与 β 相结构不同的 GP 区或中间相等亚稳相，并且与这些内部组织变化相对应的合金的物理、化学和机械等性质也发生变化。特别是如图 20.3 所示的硬度显著增加，称为时效硬化。图 20.4 为 Al-Cu 合金平衡相图的 Al 侧。Al-Cu 合金的时效析出过程如下所示：

$$\alpha \rightarrow \text{GP(1) 区} \rightarrow \text{GP(2) 区}(\theta'') \rightarrow \theta' \text{ 相} \rightarrow \theta \text{ 相}(Al_2Cu) \tag{20.1}$$

式中，GP(1) 区和 GP(2) 区称为 GP(Guinier-Preston) 区，由 Guinier(法国) 和 Preston(英国) 于 1938 年首次发现。Cu 原子在铝母相晶格的{100} 面上以圆盘状富集并且与铝母相晶格共格，称为 GP(1) 区，当富集的 Cu 原子规则排列时称为 GP(2) 区。此外，θ' 相称为过渡相，与 θ 相具有相同的晶体结构但晶格常数不同，它与母相是部分共格的。时效析出过程和析出速度取决于时效温度，常温下的时效称为自然时效，温度稍高时的时效称为人工时效。

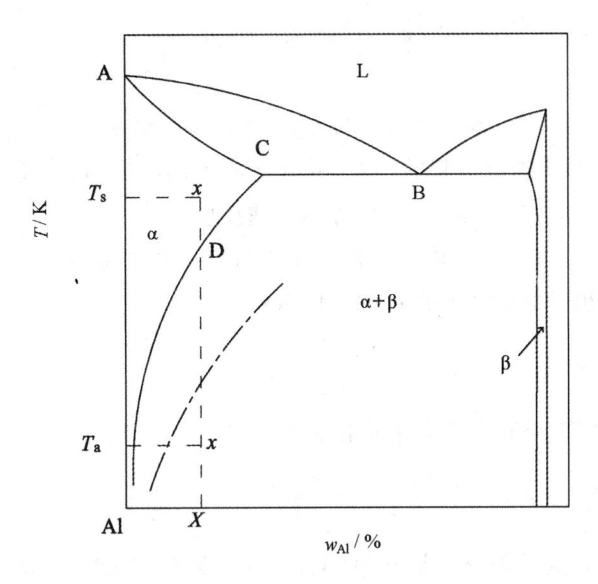

图 20.2　沉淀强化型 Al 合金平衡相图的 Al 侧

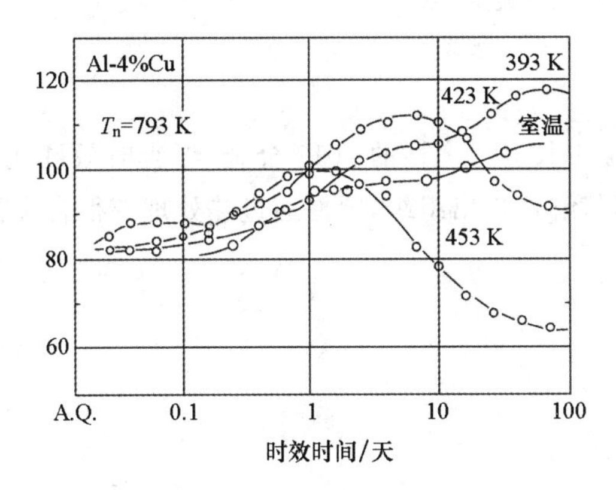

图 20.3　Al-4%Cu 合金的时效硬化曲线

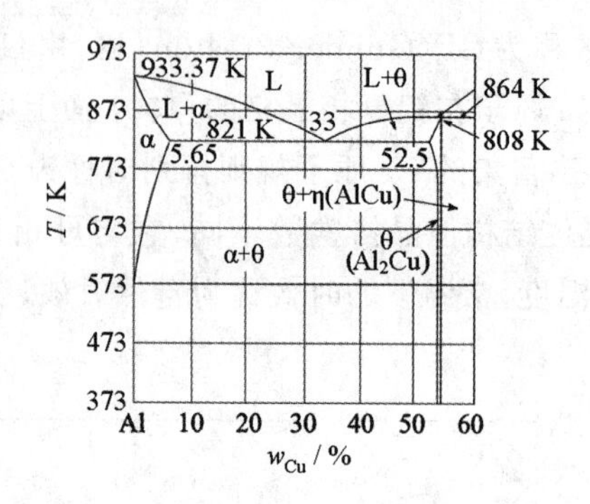

图 20.4　Al-Cu 合金平衡相图的 Al 侧

析出是由溶质原子扩散引起的相变，并且在时效的早期阶段，冻结过剩空位具有显著促进扩散的功能，称为快速反应，之后称为慢速反应。

如上所述，由于析出引起的内部结构变化是时效硬化的原因，称为沉淀强化，其强化机制可从位错和析出物之间相互作用的角度解释。

【实验装置】

马弗炉、油浴装置、洛氏硬度计和电阻四探针仪。

【实验试样】

将厚度为 3 mm 的轧制板（成分：Al-4%Cu-0.7%Mg，2017 合金）切割成 15 mm × 15 mm 的方形试样，用于硬度测量。切割面上的毛刺用防水砂纸打磨去除。

Φ1 mm 的拉拔线材用于电阻测量。

【实验内容】

使用高强度铝合金中具有代表性的 2017 合金，考查时效硬化现象、析出现象等合金的强化机制，以及观测与解析析出组织，掌握通过热处理获得合金强化和组织调控的基本原理。

【实验步骤】

1. 时效硬化

(1) 硬度的测量

将试样用纯铝线捆扎，在 520 ℃ 的盐浴中（KNO_3 : $NaNO_3$ = 1 : 1）固溶处理 30 min 后在水中淬火，之后立即进行升温时效和等温时效。

升温时效：将水淬火的试样置于马弗炉中，并以 5 ℃ · min^{-1} 的恒定升温速度将温度从室温升高至 400 ℃。在升温过程中，将试样从室温，40 ℃，60 ℃，…，每 20 ℃ 从炉中取样，放入水中冷却并测量洛氏硬度。这里室温的试样是淬火状态的试样（as quenched，A. Q.）。

等温时效:将水淬试样置于 150 ℃ 和 200 ℃ 的油浴(硅油) 中,时效处理预定时间 100 min,取出并在水中冷却。随后,用有机溶剂洗涤硅油。

使用洛氏硬度计(B 标尺) 测量 5 个点,除去最大值和最小值之外的 3 个点取平均值。

B 标尺下洛氏硬度(HRB):压头为 1.587 5 mm 的钢球,初载荷为 98.07 N,总载荷为 980.7 N。

$$\mathrm{HRB} = 130 - \frac{h}{0.002} \tag{20.2}$$

式中,h 为压头在实验载荷前、后的参考载荷下的压痕深度,μm。

(2) 电阻的测量

在 520 ℃ 下固溶处理 30 min 后,在水中淬火,与硬度测量的情况一样,在升温时效和等温时效之后进行电阻测量。

升温时效:将淬火的试样放置在电炉中,与室温加热至 520 ℃ 测量硬度的情况一样以 5 ℃ · min^{-1} 的恒定加热速度升温,并连续测量电阻。

等温时效:将淬火的试样置于 150 ℃ 和 200 ℃ 的油浴中按预定时间进行时效处理,随后水中淬火冷却,并立即浸入液氮中,保持一段时间后,在液氮中测量电阻。时效时间要累计计算,重复同样的步骤进行测量。

电阻测定法(四探针法) 测量电阻如图 20.5 所示。

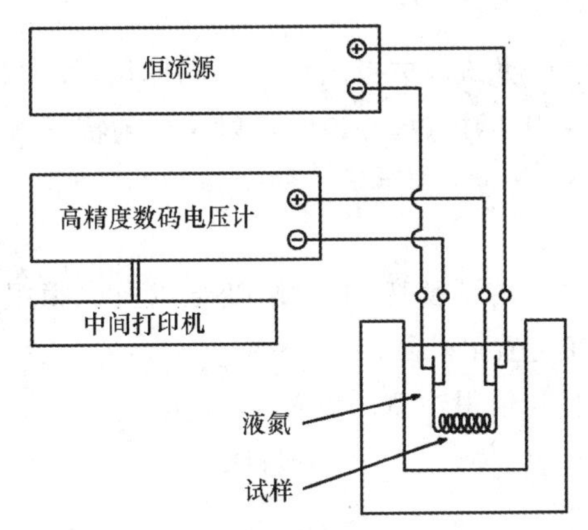

图 20.5　电阻测定法(四探针法) 测量电阻

电阻 R 由式(20.3) 给出,对应初值(淬火时的值) 的电阻变化率由式(20.4) 求出:

$$R = \frac{E}{I_0} \tag{20.3}$$

$$\frac{\Delta R}{R_0} = \frac{R - R_0}{R_0} = \left(\frac{E}{I_0} - \frac{E_0}{I_0}\right) \bigg/ \left(\frac{E_0}{I_0}\right) = \frac{E}{E_0} - 1 \tag{20.4}$$

式中:E_1、E_0 为时效及淬火后试样标点间的电位差;R_0 为淬火时的电阻;I_0 为流过试样的恒定电流值。

根据式(20.3) 测得的电位差可求出电阻变化率$\dfrac{\Delta R}{R_0}$。

电位差的测定是将试样浸在液氮中并通以恒定电流来测量的。

2. 透射电镜组织观测

将固溶处理并淬火的 Al-4%Cu 合金在 150 ℃ 下进行 2 天时效处理，并通过电解双喷（电解液为硝酸＋甲醇）制取透射电镜的薄膜试样。用加速电压为 200 kV 的透射电子显微镜观察该试样，并拍摄电子显微镜组织（明视场图像）和衍射花样，并解析析出物的种类、尺寸及析出取向和衍射花样。

【结果分析】

1. 时效析出

(1) 硬度变化

以 HRB 为纵轴，温度为横轴，作成升温时效硬化曲线。对于等温时效，以 HRB 为纵轴，时间的对数为横轴绘制恒温时效硬化曲线，并总结时效硬化曲线的特征。

(2) 电阻变化

升温时效时以电阻变化率$\frac{\Delta R}{R_0}$为纵轴，温度为横轴，等温时效时以电阻变化率$\frac{\Delta R}{R_0}$为纵轴，时间对数为横轴，各自作成电阻变化图。此外，进一步求出电阻变化率$\frac{\Delta R}{R_0}$，并总结其特征。

2. 透射电镜组织

关于析出物的电镜组织（明场），拍摄照片并标出标尺，说明析出物的种类、大小和析出方向等。此外，在衍射花样上标指数，并说明衍射花样的特征。

【讨论事项】

(1) 说明或讨论伴随时效的硬度变化、电阻变化以及电镜组织变化所得到的实验结果能得出何结论，并说明沉淀强化机制。

(2) 通过本实验讨论各自值得注意的事项。

实验 21　铁及铝的强度和延展性与温度及应变速率的依赖关系

【实验概要】

讨论金属材料的强度时最重要的物理量之一就是屈服应力。屈服应力在宏观上可看作塑性变形开始时的应力，在微观上可理解为克服位错运动的阻力(障碍物)所需要的应力。位错运动的障碍物有各种形式，但大致分为短程和长程。短程障碍物分为派尔斯势能、林位错、位错拖曳阻力、溶质原子及细小析出物粒子等；长程障碍物分为与其他位错的相互作用、大的析出物、夹杂物及晶粒边界等。在实际的金属材料中，这些障碍物都是混合存在的，材料的塑性变形必须通过位错的运动越过障碍物。位错的运动需要外力做功，但在绝对零度以上的温度，原子的热振动对塑性变形也有贡献。

在日常生活中，当金属材料发生变形时，大概会体验到在较高的温度下变形所需要的力较小，快速变形时，需要更大的力。考虑到位错运动的热激活过程，这些现象可以理解为变形应力的温度依赖性和应变率依赖性。本实验的目的是通过基本的实验理解温度越高金属材料变形应力越低的原因(温度依赖性)和变形越快所需要的应力越大的原因(应变率依赖性)，并通过实验条件对金属材料机械性能的影响加深理解。本实验中使用的是金属材料铁(bcc)和铝(fcc)。

【实验原理】

1. 非热应力和有效应力

把位错运动的障碍分为短程障碍物和长程障碍物，可以很好地解释屈服应力的温度依赖性。图 21.1 为位错运动时障碍物的示意图，纵轴是作用在障碍物中长度为 L 的错位上的力K，横轴为位错的运动方向 x(距离)，表示二维的力 - 距离的关系。图中所示的阴影部分与某一温度下的原子的热振动所提供的能量相当。在图 21.1(a) 的短程障碍物的情况下，因为障碍物的距离很小，热振动的能量可以极大地帮助外力做功，即略微提高温度，克服障碍所需的外力就会大大降低，表现出与温度有着很强的依存性。另一方面如图 21.1(b) 所示，由于障碍物的距离大，热振动能量的贡献变得小，因此，克服障碍所需的外力几乎显示不出与温度的依赖性。在实际材料中，由于短程和长程障碍相混合，一般来说，塑性变形所需应力 τ 可表示为

$$\tau = \tau_a + \tau^*(T,\dot{\gamma}) \tag{21.1}$$

式中，τ_a 取决于长程障碍且不依赖于温度，称为非热应力。τ^* 取决于短程障碍且强烈依赖于温度，称为有效应力。τ^* 除温度外还与应变速度有关，写作 $\tau^*(T,\dot{\gamma})$。通过借助原子热

振动的能量使位错克服短程障碍的过程称为位错的热激活运动过程。

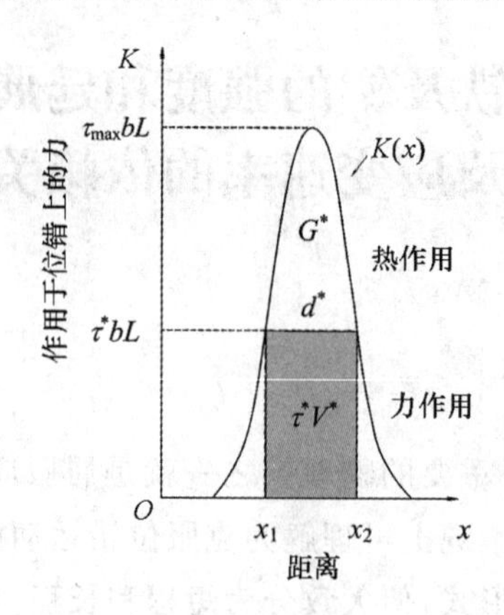

(a) 短程障碍物的力 - 距离曲线

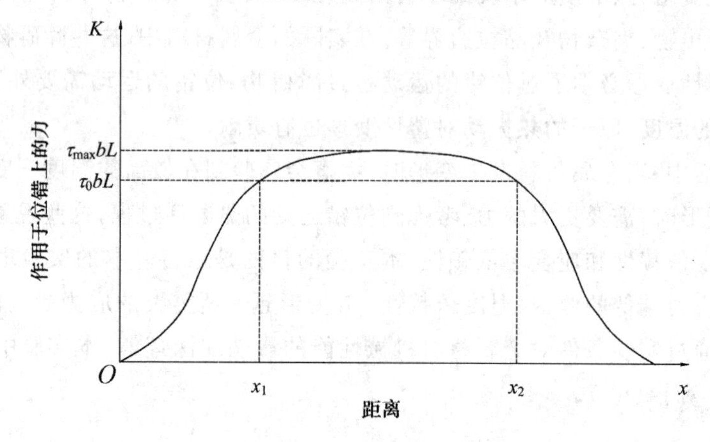

(b) 长程障碍物的力 - 距离曲线

图 21.1　位错运动时障碍物的示意图

2. 热激活过程

下面我们定量讨论热激活过程。图 21.1(a) 示意性地显示了一个短程障碍的平均势垒。若原子的热振动能量对位错运动根本没有贡献(绝对零度)，则位错克服这个障碍所需的应力为 τ_{max}，若由热振动提供 G^* 的能量，则位错可通过有效应力 τ^* 克服这个障碍。由图 21.1(a) 得到式(21.2)：

$$G^* = \Delta F - \tau^* V^* \tag{21.2}$$

其中，ΔF 及 V^* 分别由式(21.3) 和式(21.4) 给出：

$$\Delta F \equiv \int_{x_1}^{x_2} K(x)\mathrm{d}x \tag{21.3}$$

$$V^* \equiv bLd^* \tag{21.4}$$

式中：G^* 为激活能；V^* 为激活体积，并且是激活面积 Ld^* 与位错柏氏矢量大小 b 的乘积；d^* 也被称为激活距离。这里讨论的是一定温度和一定有效应力作用下发生的热激活过程。激活能 G^* 对应于位错从位置 x_1 移动到位置 x_2 期间的吉布斯能量的变化。另外，ΔF

为吉布斯能量的变化减去外力势能的变化，也就是亥姆霍兹能量的变化。

3. 有效应力的温度及应变速度依赖性

根据将塑性变形视为热激活过程的贝克－奥罗万(Becker-Orowan)理论，应变速率可用阿伦尼乌斯(Arrhenius)型的方程式(21.5)来描述。

$$\dot{\gamma} = \rho A \exp\left(\frac{-G^*}{kT}\right) \tag{21.5}$$

式中，ρ 为可动位错密度；k 为玻耳兹曼常量；A 为包括表征塑性变形的各种物理量(在实验后作为讨论内容)。

进一步简化图 21.1(a) 所示的短程障碍物，并用图 21.2(a) 所示的形状替换它，讨论临界分切应力的温度依赖性和应变速度依赖性。由图 21.2 可以得到式(21.6)：

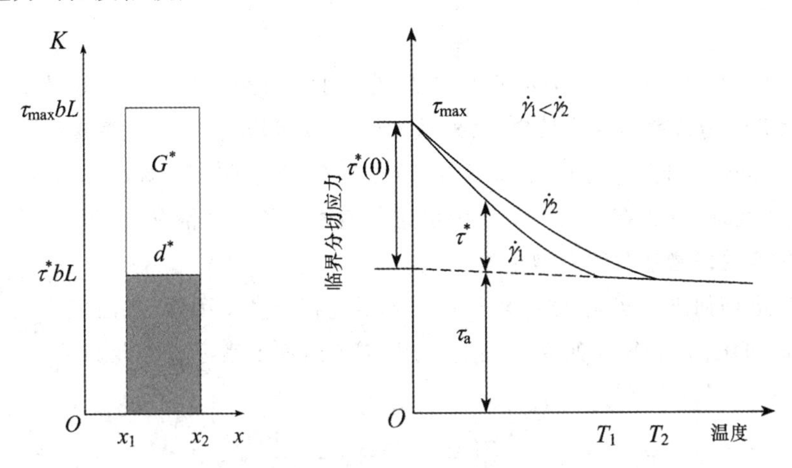

(a) 矩形短程障碍物　　(b) 临界分切应力的温度与应变速度依赖关系

图 21.2　临界分切应力的温度依赖性和应变速度依赖性

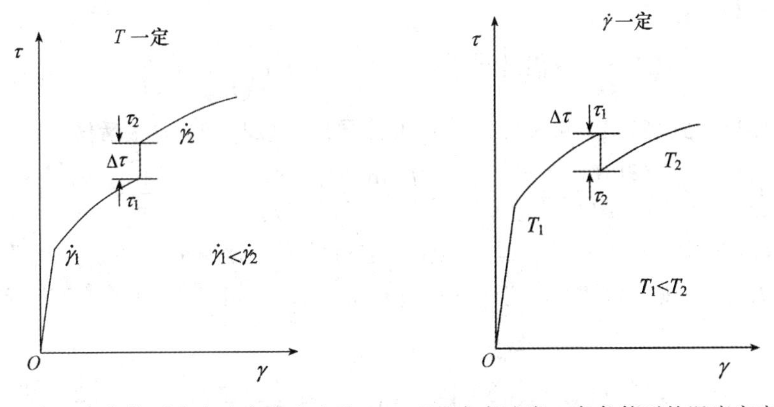

(a) 温度一定条件下应变速度突变实验　　(b) 应变速度一定条件下的温度突变实验

图 21.3　确定塑性变形热激活过程中包含的热力学因子的实验方法

$$G^* = \int_{x_1}^{x_2} \{K(x) - \tau^* bL\} \mathrm{d}x = \tau_{max} bLd^* - \tau^* bLd^*$$

$$= \tau_{\max} bLd^{*}\left(1-\frac{\tau^{*}}{\tau_{\max}}\right)=\Delta F\left(1-\frac{\tau^{*}}{\tau_{\max}}\right) \tag{21.6}$$

这里的 $\tau_{\max}$ 为绝对零度下临界分切应力，ΔF 为 $k(x)$ 与 x 轴包围部分的面积(外力为 0 时克服障碍物所需能量)。式(21.6) 说明 G^* 为有效应力减少的函数。将式(21.5) 代入式(21.6)，可得式(21.7)：

$$\frac{\tau^{*}}{\tau_{\max}}=\frac{kT}{\Delta F}\ln\left(\frac{\dot{\gamma}}{\rho A}\right)+1 \tag{21.7}$$

式中，$\tau^* = 0$ 时的温度为 T_c，可得式(21.8)，将其代入式(21.7) 可得式(21.9)：

$$T_{c}=\frac{-\Delta F}{k\ln(\dot{\gamma}/\rho A)} \tag{21.8}$$

$$\frac{\tau^{*}}{\tau_{\max}}=1-\frac{T}{T_{c}} \tag{21.9}$$

式(21.9) 表示了有效应力的温度依赖性，因此随着温度升高，有效应力降低，图 21.2(b) 示意性地说明了这个结果。另外从式(21.5) 可以看出，当应变速率在一定温度下增加时 G^* 减小。由于 G^* 是 τ^* 的减函数，因此随着 τ^* 增加，G^* 减小，即当应变速率增加时，有效应力增加，这也在图 21.2(b) 中示意性地说明了这种情况。

4. 通过实验求激活体积及激活焓

下面考虑如何进行实验，才能求得讨论激活过程的各个因素。激活能 G^* 是吉布斯能量，而温度和压力可作为独立自变量，用 $G^*(T,\tau^*)$ 表示。对此进行全微分，得到式(21.10)：

$$\begin{aligned} dG^{*}(T,\tau^{*}) &= \left(\frac{\partial G^{*}}{\partial T}\right)_{\tau^{*}}^{*} dT+\left(\frac{\partial G^{*}}{\partial \tau^{*}}\right)_{T} d\tau^{*} \\ &\equiv -S^{*}(T)dT-V^{*}(\tau^{*})d\tau^{*} \end{aligned} \tag{21.10}$$

激活熵 S^* 与激活体积 V^* 由式(21.10) 定义。式(21.5) 的指前因子如果用 $\dot{\gamma}_0$ 替换，可得式(21.11)。

$$G^{*}=-kT\ln\left(\frac{\dot{\gamma}}{\dot{\gamma}_{0}}\right) \quad \text{或者} \quad -k\ln\left(\frac{\dot{\gamma}}{\dot{\gamma}_{0}}\right)=\frac{G^{*}}{T} \tag{21.11}$$

由式(21.11)、式(21.1) 和式(21.10)，可推导出式(21.12) 的激活体积。

$$V^{*}=kT\left(\frac{\partial\ln(\dot{\gamma}/\dot{\gamma}_{0})}{\partial\tau^{*}}\right)_{T}=kT\left(\frac{\partial\ln(\dot{\gamma}/\dot{\gamma}_{0})}{\partial\tau}\right)_{T}=kT\left(\frac{\ln(\dot{\gamma}_{2}/\dot{\gamma}_{1})}{\tau_{2}-\tau_{1}}\right)_{T} \tag{21.12}$$

也就是说，图 21.3(a) 所示在恒定温度下进行的应变速率突变实验，如果知道伴随应变速度的应力变化，就可以求得激活体积。进一步，式(21.11) 两边用 $1/T$ 进行偏微分，可得式(21.13)。

$$-k\left(\frac{\partial\ln(\dot{\gamma}/\dot{\gamma}_{0})}{\partial(1/T)}\right)_{\tau^{*}}=G^{*}+\frac{1}{T}\left(\frac{\partial G^{*}}{\partial(1/T)}\right)_{\tau} \tag{21.13}$$

$$\left(\frac{\partial G^{*}}{\partial(1/T)}\right)_{\tau^{*}}=-T^{2}\left(\frac{\partial G^{*}}{\partial T}\right)_{\tau^{*}}\equiv T^{2}S^{*} \tag{21.14}$$

由于式(21.14) 成立，则式(21.13) 可变换为式(21.15)。

$$-k\left(\frac{\partial\ln(\dot{\gamma}/\dot{\gamma}_0)}{\partial(1/T)}\right)_{\tau^*}=G^*+TS^*\equiv H^* \tag{21.15}$$

这就是激活焓的表达式。进一步变换，可得式(21.16)：

$$\begin{aligned}H^* &=-k\left(\frac{\partial\ln(\dot{\gamma}/\dot{\gamma}_0)}{\partial(1/T)}\right)_{\tau}=-kT^2\left(\frac{\partial\ln(\dot{\gamma}/\dot{\gamma}_0)}{\partial\tau}\right)_{T}\left(\frac{\partial\tau}{\partial T}\right)_{\dot{\gamma}}\\ &=-TV^*\left(\frac{\partial\tau}{\partial T}\right)_{\dot{\gamma}}=-TV^*\ \frac{\tau_1-\tau_2}{T_1-T_2}\end{aligned} \tag{21.16}$$

也就是说，结合应变速度突变实验得到的 V^*，从图 21.3(b) 所示的具有恒定应变速度条件下的温度突变实验，可知伴随温度变化引起的变形应力变化，并进一步求得激活焓，所求的能量通常被称为“激活能”，但实际上实验中所得到的其实是激活焓。

【实验装置】

万能试验机。

【实验试样】

铁(99.99% 以上) 和铝(99.999%)。

【实验内容】

不同温度和应变速度下用万能试验机进行拉伸实验，考查金属材料变形应力温度依赖性和应变速率依赖性。

【实验步骤】

(1) 实验温度分别为 77 K(液氮)、约 200 K(酒精制冷剂，不做实验仅提供数据)、室温及约 360 K(热水，测试前测量) 共 4 个温度点。

(2) 实验前测量试样规格部分的厚度和宽度，规格长度约为 25.4 mm。

(3) 选择约 $10^{-3}\ s^{-1}$ 和 $10^{-2}\ s^{-1}$ 作为应变速率(因为应变速率实际上是从万能试验机的十字头速度提供的，有必要考虑规格部分的长度来决定)。

(4) 负载检测时，由于铁与铝强度不同，因此在各温度下选择合适的范围。

(5) 将试样安装到拉伸夹具上时，注意不要让螺钉发生松动和试样变形，特别是在液氮温度下铁的变形会导致产生高应力，必须小心拧紧螺钉。

(6) 在拉伸实验中，首先以较小的应变速率开始实验，屈服后塑性变形开始时，应变速率突然增加 10 倍，然后再恢复到 1/10 的应变速率，直到试样开始颈缩。颈缩产生后，保持恒定的应变速率直到试样断裂。要注意的是，检测负载和延伸的记录器在检测延伸时并不是与拉伸机十字头联动，而是以恒定的速度前进。而且要注意低温时延展性变差，应变速率突变实验有可能无法进行。

【结果分析】

分别绘制铁和铝的屈服应力 σ_y 和 5% 变形应力 $\sigma_{5\%}$(仅在可能的情况下) 的温度依赖

性。绘制前需要注意以下几个问题：

(1) 本实验中，采用两种应变速率进行应变速率快速变化实验，因此应力值应分别读取。分析结果时，只能相同应变速率下的应力值进行比较。

(2) 铁进行实验时，会出现上、下屈服点。在这种情况下，将双方都绘制成图表。在以后的解析中使用下屈服点 σ_y。

(3) 在很多情况下，铝的屈服点并不明显。在这种情况下，产生0.2%塑性变形的应力看作屈服应力 $\sigma_{0.2}$。

【讨论事项】

(1) 用 fcc 和 bcc 金属屈服应力的温度依赖性的差异来说明铁和铝之间的差异。

(2) 钢或钢的拉伸变形时出现了上、下屈服点，解释原因。

(3) 分别描述铁和铝断裂前作为温度函数的应变量。铁和铝的结果有何不同?并说明其原因。

(4) 在式(21.5) 的右侧，系数 A 中包含哪些因子，维数是怎样的?

(5) 由于实验使用的是多晶体材料，为了应用上述理论来估计激活体积，需要根据实验结果和泰勒因子来估计剪切应力和剪切应变。设定 fcc 和 bcc 泰勒因子分别为 3.1 和2.0。

$$\tau = \frac{\sigma}{M_p}, \quad \gamma = M_p \varepsilon$$

通过以上关系式可以估算剪切应力和剪切应变。根据上述结果，并利用式(21.12) 求激活体积。

第 4 章　材料制备及加工

实验 22　铸件的制造

【实验概要】

工业生产中，直接把原材料作为工业产品的情况并不多见，一般要赋予其所需的形状来实现工业用途。将原材料加工成一定形状部件的制备方法有铸造、塑性成型、焊接及粉末冶金等方法。其中，铸造是通过熔融金属在模具中凝固获得所需形状产品的一种加工方法，具有低成本制造复杂形状产品的优点。汽车零件、家用电器零件以及大型产品如船用发动机和发电厂的涡轮轴等都广泛使用铸造产品。部件的制造需要设计能够满足形状、成本、内部质量、机械性能、耐久性及生产效率等各种要求的工艺。因此，根据部件的材料、要求的品质、形状及生产数量等选择合适的铸造方法。在本实验，学生要学习砂模铸造这种典型的铸造方法，即通过使用型砂制作铸模后进行铸造。铸件中会产生“缩孔缺陷”，学生应了解“凝固收缩” 发生的原因，并加深对用于收缩对策的“定向凝固” 的理解。

【实验原理】

将熔融金属注入模具中时，熔融金属向模具的热传递大致可分为铸模速率控制和界面速率控制，图 22.1 为两种情况下的温度分布。图 22.1(a) 为铸模速率控制的情况。铸模速率控制是指铸型内的热阻大，铸型内热传导是决定凝固时间的主要因素，这相当于用砂模等低导热性的模具铸造 Al 合金、Au 合金及 Mg 合金等高导热性材料的情况。在这种情况下，铸模内会出现大温差，但铸件的内部温度是均匀的。界面速率控制是指铸件 / 铸模界面的热阻是决定凝固时间的主要因素，这相当于采用金属模具等具有大导热性的模具进行铸造的情况，此时，温度的分布如图 22.1(b) 所示，铸件和铸模内的温度是均匀的，但铸件 / 铸模界面处的温差很大。这里，熔融金属凝固所需的时间(凝固时间) 应分别从铸模速率控制和界面速率控制两种情况来考虑。

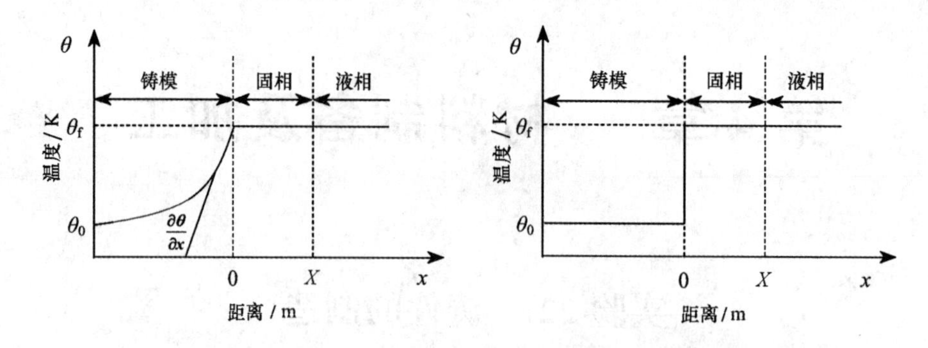

图 22.1　铸件与铸模内温度分布

1. 铸模速率控制

首先，一元热传导方程可表示为

$$\frac{\partial\theta}{\partial t}=\alpha\frac{\partial^2\theta}{\partial x^2} \tag{22.1}$$

这里，将熔点为θ_f[K]的熔融金属在$t=0$ s时注入初始温度θ_0[K]的铸模中，并假定在时间$t=t$[s]($t>0$)时铸模的表面温度为θ_f[K]，并保持不变。此时，当求解式(22.1)的热传导方程时，铸模中的温度分布变为

$$\frac{\theta-\theta_f}{\theta_0-\theta_f}=\mathrm{erf}\left(\frac{-x}{2\sqrt{\alpha_0 t}}\right) \tag{22.2}$$

θ[K]是位置在x[m]时的温度，α_0[$m^2\cdot s^{-1}$]是铸模的热扩散率，$\alpha_0=\lambda_0/\rho_0 c_0$。$\lambda_0$[$W\cdot m^{-1}\cdot K^{-1}$]、$\rho_0$[$kg\cdot m^{-3}$]和$c_0$[$J\cdot kg^{-1}\cdot K^{-1}$]分别为铸模的热传导率、密度和比热容。如图22.1所示的坐标轴为负，所以x乘上(−1)。式(22.2)对x求导数，可得铸模内部的温度斜率，即

$$\frac{\partial\theta}{\partial t}=(\theta_f-\theta_0)\left(\frac{2}{\pi}\right)\exp\left\{\left(\frac{-x}{2\sqrt{\alpha_0 t}}\right)^2\right\}\cdot\left(\frac{1}{2\sqrt{\alpha_0 t}}\right) \tag{22.3}$$

铸模表面附近的温度斜率为

$$\left(\frac{\partial\theta}{\partial t}\right)_{x=0}=(\theta_f-\theta_0)\left(\frac{1}{\sqrt{\pi t}\ \sqrt{\alpha_0}}\right) \tag{22.4}$$

根据傅里叶定律，铸模表面的热通量$\dot{q}$为

$$\dot{q}=-\lambda_0\left(\frac{\partial\theta}{\partial t}\right)_{x=0} \tag{22.5}$$

由式(22.4)和式(22.5)可得热通量$\dot{q}$表达示为

$$\dot{q}=\sqrt{\frac{\lambda_0\rho_0 c_0}{\pi t}}\cdot(\theta_f-\theta_0) \tag{22.6}$$

设铸件的表面积A[m^2]，铸模到凝固时间t_f吸收的热量为Q_0[J]，则

$$Q_0=A\int_0^{t_f}\dot{q}\mathrm{d}t=A\frac{2}{\sqrt{\pi}}\sqrt{\lambda_0\rho_0 c_0}(\theta_f-\theta_o)\sqrt{t_f} \tag{22.7}$$

另一方面，熔融金属到凝固为止释放的热量Q_1[J]由下式给出。

$$Q_1 = V\rho_1 H_f \tag{22.8}$$

$V[m^3]$、$\rho_1[kg \cdot m^{-3}]$ 和 $H_f[J \cdot kg^{-1}]$ 分别为熔融金属的体积、密度和凝固潜热。根据热量不变关系，$Q_0 = Q_1$，由式(22.7) 和式(22.8)，可得式(22.9)。

$$\frac{V}{A} = \frac{2}{\sqrt{\pi}} \sqrt{\lambda_0 \rho_0 c_0} \left(\frac{\theta_f - \theta_0}{\rho_1 H_f}\right) \sqrt{t_f} \tag{22.9}$$

$\frac{V}{A}$ 是铸件体积与表面积的比值，即模数。由式(22.9) 可得

$$t_f = C\left(\frac{V}{A}\right)^2 \tag{22.10}$$

其中，

$$C = \frac{\sqrt{\pi}}{4\lambda_0 \rho_0 c_0}\left(\frac{\rho_1 H_f}{\theta_f - \theta_0}\right)^2 \tag{22.11}$$

式(22.10) 称为丘里诺夫(Chvorinov) 法则，铸件的凝固时间与铸件的模数的平方成正比。

2. 界面速率控制

在界面速率控制的情况下，熔融金属的热迁移遵守牛顿定律。即

$$\dot{q} = -h(\theta_f - \theta_0) \tag{22.12}$$

$h[W \cdot m^{-2} \cdot K^{-1}]$ 是铸件 / 铸模的热传导系数。铸模到凝固时间 t_f 吸收的热量为 $Q_0[J]$。

$$Q_0 = A\int_0^{t_f} \dot{q}\,dt = Ah(\theta_f - \theta_0)t_f \tag{22.13}$$

熔融金属到凝固为止释放的热量 $Q_1[J]$ 由式(22.8) 给出。

根据热量不变关系，$Q_0 = Q_1$，由式(22.13) 和式(22.8) 可得，

$$t_f = \frac{V\rho_1 H_f}{Ah(\theta_f - \theta_0)} \tag{22.14}$$

由式(22.14) 可知，界面控制速率时凝固时间与铸件的模数成比例。

【实验装置】

熔炼金属的电炉、热电偶、铸模和型砂等。

【实验试样】

Sn-25%Bi 合金。

【实验内容】

学习典型的砂模铸造方法。

【实验步骤】

(1) 各组分别制作铸模。

(2) 如图 22.2 所示组合铸模，将热电偶固定在铸件中心。铸件分为仅有下铸模和铸

件分成上、下铸模的情况下，测量位置会不同。

(3) 溶解 Sn-25%Bi 合金，将规定量的材料放入不锈钢容器中，用电炉加热并在 300 ℃ 下浇铸。

(4) 测量熔融金属冷却过程中的温度变化，测量由两个人完成，一个人读温度计，另一个人做记录。

(5) 用记录的数据绘制冷却曲线。

(6) 根据冷却曲线求出凝固开始时间和凝固结束时间，计算凝固时间。

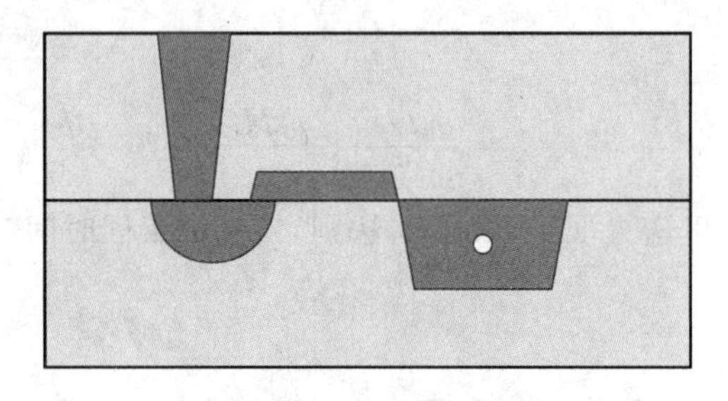

(a) 铸件仅有下铸模的情况

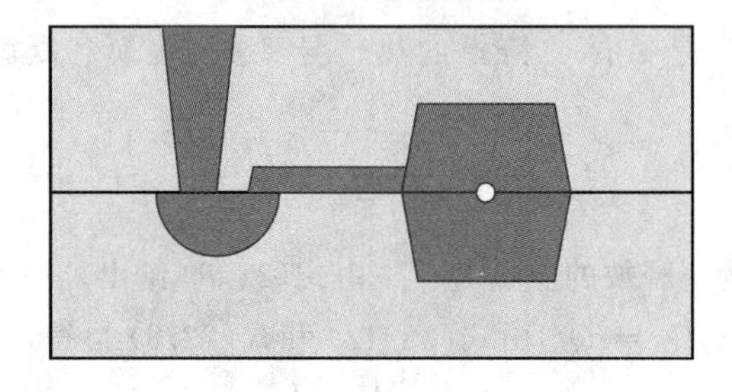

(b) 铸件被分成上、下铸模的情况

图 22.2　铸造方案(白点为测温位置)

【结果分析】

(1) 写下每个铸件的尺寸。

(2) 记录每个人的温度测量结果并绘制冷却曲线。

(3) 将冷却曲线得到的液相线温度和固相线温度与图 22.3 的 Sn-Bi 相图进行比较。

(4) 找出凝固开始时间、凝固结束时间和凝固时间。

(5) 参考表 22.1 求出铸件体积与表面积的比值，铸件形状可以看成是圆柱形。

(6) 在表 22.1 中总结所有组铸件的模数与凝固时间之间的关系。

(7) 以模数为双对数坐标的横轴，凝固时间为纵轴绘制上述结果。

(8) 假设凝固时间 t_f 与铸件模数的 n 次方成比例，从双对数坐标图中获得系数 n 的值。再有，请说明计算 n 值的方法。

$$t_f = C\left(\frac{V}{A}\right)^n$$

表 22.1　铸件尺寸与实验结果记录

组	铸件尺寸 /mm		铸件分型	模数	凝固时间 /s
	直径	高度			
1	27		28	上下	
2	32		32	上下	
3	37		38	上下	
4	42		42	上下	
5	47		24	只有下	
6	31		16	只有下	
7	37		19	只有下	
8	42		21	只有下	
9	47		24	只有下	
10	57		29	只有下	
11	67		34	只有下	

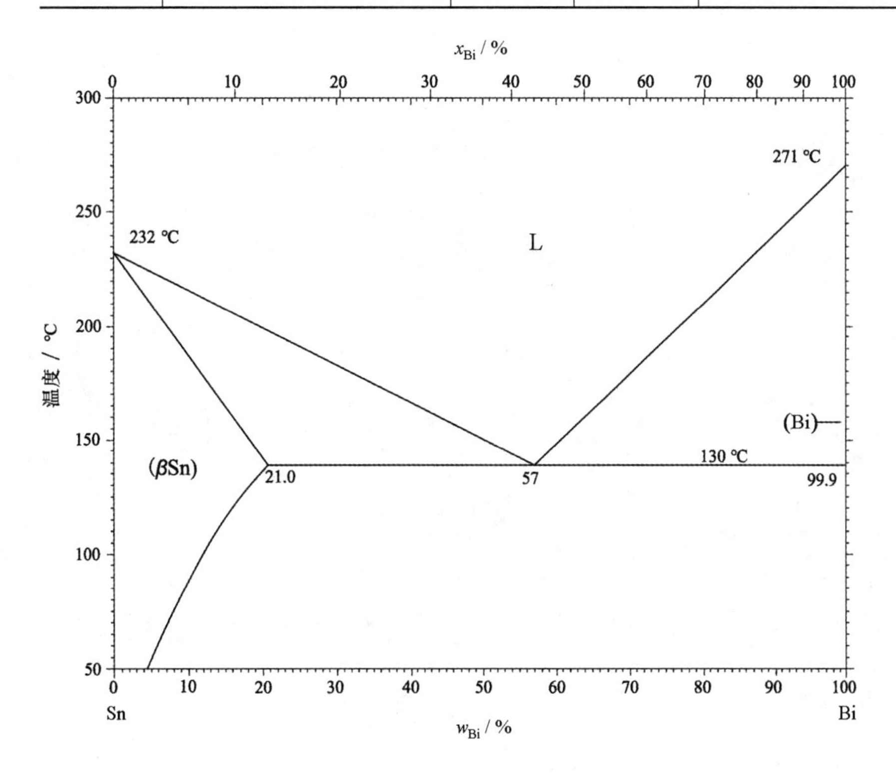

图 22.3　Sn-Bi 二元相图

【讨论事项】

(1) 描述铸造方案中各部分的作用，并描述各个部分应具有的性质。

(2) 描述拔模角度的作用。

(3) 调查实验中使用的代表性金属如Sn、Bi、Fe、Al、Mg、Cu、Ni及Pb的凝固收缩率。

(4) 当产品中出现缩孔时即为废品时，铸造方案的初始设计阶段需采取的对策。作为对策之一，总结一下模数法。

(5) 解释定向凝固。

(6) 调查身边的铸件及其制造方法并说明其特点。

(7) 根据丘里诺夫的定律，当铸件的冷却是铸模速率控制时，n是2。对该实验中获得的n的值进行讨论，并分析理论与实验之间存在差异的原因。

(8) 当过热度增加时，讨论一下凝固时间和模数之间的关系是如何变化的。

实验 23　镦锻加工

【实验概要】

室温下进行圆柱的镦锻加工，研究大应变范围下的流变应力曲线、试样尺寸和工具表面摩擦对加工所需力的影响以及加工时表面应力的变化。同时，估算环形镦锻实验时，试样端面和工具面之间的摩擦系数。

【实验原理】

(1) 圆柱镦锻实验。圆柱镦锻实验时，若作用于试样端面的摩擦力足够小可以被忽略，则试样中产生的应力和应变可视为是均匀的，因此可以求出拉伸实验情况下无法实现的较大的应变范围的流变应力曲线。然而，对于普通的镦锻加工来说，由于工具接触表面处存在摩擦，原为圆柱形的试样侧面膨胀成桶形，因此，试样表面可能会出现裂纹。这是因为变成桶形时，在试样表面上会产生拉伸应力。如果知道试样的表面应力，就可以预测表面裂纹的是否发生以及加工极限。如图 23.1 所示，假设摩擦系数为 μ，试样高度为 h，平均表面压力 P_m 可表示为

$$P_m = \frac{4P}{\pi d_m^2} = Y_m\left(1 + \mu \frac{d_m}{3h}\right) \tag{23.1}$$

$$d_m = d_0\sqrt{\frac{h_0}{h}} \tag{23.2}$$

式中：P 为载荷；Y_m 为平均流变应力；d_m 为试样平均直径；d_0 和 h_0 为试样初始直径和初始高度。

由式(23.1) 可知，平均表面压力是随摩擦系数与试样的尺寸比的增加而增加的。

(2) 环形镦锻实验。环形镦锻是锻造加工的基础之一。在锻造和挤压等高接触压力的加工中，摩擦系数可以利用环形镦锻加工来进行测量。其原理是利用对环进行镦锻加工时，环的内径随着摩擦力的大小而变化的现象(图 23.2)。即摩擦力的大小与镦锻加工前后的环内径的变化之间的关系可预先通过理论计算获得，经实验测量环内径的变化，就能够知道摩擦力的大小。这里使用的是切块法的结果(图 23.3)。在摩擦大的情况下，经过锻镦加工的环形试样实际上变形为桶形，因此测量最小内径 d'_1 和最大内径 d''_1，通过式(23.3) 计算的值作为环内径 d_1。

$$d_1 = \frac{2d''_1 + d'_1}{3} \tag{23.3}$$

【实验装置】

万能试验机及必要的压模套。

【实验试样】

试样的材料是退火纯铝，用于镦锻实验的试样是直径 $d_0 = 20$ mm，高度 $h_0 = 20$ mm 的圆柱。用于环形镦锻实验的试样是外径 $D_0 = 20$ mm，内径 $d_{i0} = 10$ mm，高度 $h_0 = 7$ mm 的圆环。对于无润滑镦锻的试样，为了测量表面应力，用尺及维氏硬度压头在试样表面上间距为 $l_{x0} = 1.0$ mm 且 $l_{y0} = 2.0$ mm 的位置刻上标记(图 23.1)。

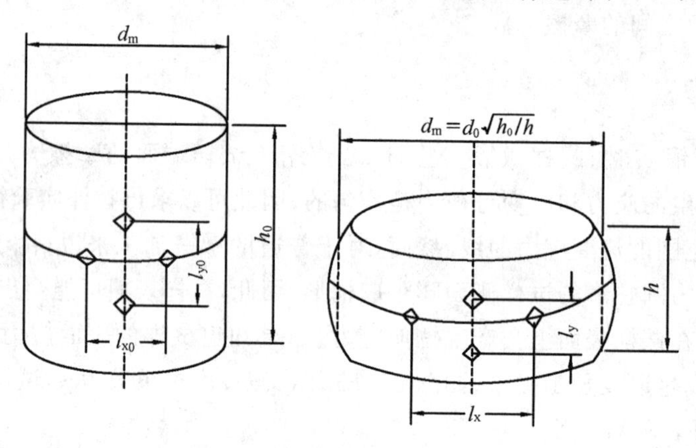

图 23.1　镦锻加工前后的试样形状(无润滑)

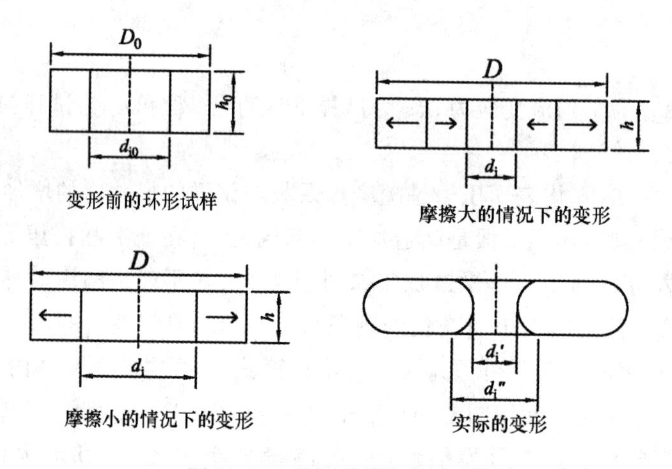

图 23.2　环形镦锻实验的变形

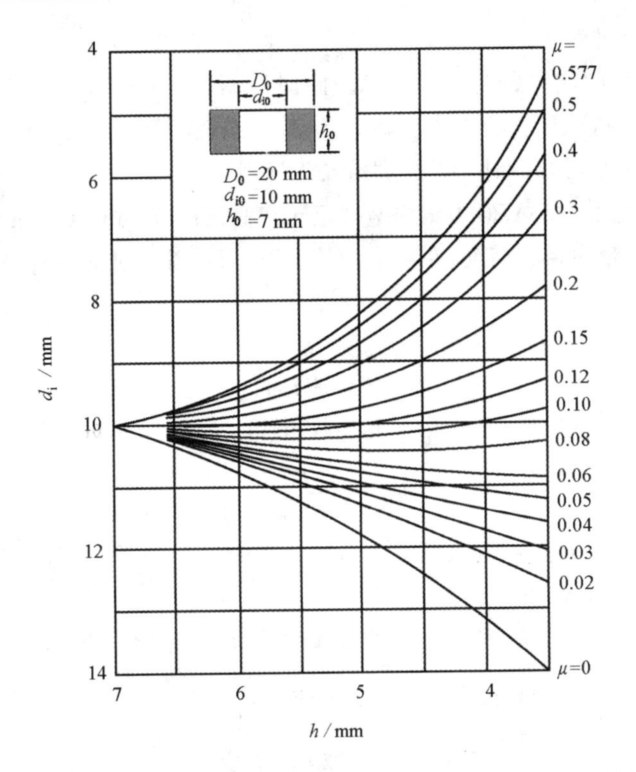

图 23.3　环形内径(d_1)，试样高度(h)及摩擦系数(μ)之间关系的计算结果(切块法)

【实验内容】

进行圆柱镦锻实验和环形镦锻实验，获得大应变范围下的流变应力曲线，研究试样尺寸和工具表面摩擦对加工所需力的影响以及加工时表面应力的变化。

【实验步骤】

(1) 圆柱镦锻实验

① 润滑镦锻(屈服应力曲线的确定)：使用压模套通过万能试验机进行加载。将加载速度调整为约 0.5 mm · min^{-1}。用酒精对试样的整个表面进行脱脂，并且在端面、侧面及边缘附近均匀地涂覆一薄层指定的润滑剂。同样对压力板表面上脱脂和涂上润滑剂后，将试样放在压力板的中心。根据用于测量加载行程的千分表读数，读取每下压0.25 mm 的载荷，并与行程一起记录。进行压缩直至压下率 r(%) 达到预定值(25%，40%，50%)。压下率 r 可表示为

$$r=\left(1-\frac{h}{h_0}\right)\times 100\quad(\%) \tag{23.4}$$

到很大的轧制压下率时，可以将试样从压模套中取出一次或两次并再次开始润滑处理。

② 无润滑镦锻(工具表面摩擦对加工所需力的影响)：实验方法与 ① 相同，但在这种

情况下，仅脱脂不用润滑剂。

③ 润滑镦锻（表面应力的确定）：与 ② 同时进行。当试样被镦锻至指定的压下率（25%，40%，50%）时，从压模套中取出，并用读数显微镜测量 l_x 和 l_y 的长度。

（2）环形镦锻实验：估计摩擦系数（润滑及无润滑）

方法和步骤与 ①② 相同，但当试样镦锻至预定高度（5.5 mm，4.5 mm，4.0 mm）时，从压模套中取出，测量内径和高度。在润滑的情况下，每次都要进润滑处理。

【结果分析】

（1）使用从圆柱镦锻实验 ① 获得的测量值，通过式（23.5）计算平均表面压力 P_m，并通过式（23.4）计算 r 以绘制 P_m-r 曲线（图 23.4）。

$$P_m = \frac{4Ph}{\pi d_0^2 h_0} \tag{23.5}$$

由于在这种情况下 $P_m = Y$（流变应力），所获得的 P_m-r 曲线可以认为是在该实验中使用的铝的流变应力曲线（Y-r）。

（2）通过同样的整理方法，利用圆柱镦锻实验 ② 的数据绘制 P_m-r 曲线。

（3）从圆柱镦锻实验 ① 中的结果计算对数应变 $\varepsilon\left[=\ln\left(\frac{h_0}{h}\right)\right]$，双对数图上绘制 Y-ε 的关系，得到的曲线方程以 $Y = F\varepsilon^n$（F，n 为常数）形式表示。

（4）通过以下步骤从圆柱镦锻实验 ③ 的数据计算表面应力 σ_x 和 σ_y，并且在曲线图上绘制 σ_x、σ_y 与高度降低率 $r\left(=1-\frac{h}{h_0}\right)$之间的关系。

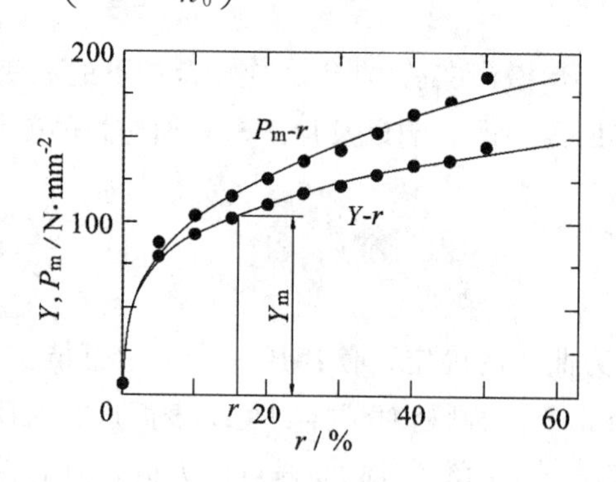

图 23.4　流变应力和平均表面压力与压下率的关系曲线

① 利用式（23.6）计算表面应变 ε_x 和 ε_y，并绘制的关系图。

$$\varepsilon_x = \ln\left(\frac{l_x}{l_{x0}}\right), \varepsilon_y = \ln\frac{l_y}{l_{y_0}} \tag{23.6}$$

② 利用式（23.7）计算应变 $\bar{\varepsilon}$，根据 $Y = F\varepsilon^n$ 计算相当应力 Y（用 $Y = F\varepsilon^n$ 中的 ε 代替 $\bar{\varepsilon}$）。

$$\bar{\varepsilon} = \left[\frac{4}{3}(\varepsilon_x^2 + \varepsilon_y^2 + \varepsilon_x\varepsilon_y)\right]^{1/2} \tag{23.7}$$

③ 利用 ① 的图来计算 $\alpha=\dfrac{d\varepsilon_x}{d\varepsilon_y}$，利用式(23.8)计算表面应力 σ_x，σ_y。

$$\sigma_y=-\frac{Y}{\left\{\left(\dfrac{2\alpha+1}{\alpha+2}\right)^2-\dfrac{2\alpha+1}{\alpha+2}+1\right\}^{1/2}} \tag{23.8}$$

$$\sigma_x=\frac{\sigma_y(2\alpha+1)}{\alpha+2},\alpha=\frac{d\varepsilon_x}{d\varepsilon_y} \tag{23.9}$$

(5) 利用环形镦锻实验的数据和通过切块法得到的计算结果绘图(图 23.3)，推测润滑和无润滑时的摩擦系数。

【讨论事项】

(1) 摩擦对加工载荷和变形有何影响。

(2) 镦锻加工中表面应力变化与表面开裂之间的关系。

(3) 利用式(23.1)和式(23.2)，代入环形镦锻实验中无润滑时得到的 μ 值。求出 P_m-r 的理论曲线。为了简单起见，作为压至 r% 时的 Y_m 的值，用 r 对应的流变应力 Y 的值替代(图 23.4)。探讨实验曲线和理论曲线之间的差异。

实验 24　焊接组织

【实验概要】

焊接是利用高密度热源使材料局部熔化凝固,并在短时间内完成接合的方法,接合区域的材质容易发生变化。本实验对电弧焊低碳钢、高强钢和不锈钢焊接件接头进行组织观察和硬度分析,了解焊接接头的特性。

【实验原理】

焊接钢时,焊缝的横截面如图 24.1 所示,是由焊缝、热影响区(Heat Affected Zone,HAZ)和母材构成。焊缝是金属熔融后再凝固的部分,热影响区是母材在焊接时因急热、急冷造成的性质发生变化的部分。焊缝的组织由最高加热温度和冷却速率决定,由于组织是连续变化的,因此很难明确地进行区分,这里只是大概地进行了分类,见表 24.1。

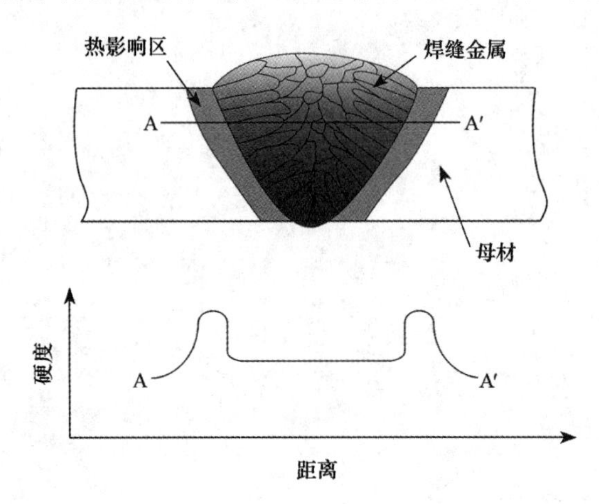

图 24.1　焊缝部横截面与 A-A′ 部的硬度分布

表 24.1　钢焊接区的组织

名称	加热温度范围(大约)	组织特征
焊缝金属	熔融温度(1 500 ℃)以上	熔化凝固范围,枝晶组织
粗晶区	＞1 250 ℃	晶粒粗大,容易产生硬化,裂纹等
混合区	1 250 ～ 1 100 ℃	粗晶与细晶的中间位置,性能也居中
细晶区	1 100 ～ 900 ℃	再结晶细化,韧性等机械性能良好
部分熔合区	900 ～ 750 ℃	只有珠光体溶解、球化,时常会产生高碳马氏体,韧性变差

续表

名称	加热温度范围(大约)	组织特征
脆化区	750 ～ 200 ℃	—
母材	200 ℃ ～ 室温	—

另一方面，焊缝的机械性能也和组织一样发生复杂的变化。为了能简单地检查焊缝的机械性能变化，经常采用测量焊缝的硬度分布的方法。图 24.1 是高强钢焊缝硬度分布的一个例子，可以看出熔化边界附近硬化显著。材料不同，硬化的程度也不同，一般来说最高硬度越高，其脆化倾向也越大。当焊接高碳钢或高强钢时，在热影响区中容易形成马氏体或贝氏体等组织，硬度显著增加，易产生裂纹等缺陷，因此需要特别注意。

【实验装置】

手工电弧焊机和钨极氩弧焊机。

【实验试样】

(1) 低碳钢焊接接头(低碳钢用焊条，手工电弧焊焊接低碳钢)。

(2) 80 千克级高强钢焊接接头(低碳钢用焊条，手工电弧焊焊接高强钢)。

(3) 不锈钢焊接接头[钨极氩弧焊(Tungsten Inert Gas，TIG) 焊接 SUS304 不锈钢]。

【实验内容】

对电弧焊低碳钢、高强钢和不锈钢焊接件接头进行组织观察和硬度分析。

【实验步骤】

(1) 光学显微镜观察

对每种金属进行电弧焊接制备焊接接头试样。在垂直于焊接方向上切割这些试样，用砂纸打磨试样的切割表面并进行抛光，然后腐蚀试样。低碳钢和高强钢试样采用的腐蚀液为 5% 硝酸酒精溶液，不锈钢试样采用 10% 草酸水溶液进行电解腐蚀。接下来通过光学显微镜观察焊接接头的焊缝，热影响区和母材的组织，并描绘它们的特征。因为高强钢试样的热影响区存在焊道下裂纹以及不锈钢试样的热影响区存在晶界腐蚀区，因此要仔细观察。

(2) 硬度实验

对于低碳钢和高强钢试样，用维氏硬度计在图 24.1 中所示的线 A-A′ 上的几个位置测量硬度，并观察其位置的变化。

(3) 电子探针 X 射线显微分析

使用电子探针 X 射线显微分析仪检测不锈钢焊缝金属中元素(特别是 Cr 和 Ni) 的浓度分布，并研究其与组织的对应关系。

【结果分析】

(1) 探讨低碳钢和高强钢的组织变化与焊接接头硬度的关系。

(2) 分析焊道下裂纹产生的原因及防止措施。

【讨论事项】

对于不锈钢焊缝接头的组织，探讨以下几个问题。实验中使用的不锈钢的成分由图24.2中的虚线所示(70%Fe-20%Cr-10%Ni)。

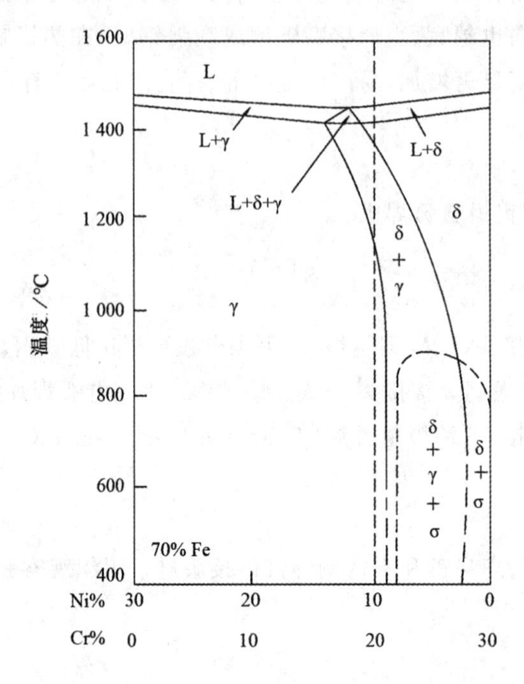

图 24.2　二元相图(70%Fe-20%Cr-10%Ni)

(1) 描述不锈钢从熔融状态缓慢冷却至环境温度时的组织变化，以及与观察到的焊缝组织的差异，并分析其产生的原因。

(2) 焊接不锈钢时，如果焊缝完全变成奥氏体组织，那么易产生高温裂纹(Hot Cracking)，因此实际焊接时要保留一些铁素体组织，叙述其理由。

(3) 不锈钢焊接热影响区出现了显著的晶界腐蚀，叙述其产生的原因及预防措施。

实验 25　粉末的压缩

【实验概要】

在粉末冶金及陶瓷业中，利用模具进行粉体压缩成型是粉体加工的基本手段。本实验的目的是学习粉体压缩性的评价方法以及理解粉体压缩过程中摩擦的影响及润滑的效果。

【实验原理】

均匀压缩粉体的方法：用润滑方法减轻摩擦。

(1) 向粉末中添加润滑剂，使得内部摩擦减小。

(2) 模具内壁涂上润滑剂，使得内壁摩擦减小。

压缩方式如图 25.1 所示。

由模具的上下两侧进行挤压，使得压力均匀分布。

粉末的压缩导致的收缩大体可分为粒子的重排(粒子位置的变化)导致的收缩及粒子的破碎及塑性变形导致的收缩所构成，如图 25.2 所示。上述的两种机理导致的收缩总和可用来表达整个的收缩过程。在这里，粉末的压缩过程可以用库珀(Copper) 压缩方程式表示。利用上述的方法压缩粉末时，可以评价粉末的压缩性是否得到了改善。上述的过程可以分别用式(25.1) 和式(25.2) 表达：

粒子的重排过程

$$C = a_1 \cdot \exp\left(-\frac{k_1}{P_a}\right) \tag{25.1}$$

粒子的破碎及塑性变形过程

$$C = a_2 \cdot \exp\left(-\frac{k_2}{P_a}\right) \tag{25.2}$$

这里，C 是体积压缩率。压缩压力 P_a 时的粉体的表观体积为 U，P_a 等于 0 时的表观体积用 U_F 表示，粉体被压缩完全致密时的体积用 U_T 表示。关系式为

$$C = \frac{U_F - U}{U_F - U_T} \tag{25.3}$$

粒子重排。由于其他粒子进入了粒子的间隙中，以及粒子的移动导致粉末的压缩。受粒子间的摩擦力影响，主要产生于较低的压缩范围。

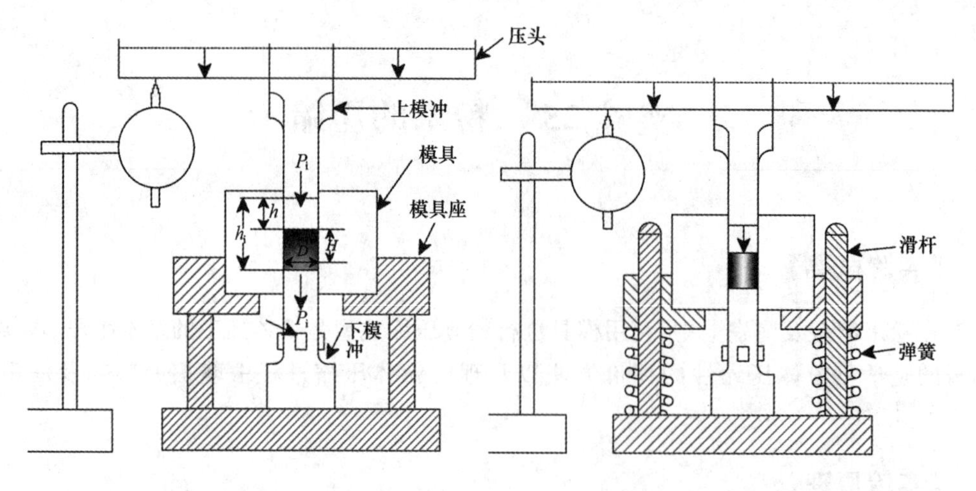

图 25.1　粉末压缩用模具示意图

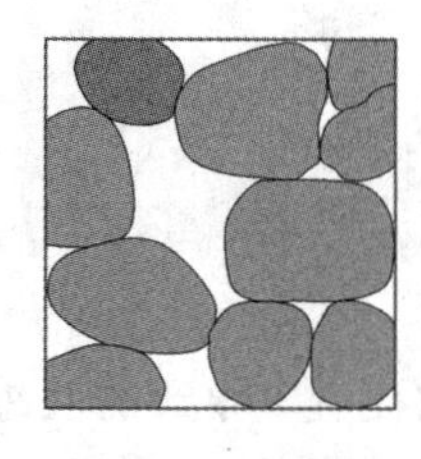
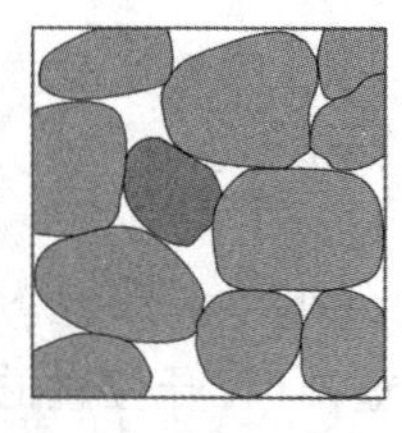
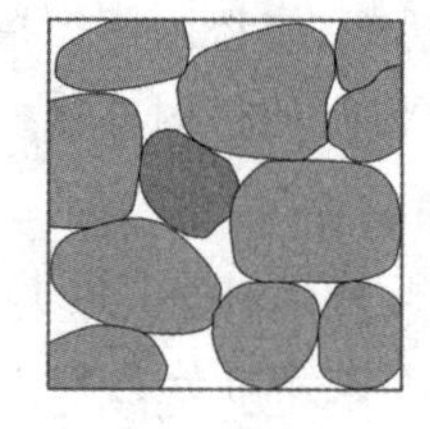
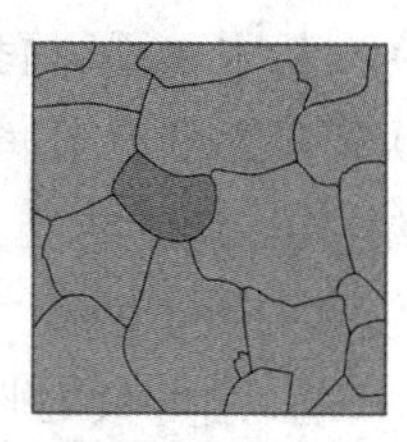

(a) 粒子重排　　(b) 粒子的破碎及塑性变形

图 25.2　粉末压缩过程

粒子的破碎及塑性变形。由于粒子自身塑性变形及破坏导致粉末的压缩。受粒子的变形抗力及破坏强度的影响，主要产生于较高的压缩范围。

参数 a_1、a_2、k_1、k_2 的意义如下：

a_1：$P_a = \infty$ 时，由于粒子重排导致的体积压缩率。

a_2：$P_a = \infty$ 时，由于粒子的破碎及塑性变形导致的体积压缩率。

k_1、k_2：k 的值较小，表示在较低的压缩范围内引起的体积压缩。

粉末压缩可用重排、破碎及塑性变形导致的压缩总和表示，即式(25.4)的库珀方程。

$$C = a_1 \cdot \exp\left(-\frac{k_1}{P_a}\right) + a_2 \cdot \exp\left(-\frac{k_2}{P_a}\right) \tag{25.4}$$

一般来说，在压缩初期较低的压力范围内，只引起粒子的重排，粒子基本不发生破碎及塑性变形，这种情况下式(25.4)的粉末压缩可以简化为式(25.5)。

$$C = a_1 \cdot \exp\left(-\frac{k_1}{P_a}\right) \tag{25.5}$$

因此，利用压缩初期的低压力范围内的数据及式(25.5)可以求出参数 a_1 和 k_1。随着压力的增加，随着粒子重排的进行，粒子能够移动的间隙变小。同时，由于压力的增大，导致粒子间相互作用的摩擦力增大，粒子的移动变得困难，导致粒子发生破碎及塑性变形，也就是 $k_1 < k_2$。利用上述的方法压缩粉体成型，如何评价粉体的压缩性是否改善是必要

的。在这里，我们要调查方程式中包含的四个参数如何变化，以及考查如何改善其压缩性。

【实验装置】

成型压力能达到 3 t · cm^{-2} 的万能试验机，Φ10 mm 的筒形模具。

【实验试样】

本实验采用粉末为还原铁粉。

占粉末质量分数为 0.5% 的硬脂酸作为润滑剂。硬脂酸用石油苯酚溶解后涂覆在模具内壁及压头上，以达到润滑目的。

【实验内容】

依据下列四个实验条件进行实验：

(1) 单向挤压，不添加润滑剂，模具无润滑。

(2) 双向挤压，不添加润滑剂，模具无润滑。

(3) 单向挤压，添加润滑剂，模具润滑。

(4) 双向挤压，添加润滑剂，模具润滑

【实验步骤】

(1) 称量粉末：用天平称量大约 4 g 的还原铁粉。

(2) 洗净模具：用石油苯酚擦净模具内壁及上下压头的表面，组装模具，将粉末试样填充进去。

(3) 压缩：用万能试验机加压，压力范围 0 ～ 3 t · cm^2，压力与万能试验机载荷换算。

(4) 试样取出：利用万能试验机进行。

(5) 粉末压坯质量测定：利用化学天平测定质量，精度到 mg。

(6) 粉末压坯尺寸测定：用千分尺测量。

【结果分析】

(1) 利用各压力对应的位移差计算体积的收缩。

(2) 粉末压坯的尺寸（也就是压力 $P_a = 3.0$ t · cm^{-2} 时粉末压坯的尺寸）：将依据位移测定的收缩量的值加上粉体的尺寸，求各压缩压力对应的粉末压坯的表观体积 U。

(3) 由粉末压坯的质量 m、压缩压力 $P_a = 0$ t · cm^{-2} 时的表观密度（$P_a = 2.59$ t · cm^{-2}）及真密度（$\rho_t = 7.86$ t · cm^{-3}），用式(25.6)求表观体积 U_F 及真实体积 U_T。

$$U_F = \frac{m}{\rho_a}, \quad U_T = \frac{m}{\rho_t} \tag{25.6}$$

(4) 计算各压缩压力对应下的体积压缩率。

(5) 压缩压力的倒数（$1/P_a$）作为横轴，体积压缩率作为纵轴（对数坐标），作单对数曲线，如图 25.3 所示。

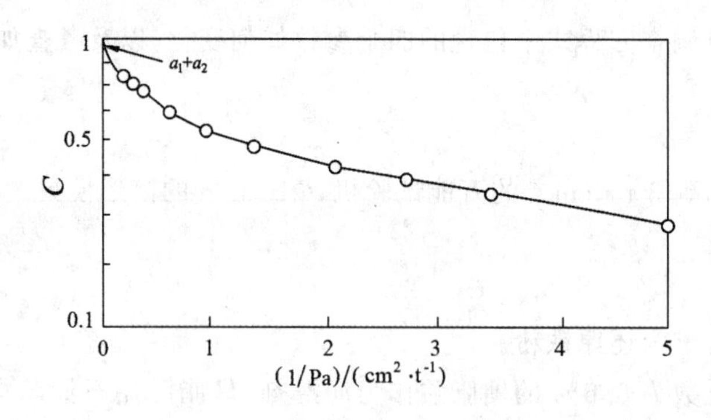

图 25.3　压缩压力与体积压缩率

(6) 将各点连接成光滑曲线，并延伸至 $1/P_a$ 处。截距的值为 $a_1 + a_2$（确认 $a_1 + a_2 \approx 1$）。

(7) 当 $1/P_a = 5.0\ cm^2 \cdot t^{-1}$（$P_a = 0.2\ t \cdot cm^{-2}$）及 $1/P_a = 3.33\ cm^2 \cdot t^{-1}$（$P_a = 0.3\ t \cdot cm^{-2}$）时，两点数值连接成直线并延长至 $1/P_a = 0$，截距的数值为 a_1。直线的斜率为 $k_1(cm^2 \cdot t^{-1})$。由 $a_1 + a_2$ 的数值及 a_1 的值可求出 a_2 的值。

(8) 库珀方程 $C = a_1 \cdot \exp(-k/P_a) + a_2 \cdot \exp(-k_2/P_a)$，将 a_1、a_2、k_1 的值及 $P_a = 3.0\ t \cdot cm^{-2}$ 时的 C 值代入方程式中，可以计算出 k_2。

【讨论事项】

(1) 使用润滑剂对粉末的压缩过程（重排过程及破碎及塑性变形过程）变化的影响。阐述 a_1、a_2、k_1、k_2 的值的变化是如何影响上述过程的变化的，考查变化的理由。

(2) 单向挤压到双向挤压，粒子的压缩过程是如何变化的，通过考虑双向挤压与单向挤压压力分布的不同，来探讨变化的理由。

(3) 虽然柯诺皮斯基(Konopicky)方程常被用于压缩性评价，但柯诺皮斯基方程只适用于粉末的破碎、塑性变形，在低压力范围内不成立。利用单向挤压，无润滑的数据，用图表示 $\log\left(\frac{U-U_T}{U}\right)$ 和 P_a 的关系，以此来验证柯诺皮斯基方程成立的范围。

柯诺皮斯基方程为

$$\log\frac{U-U_T}{U} = k_3 - k_4 P_a \tag{25.7}$$

式中，k_3、k_4 为定值。

第5章　综合实验

实验26　钢铁材料的组织和强度

【实验概要】

铁自从在人类历史上出现，已经镌刻了三千多年的漫长岁月，没有铁，就没有现代高度发达的文明。铁是任何时代都不可或缺的材料，在众多人类制造的材料中，铁一直处于中心位置。纵观古代文明和现代产业革命，显而易见铁对人类生活产生了重大影响。例如，铁可用作开垦大地的强韧农耕工具，构建丰富多彩生活的工业品以及成为生活场景的建筑物等，因此钢铁业被称为支柱产业。然而，为什么是铁而不是其他材料呢?主要有以下三个原因：

第一个原因是其庞大的储量。在地壳的元素中，Fe在O、Si和Al之后排第四位，并且作为重金属存储量异常丰富。

第二个原因，Fe是一种化学活性金属，在地球上以氧化铁的矿物质形式存在。为了从氧化铁原料中提取铁，必须消耗大量能源产生还原反应，但幸运的是通过C可以相对容易地还原铁。换句话说，能够以低成本大量生产铁。

第三个原因是，为了满足人类不断变化的各种需求，铁本身具备出色的适应能力。这意味着通过组合化学成分、热处理以及加工方式等，铁的组织可以千变万化。当然，这种适应能力是在漫长的历史中，通过人类的智慧和努力而产生的。金属材料的各种特性，特别是强度、延展性等机械性能，强烈依赖于组织的变化。组织主要是指在光学显微镜下可以识别和表征的组成相的数量、类型、大小、形态以及分布等，还可以包括更宏观的材料的形状、更微观的晶体结构和晶格缺陷等。可以说，在众多的金属材料中，铁是可以通过控制组织而容易获得预期性能的材料。

【实验原理】

通常，钢铁材料是以铁为基本组分的材料，称为铁合金。工业用钢材中除Fe以外还含有少量的C、Si、Mn、P和S等。对于工具钢、不锈钢和耐热钢等特殊用途钢，需要通过添加合金元素如Ni、Cr、Mo、V和W来进行合金设计。在这些元素中，C是对钢材的组织和各种性质具有最大影响的元素。因此，可以说Fe-C二元合金体系是各种用途钢铁材料的基础。

1. 相图

w_C 达 6.69% 范围的 Fe-C 二元合金相图如图 26.1 所示。根据 w_C 对铁合金进行分类，w_C 在 0.000 8% 以下为工业纯铁，w_C 在 0.021 8% ～ 2.11% 为碳钢或简称钢，w_C 在 2.11% ～ 6.69% 称为铸铁。

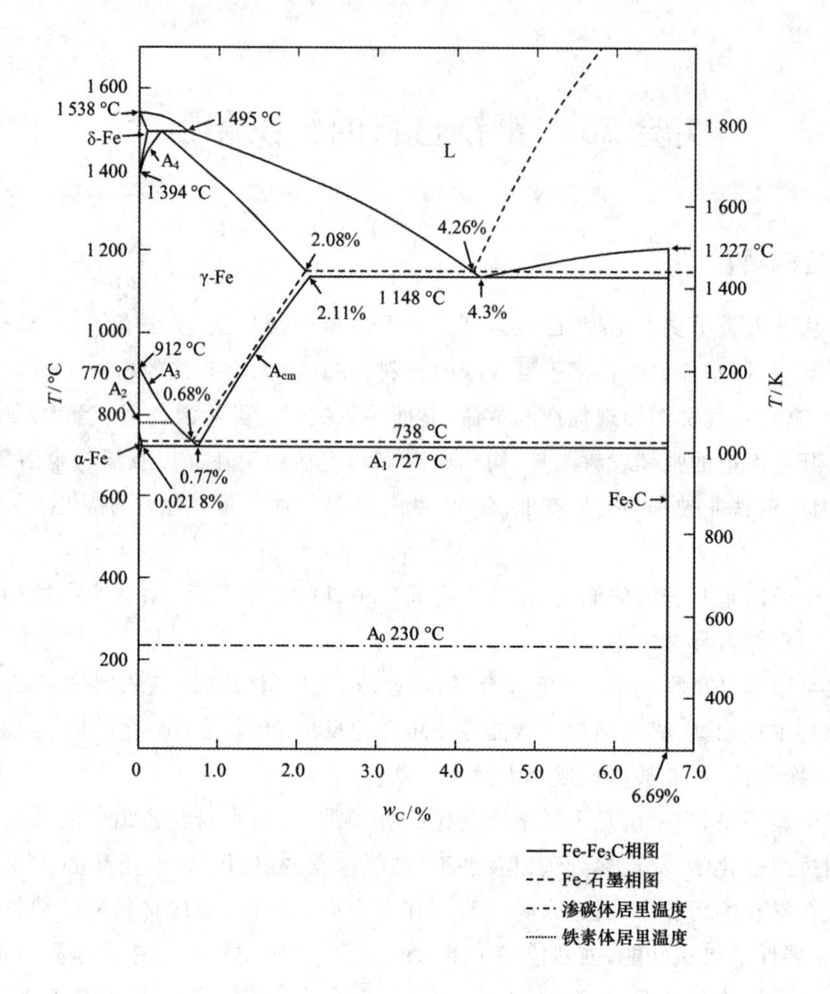

图 26.1　Fe-C 二元合金相图

首先，让我们来看看纯铁。纯铁中存在三种同素异构体，会发生下列相变。

$$\alpha\text{-Fe(bcc)} \underset{A_3}{\overset{912\ ℃}{\rightleftharpoons}} \gamma\text{-Fe(fcc)} \underset{A_4}{\overset{1\ 394\ ℃}{\rightleftharpoons}} \delta\text{-Fe(bcc)}$$

α-Fe 和 δ-Fe 是体心立方晶体结构，γ-Fe 是面心立方。图 26.2 表示出每种晶体结构的晶胞和晶格常数。γ-Fe(fcc) → α-Fe(bcc) 转变也称为 A_3 相变，具有体积随温度降低而膨胀的独特现象。这种相变在 Fe-C 合金的热处理中起着重要作用。另外，一定程度的高压下，还存在具有密排六方结构的 ε-Fe。

接下来简述图 26.1 中所示的 Fe-C 合金相图。实线表示 $Fe\text{-}Fe_3C$ 相图，虚线表示 Fe-石墨相图。Fe_3C 是一种铁碳化合物，其晶体结构为斜方晶系，称为渗碳体。渗碳体是亚稳相，

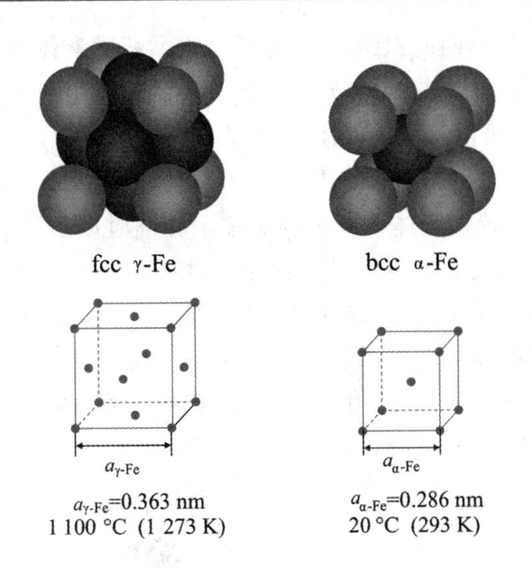

图 26.2 γ-Fe (fcc) 及 α-Fe (bcc) 晶胞及晶格常数

在高温下长时间保温会转变为石墨。然而，由于在实际钢中几乎不发生渗碳体的石墨化，因此 $Fe\text{-}Fe_3C$ 相图作为准平衡相图从实用角度是非常重要的。

α-Fe 固溶体称为铁素体相，在 A_1 点温度下，最大能固溶 0.021 8% 的碳。γ-Fe 固溶体称为奥氏体相，在 1 148 ℃ 的温度下，最大能固溶 2.11% 的碳。α-Fe 和 γ-Fe 均为碳原子挤入晶格的八面体间隙中形成的间隙固溶体，两种固溶体中的碳固溶量的巨大差异可归因于两种晶格中八面体间隙的尺寸差异。

$Fe\text{-}Fe_3C$ 合金存在两种平衡反应，在组织形成和热处理中起着非常重要的作用。一种是称为 A_1 相变的共析反应，即发生奥氏体 → 铁素体 + 渗碳体的分解。通过该相变，形成称为珠光体的层片状组织。因此它也被称为珠光体相变。共析成分的 w_C 为 0.77%，共析温度为 727 ℃。此外，奥氏体淬火时，会出现称为马氏体的亚稳相。当冷却速度增大时，珠光体相变受到抑制，发生了在平衡相图中未出现的马氏体相变。

另一种平衡反应是液相 → 奥氏体 +（石墨或渗碳体）的共晶反应。这对于铸铁组织的形成是一个非常重要的反应。渗碳体和石墨是否与奥氏体共存取决于凝固过程中的化学成分和冷却速度。对于 $Fe\text{-}Fe_3C$ 相图，共晶成分的 w_C 为 4.3%，共晶温度为 1 148 ℃。

由平衡相图可知，铁合金组织根据熔融金属凝固的条件以及热处理和加工历史，可以变成各种形态从而可以大范围地调控其机械性能。也可以说，组织讲述了材料从诞生到现在的历史。相图在预测组织变化方面起着极其重要的作用。另外，如果通过调查强度和延展性来明确机械性能对组织的依赖性，就可以推测出组织调控是否必要且调控是否有效。相图、组织、机械性能之间彼此密切相关，这些都是通过组织调控进行合金设计的基础。

2. 碳钢中的组织形成

(1) 碳钢标准组织和珠光体相变

对碳钢进行单相奥氏体化处理后，以空冷或炉冷的速度缓慢冷却时，会形成符合 $Fe\text{-}Fe_3C$ 相图的组织，称为碳钢的标准组织。虽然为了区别称空冷为正火，炉冷为退火，但任一热处理都会形成几乎相同的组织。标准组织由先共析铁素体或先共析渗碳体和由 A_1 共析反应(奥氏体→铁素体+渗碳体)形成的层片状珠光体组织组成。亚共析钢中先析出相是铁素体,过共析钢先析出相是渗碳体。标准组织中珠光体组织和先析出相的体积比是由钢的含碳量决定的。w_C 为 0.77% 的共析成分,珠光体组织的体积比为 100%。

在珠光体相变中,低碳铁素体和高碳渗碳体两相同时以层状析出时,母相奥氏体的 w_C 不变。这是珠光体相变的主要特征,是典型的两相析出(不连续析出)。图 26.3 为珠光体相变时组织形成过程的示意图。珠光体核优先在能量不稳定的奥氏体晶界中产生。虽然不能确定首先产生的是铁素体还是渗碳体,但是如果首先生成的是渗碳体,它的周边更容易产生低 w_C 的铁素体,相反,如果先生成铁素体,那么在周边容易形成渗碳体。当珠光体核形成时,它们会向晶内成长。此时,横向(S)几乎没有增长,它主要向前方(E)进行生长。

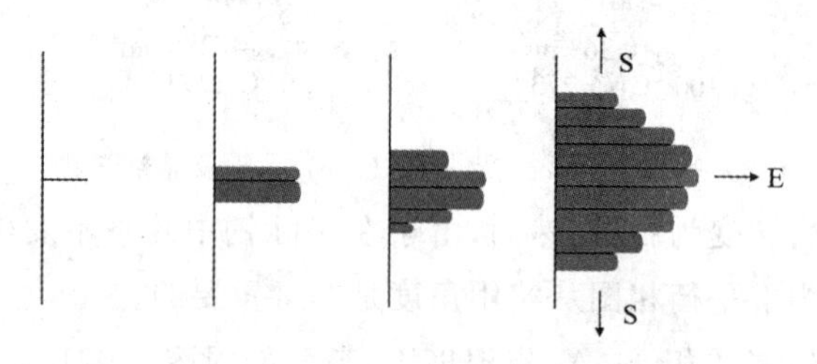

图 26.3　珠光体相变时组织形成过程的示意图

(2) 过冷奥氏体和连续冷却转变

奥氏体化处理后的冷却速度从空冷到油冷再到水冷依次增加,所形成的组织与标准组织有很大不同。图 26.4 为共析钢的连续冷却转变图(CCT 曲线)的示意图。以各种速度冷却奥氏体,测量每个相变的开始点和终了点,并以温度与时间的对数关系作图,即可得到 CCT 曲线。实线 P_s 和 P_f 间是珠光体相变,M_s 和 M_f 是马氏体相变的开始点和终了点。虚线表示冷却速度,① 对应于炉冷或空冷程度的冷却速度,⑤ 对应于水冷的冷却速度。随着冷却速度从 ① 增加到 ④,珠光体相变开始温度向低温侧转移。这是由于珠光体相变是扩散型相变,即使达到相变温度,也需要经过孕育期相变才能开始。即在孕育期内温度继续降低,结果是奥氏体过冷后开始珠光体相变。在比 ② 更快的冷却速度下,当达到原子不可能扩散的温度时珠光体相变停止,尚未反应的奥氏体中发生非扩散型马氏体转变。当冷却速度大于 ④ 时,不发生珠光体转变,仅发生马氏体相变。在 ② 和 ④ 之间形成的是珠光体和马氏体共存的组织,例如曲线 ③。② 称为下临界冷却速度,④ 称为上临界冷却速度。在亚共析钢中考虑先共析铁素体,过共析钢中考虑先共析渗碳体的析出开始点即可。

(3) 碳钢淬火及马氏体相变

当碳钢从奥氏体区域以超过临界速度以上的速度冷却时,会发生马氏体相变。在马氏体相变中,通常母相通过剪切变形机制转变为具有完全不同晶体结构的相。这种相变的特征是,由于是从单相到单相的相变,成分没有变化,母相和马氏体相之间存在结晶取向关系,发生特有的形状变化和表面起伏,并且相变速度非常快。碳钢中的马氏体相变是从面心立方的 γ-Fe 到体心正方的 α′-Fe 的相变。α′-Fe 与 α-Fe 本质相同。当碳固溶度极限远大于 α-Fe 的 γ-Fe 在大量碳原子固溶的状态下转变成 α-Fe 时,由于过饱和固溶的碳原子在

bcc 晶格引入应变，形成体心正方 bct。fcc 和 bct 结晶方位关系的基础是贝恩(Bain) 对应关系，如图26.5 所示。两个晶体结构的最密排面平行以及最密排方向平行是最基本的关系。在碳钢中，由 fcc 母相转变为 bct 马氏体时具有著名的 K-S 关系[$(111)_\gamma//(011)_{\alpha'}$ 和 $[\bar{1}01]_\gamma//[\bar{1}1\bar{1}]_{\alpha'}$] 和西山关系[$(111)_\gamma//(011)_{\alpha'}$ 和 $[\bar{2}11]_\gamma//[01\bar{1}]_{\alpha'}$]。

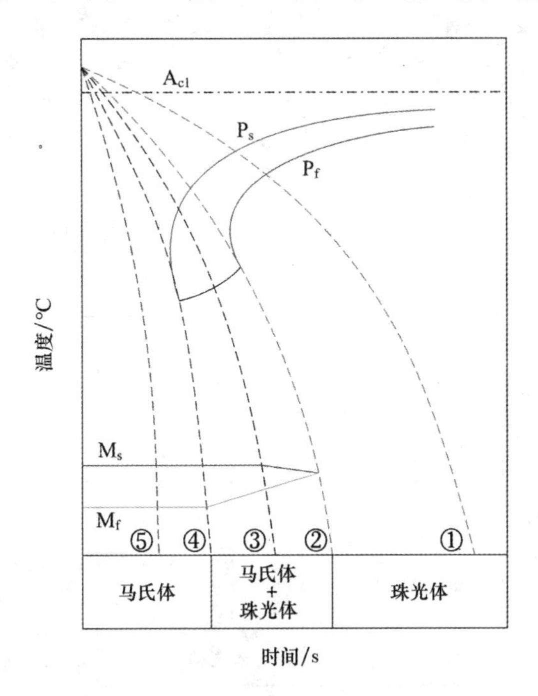

图 26.4　共析钢连续冷却转变图(CCT 曲线)

碳钢中观察到的马氏体形态大致分为板条状和透镜状两种类型，它们之间的差异取决于含碳量，w_C 与 M_s 点和组织形态之间的关系如图 26.6 所示。随着 w_C 增加，M_s 点向低温侧转移。低碳马氏体为板条状，高碳马氏体为透镜状。虽然马氏体由于剪切机制而发生形状变化，但是由于受到立体的约束，不会发生如图 26.7(a) 所示的大的外形变化，而是通过图 26.7(b) 中的滑移变形或图 26.7(c) 中的孪生变形缓和了微观应变。结果使得马氏体内部产生大量晶格缺陷，变得又硬又脆。在低碳马氏体的板条状组织中可观察到高位错密度，在高碳马氏体透镜状组织中可观察到大量的孪晶。而且，随着 M_s 点接近室温，尚未相变的残余奥氏体的量增加。w_C 与残余奥氏体量之间的关系如图 26.8 所示。

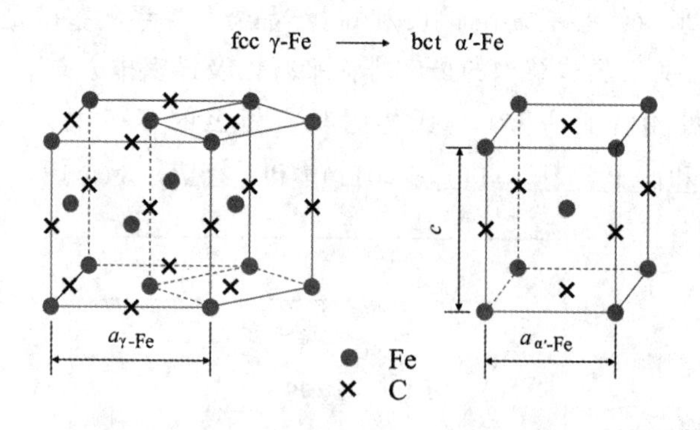

图 26.5　γ-Fe(fcc) 及 α′-Fe(bct) 之间贝恩对应关系

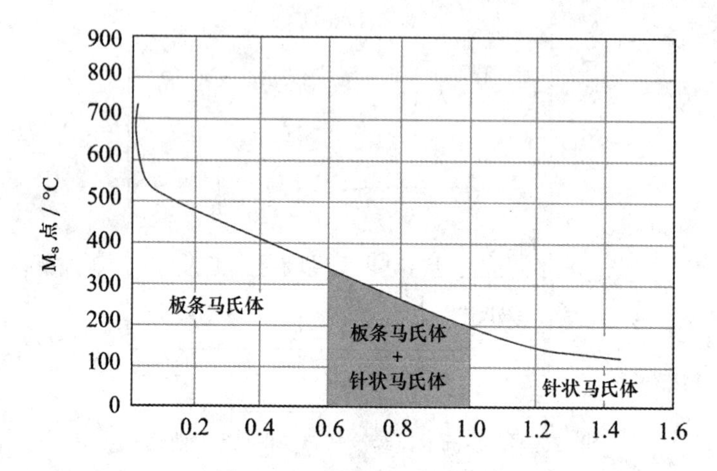

图 26.6　w_C 对 Fe-C 合金的 M_s 点及马氏体相变的影响

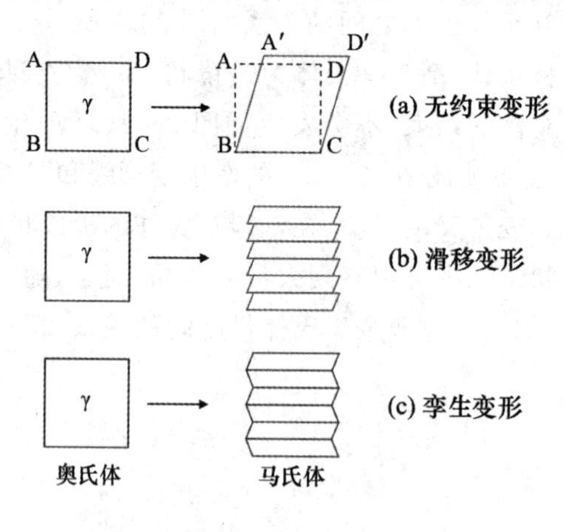

图 26.7　马氏体相变时形状变化

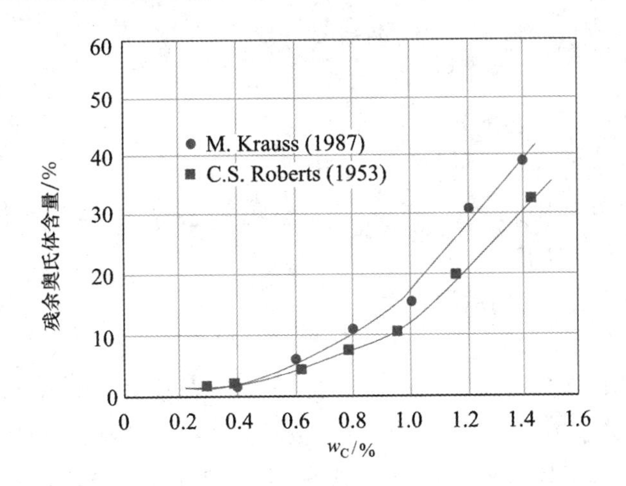

图 26.8　常温下 Fe-C 合金残余奥氏体含量与 w_C 的关系

(4) 淬火马氏体组织的回火过程

淬火后的马氏体非常脆，所以要在低于 A_1 的温度下通过回火热处理赋予韧性才可以使用。根据表 26.1 中所示的回火温度将碳钢的回火过程分为三个阶段，并根据残余奥氏体的存在与否分成两个阶段。

第一阶段：ε 碳化物 $Fe_{2.4}C$ 析出，基体为低碳马氏体。回火温度为 100 ～ 200 ℃。

第二阶段：仅在存在残余奥氏体的高碳钢中才能观察到。回火温度约为 280 ℃，残余奥氏体分解成铁素体和渗碳体。

第三阶段：ε 碳化物变为 χ 碳化物 Fe_5C_2 和渗碳体。低碳马氏体析出这些碳化物后转变为铁素体。

表 26.1　碳钢的回火过程

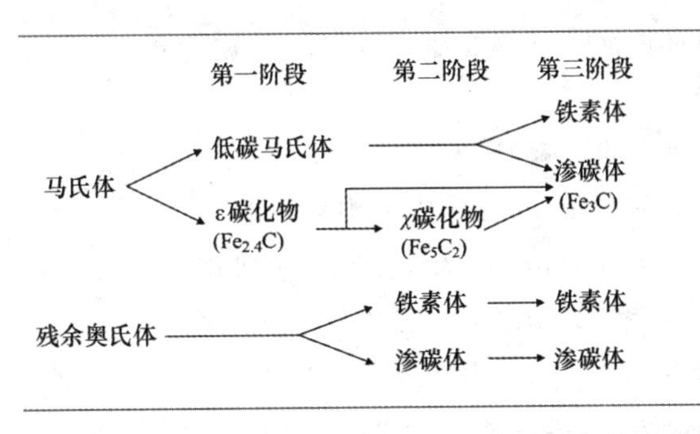

作为第四阶段，是渗碳体的粗化和球化，但这可以被认为是在第三阶段中形成的组织随时间的变化。硬度变化倾向于比第一阶段的淬火状态稍硬，但之后逐渐软化。

【实验内容】

本实验使用具有代表性的钢铁材料：碳钢和铸铁，实际进行合金的熔炼、通过热处理进行组织控制、组织观察和强度测定。本实验将系统地考查这些结果，深入理解组织的形成过程与相图的关系以及组织与强度的关系。

【实验项目】

本实验项目设定为 2 个：

(1) 碳钢的组织和强度。

(2) 铸铁的组织和强度。

1. 实验项目一：碳钢的组织和强度

(1) 实验目的

碳钢是最基本的钢铁材料，其 w_C 为 2.11% 以下，且能进行单相奥氏体处理。对于 w_C 不同的碳钢，奥氏体以不同的速度冷却，会形成不同的组织。缓慢冷却如炉冷或空冷，则形成符合相图的标准珠光体组织。如果按照油冷、水冷的方式加快冷却速度，就会引起马氏体相变，而不是珠光体相变，在强度显著提高的同时也会变脆，这个过程称为淬火。w_C 越高，淬火越容易。马氏体组织是亚稳定的，当温度升高时，会变成原本的稳定组织，这种工艺称为回火，在降低强度的同时提高韧性。通过淬火和高温回火的组合来调整韧性的过程称为调质处理，是碳钢作为结构材料使用时的基本且重要的组织控制法。所谓韧性，是指如何使强度和延展性这两个相悖的性质并存的概念。

基于以上背景，本实验主题的目的可以大致分为以下三个方面。首先，根据热处理的不同，观察碳钢组织如何变化，培养分辨钢组织的能力。其次，将这些组织的形成过程与 Fe-C 相图相对应来理解。最后，通过硬度测定来调查组织的不同对强度产生的影响，理解其原因。

(2) 实验试样

本实验中使用的试样是从 w_C 为 0.1%、0.3%、0.5%、0.7%、0.9% 的 5 种碳钢中选择的 2 种圆棒材(ϕ10 mm)。

采用不同热处理对碳钢进行热处理。

① 热处理的种类

奥氏体状态冷却速度的影响(选做 2 种)

(i) 在 950 ℃ 下保持 30 min(奥氏体单相) → 水冷

(ii) 在 950 ℃ 下保持 30 min(奥氏体单相) → 油冷

(iii) 在 950 ℃ 下保持 30 min(奥氏体单相) → 空冷

(iv) 在 950 ℃ 下保持 30 min(奥氏体单相) → 炉冷

回火温度对调质处理的影响(选做 1 种)

(v)(i) 的热处理 + 300 ℃ 回火温度下保持 60 min → 水冷

(vi)(i) 的热处理 + 600 ℃ 回火温度下保持 60 min → 水冷

因此试样总共需要 10 个。

② 热处理方法

使用切割机从直径 10 mm 的圆棒碳钢材料中切取长度为 10 mm 热处理试样，热处理在电阻炉进行。为避免损坏炉内温度控制热电偶的保护管，用加热丝固定试样并小心地从炉中放入和取出试样。热处理时的温度很高，因此要注意防止烫伤。

(3) 实验步骤

① 组织观察

(i) 观察面的抛光

因为在大气中进行热处理，试样的表面会发生氧化，并在表面层附近由于脱碳现象导致碳浓度稍微降低。因此，首先要去除氧化和脱碳层，然后完成从平面研磨到镜面抛光。下面简要描述每个过程。注意不要磨到手指，避免受伤。

a. 将试样打磨出平面。

b. 旋转式抛光机粗抛。

c. 按照 600 号 → 800 号 → 1200 号砂纸的顺序研磨。

注意：在完全消除前一阶段的粗砂纸（小号码）造成的划痕后，再进入下一阶段细砂纸（大号码）研磨。建议每个步骤改变 90° 方向进行交叉研磨。

d. 用氧化铝作为抛光剂进行抛光。

注意：由于附着的抛光剂在抛光布干燥时会残留下来，因此需要在抛光布湿的时候用水充分洗去研磨剂。

(ii) 组织观察和拍照

用 3% ～ 5% 硝酸酒精溶液进行腐蚀后，利用光学显微镜对试样进行组织观察。首先腐蚀进行约 5 s 后检查试样，根据需要增加时间。如果腐蚀过度的话，需要再次进行抛光去除腐蚀层。光学显微镜是精密仪器，使用时要小心。对于组织观察的结果，要充分了解它是何种组织，并且能够使用相图完全说明组织的形成过程，同时要注意拍照。

② 维氏硬度实验

为了研究组织与强度之间的关系，进行维氏硬度实验。维氏硬度实验是将正四棱锥形金刚石压头压入经抛光成镜面的试样表面上，根据测量所产生的压痕的尺寸大小来评估硬度的方法。为避免金刚石压头损坏，在加载过程中一定不要移动压头。维氏硬度实验的加载载荷为 2 kg，加载时间为 10 s。测量压痕对角线的长度，并通过转换表获得维氏硬度（单位为 Hv）。每个试样测量五个点，除了最大值和最小值之外的三个点的平均值作为硬度值。

(4) 结果分析

① 组织观察

理解试样经热处理后会形成了何种组织。考虑热处理的意义和对组织形成的影响，可以用相图、CCT 曲线和组织示意图来说明组织的形成过程。以讨论会的形式各自发表结果，小组全体成员积极讨论，直到完全理解为止。

② 硬度测试

对硬度实验结果进行绘图，分析组织和硬度之间的关系，不同 w_C 和热处理条件引起的硬度变化，请仔细考虑硬度变化的主要原因。以讨论会形式发表实验结果，并确保每个人都能充分理解。

(5) 讨论事项

本实验中，碳钢的热处理采用了改变单相奥氏体冷却速度，以及淬火与回火相结合的调质处理两种方法。组织形成过程中的珠光体转变和马氏体转变，对理解标准组织、硬化组织和回火组织起着重要作用。对结构材料碳钢进行调质处理是通过对组织进行最佳控制来降低强度、提高延展性，即改善韧性的有效手段。

2. 实验项目二：铸铁的组织和强度

(1) 实验目的

在钢铁材料的历史中，铸铁也是自古以来就被使用的材料。其定义是 w_C 为 2.11% 以上，通常是在铸型的铸造状态下供使用。由图 26.1所示的 Fe-C 相图可知，w_C 为 2.11% 以上时，存在液相→奥氏体＋石墨或渗碳体的共晶反应，熔点降至1 148 ℃，变得容易铸造。在该共晶反应中，组织和机械性能大不相同，这取决于奥氏体共存的相是石墨还是渗碳体。以相对慢的速度凝固时，作为稳定相的石墨是共存相，此时熔体凝固时发生的体积收缩受到抑制，变得非常小。因此可获得具有所需形状的产品。另一方面，在凝固速度高的情况下或在低碳合金中，亚稳的渗碳体成为共存相。

基于以上背景，本实验目的大致可分为以下两个：一是通过组织观察来调查化学组成的差异对铸铁的组织形成有怎样的影响，将该组织的形成过程与 Fe-C 系统相图相对应来理解。二是通过硬度测定来调查具有不同组织铸铁的强度差异，理解其原因。

(2) 实验试样

在本实验中，对化学组成及冷却速度不同的 4 种铸铁中的 2 种进行熔炼，了解铸铁的组织，并考查其与碳钢的差异。下面为实验用铸铁的化学组成和预期组织。

① 标准材料：采用灰铸铁，化学成分为：Fe-3.7%C-3.5%Si-0.4%Mn。

② 冷却速度的影响测试采用白口铸铁，化学成分为：Fe-3.7%C-1.5%Si-0.4%Mn。

③ 含碳量的影响测试采用白口铸铁，化学成分为：Fe-2.3%C-1.5%Si-0.4%Mn。

④ 添加 Mg 的影响测试采用球墨铸铁，化学成分为：Fe-3.6%C-3.5%Si-0.4%Mn-0.5%Mg。

注：试样为 2 种，但组织观察与硬度测试要分开，所以合计 4 种。

(3) 实验步骤

① 电弧炉冶炼铸铁

铸铁是通过将熔融状态的铁注入铸模而铸造成的。在该实验中，为了安全且简便地进行实验，使用电弧炉熔化试样。

(i) 原料的计算和称量

表 26.2 给出了所用原料的类型及其化学成分。计算所需熔化材料的质量，使每个试

样的总质量为 20 g，并用分析天平称量。

表 26.2　溶解原料的种类及化学成分

原料	铁碳合金	Fe-Si-Mg 合金	纯铁	纯硅	纯锰
Fe	bal.	bal.	100	—	—
C	3.83	—	—	—	—
Si	0.01	50.0	—	100	—
Mn	0.09	—	—	—	100
Mg	—	20.0	—	—	—

(ii) 电弧熔化

通过使用非自耗钨电极的电弧炉熔化试样。在氩气保护气氛下，水冷铜坩埚上利用电弧放电来熔化试样。熔化程序简述如下：

a. 将熔化的原料放在水冷铜坩埚上。但是用于 w_C 的影响测试的白口铸铁要放在石墨坩埚中。

b. 机械泵抽真空(除氧)，然后注入氩气至约 0.05 MPa。

c. 电弧熔化。

注意：各自进行熔化操作，其他操作者要详细观察试样熔化状态。在熔化时，由于温度相当高，会发射紫外线。因此，切记不能用肉眼直接观察，要戴上焊接护目镜。设备中有高压部分，所以要注意防止触电。

(iii) 试样切取

使用精细切割机从纽扣锭上切下用于组织观察和硬度测试的试样。

切取的三个试样中心部分用于硬度测试，并使用端部进行组织观察。用厚度约 0.8 mm 的砂轮片，通过高速旋转慢慢切断试样。用蜡将试样固定在电木板上。

② 组织观察

(i) 观察面研磨

完成从平面研磨到镜面抛光。下面简要描述每个过程。注意不要磨到手指，避免受伤。

a. 将试样打磨出平面。

b. 旋转式抛光机粗抛。

c. 按照 600 号 → 800 号 → 1200 号砂纸的顺序研磨。

注意：在完全消除前一阶段的粗砂纸(小号码)造成的划痕后，进入下一阶段细砂纸(大号码)研磨，建议每个步骤改变 90° 方向进行交叉研磨。

d. 用氧化铝作为抛光剂进行抛光。

注意：由于附着的抛光剂在抛光布干燥时会残留下来，因此需要在抛光布湿的时候用水充分洗去研磨剂。

(ii) 组织观察及摄影

使用光学显微镜进行组织观察。抛光完成后，在腐蚀前进行一次显微镜检测。这是因为当组织中存在石墨相时，不腐蚀的状态更适合观察。在确认石墨相是否存在或存在的形态后，用3%～5%硝酸酒精溶液对其进行腐蚀并再次观察。首先腐蚀进行约5 s后检查试样，根据需要增加必要的时间。如果腐蚀过度的话，需再次进行抛光。光学显微镜是精密仪器，使用时要小心。如果能够充分理解所观察的是怎样的组织，利用相图能够完全说明组织的形成，同时进行拍照。

③ 维氏硬度实验

通过维氏硬度实验研究组织与强度之间的关系。铸铁的硬度测试条件是 10 kg 的载荷和 30 s 的加载时间。

④ 断面观察

对经过组织观察和硬度测试的试样进行断面观察。将试样固定在台钳上，并用锯条切出一个大缺口，用锤子敲断并用肉眼观察断面。

(4) 结果分析

① 组织观察

对于各自负责的试样，要理解形成了怎样的组织。考查影响组织形成的因素是什么，可以用相图和组织示意图来说明组织的形成过程。详细讨论室温下观察到的组织的形成过程。以讨论会形式各自发表实验结果，并进行积极讨论，直到所有小组成员完全理解。

② 硬度实验

系统地整理组织硬度测试结果。理解所形成的组织与硬度之间的关系，以及化学成分和凝固速度的差异导致的硬度变化。请仔细考虑硬度变化时的主要原因。要确保小组所有成员都能够理解。

③ 铸铁的组织形成

(i) 标准组织及凝固速度的影响

在铸铁的组织形成过程中存在液相 → 奥氏体＋(石墨或渗碳体) 的共晶反应和奥氏体 → 铁素体＋渗碳体的共析反应，这两种反应在组织形成中起主要作用(参见图 26.1 的 Fe-C 二元相图)。首先，问题在于凝固过程中通过共晶反应生成的是石墨还是渗碳体。石墨是稳定相，但亚稳渗碳体的形成速度要快得多。本实验的标准材料中 w_C 约为3.6%，奥氏体作为初晶结晶，留在枝晶间隙中液相为共晶成分。当它相对缓慢地凝固时，奥氏体与稳定相石墨发生共晶反应。这种共晶组织是奥氏体和石墨层状结构，是灰口铸铁的典型形态。另一方面，即使化学组成相同，当以较高的冷却速度凝固时，奥氏体和亚稳相渗碳体发生共晶反应，这种共晶组织是奥氏体和渗碳体的混合组织，称为莱氏体组织，这是白口铸铁的典型组织。无论发生哪种共晶反应，初晶和共晶奥氏体在冷却过程中在 A_1 点都发生珠光体转变，分解成铁素体和渗碳体的层状组织。即使在共晶反应中形成石墨，由于温度太低，在 A_1 点下也不会发生新石墨的成核。另一方面，已存在的石墨可以通过周围碳原子的扩散而生长，粗大生长的石墨周围形成贫碳区域，有时可观察到铁素体。

(ii) w_C 与 w_{Si} 的影响

铸铁 w_C 的变化会影响初晶奥氏体的量。当为共晶成分时，初晶奥氏体的量为零，并且随着 w_C 的降低而增加。初晶奥氏体在熔体中长成树枝状，残留在枝晶的液相为共晶组织。随着 w_C 的减少，石墨变得越来越难以形成，结果形成了渗碳体，除去初晶体之外的部分形成莱氏体组织。

铸铁铸造中仅次于碳的另一个重要元素是硅。添加硅可以稳定石墨。也就是说，随着 w_{Si} 增加，石墨相对于渗碳体的稳定性增加，石墨更容易形成。

(iii) 铸铁韧性的改善

铸铁的缺点是脆性大。灰铸铁石墨和白口铸铁的渗碳体都很脆。石墨相具有在凝固过程中体积几乎不收缩的优点，但由于强度低，对于强度来说可等同于空洞。如果形状是片状（或板）时，可能成为裂纹的起源及脆性断裂的起点。因此需要尝试使石墨相的形状从片状变为近似圆形，最理想是形成球形。首先通过在高温下加热白口铁并保持足够的时间来产生黑心可锻铸铁。这里，利用了将亚稳相石墨化退火分解为稳定相石墨时，得到块状石墨的性质。另外，可以通过添加 Mg 使石墨球化，实现韧性地显著改善。关于这种球化的原理，有各种各样的学说，尚未完全澄清。一种有竞争力的说法是当 Mg 在铁水中蒸发时，会变成气泡，成为石墨的形核位置，石墨以球状进行结晶。这种组织称为牛眼组织，因为此时是铁素体相围绕球状石墨相的周边形成球形。

综上，铸铁根据组成相是否含有石墨或渗碳体大致分为两种，它与化学成分的差异相关，并在很大程度上取决于共晶反应时与奥氏体共存的是哪个相。也就是说，组织形成过程在两者之间差异很大。通过测定硬度来调查强度的话，强度也会随着组成相的不同而变化。

【讨论事项】

碳钢的组织与强度

(1) 从组织和硬度的实验结果，确定钢的种类和热处理过程。通过绘制 CCT 曲线和组织示意图，从化学组成和冷却速度的角度，从理论上说明确定的原因。

(2) 进行回火后，组织最终会变成什么样?绘制等温转变图（TTT 曲线），并对 600 ℃下长时间保温的情况进行说明，同时考查硬度将如何变化。

(3) 为什么马氏体很硬?解释原因。

【注意事项】

完成实验后，准备一份报告并在规定的截止日期前提交。在准备报告时，请记住以下几点。

(1) 报告分为几个部分，实验目的、实验方法、实验结果及结论，需列出引用的参考文献。在结尾处写下实验感想，以便可以在下一个年度之后进行改进。

(2) 请参考本实验的概要和目的，简要说明此实验的意义。

(3) 请准确记录实际的实验操作。

(4) 实验结果与考查:碳钢和铸铁分别整理。关于碳钢,在5种中选择了哪2种,进行了怎样的热处理。另外,要对各个组织进行简洁的说明,并以此来考查特定的理由。将碳钢的硬度结果总结成图表。另一方面,以相同的方式描述铸铁,2种铸铁分别是什么?并根据相图解释其原因。将铸铁的硬度结果归纳成表格。

(5) 总结通过上述实验理解了什么知识。

(6) 参考文献:请列出在编写报告时提到的书籍和文献。

(7) 自由记录整个实验的感想。另外,如果有与预想不同的结果或疑问等,也可以记录下来。

实验 27　金属合金的相变及结构、热、物性

【实验概要】

金属材料的物理性质很大程度上取决于它们的晶体结构、组成和温度等，特别是光学和磁性性能对电子结构非常敏感，因此在很大程度上与费米能级和能带结构有关。为了理解这些基本原理，在本实验中，采用一种简单的面心立方镍(Ni)- 铜(Cu) 合金，通过热分析进行相变分析、X 射线衍射进行结构解析和磁力计进行磁性能测试的实验。Ni-Cu 二元合金的平衡相图如图 27.1 所示。

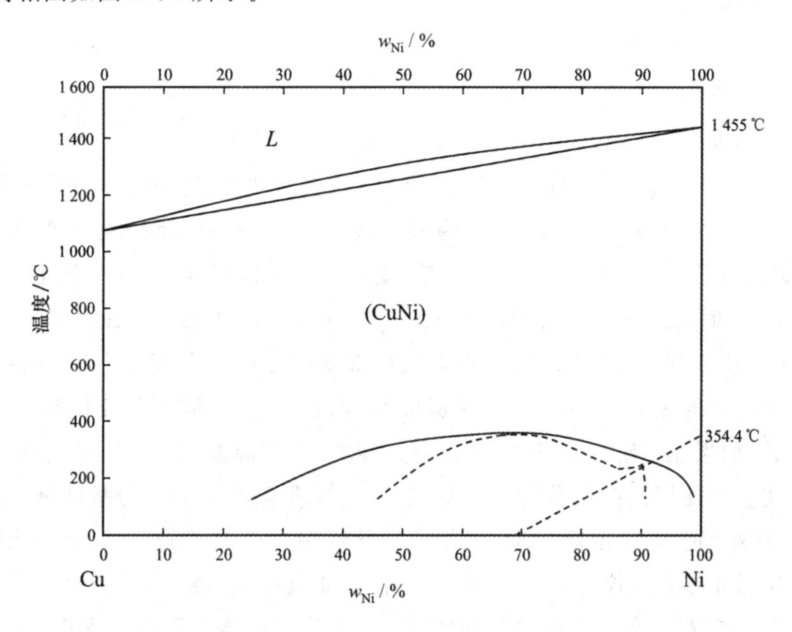

图 27.1　Cu-Ni 二元合金的平衡相图

【实验原理】

在金属材料中，相变，特别是相变温度，不仅在熔化等过程和蠕变等机械性能中很重要，在磁性特性等功能性质中也是重要的因素。在铸造等熔化过程中，一般是希望温度在熔点以上但不要比熔点高太多。在蠕变等与原子扩散相关的情况下，扩散活跃的温度区域在热力学温度下是熔点的一半以上，因此使用温度和熔点都是重要的参数。当利用磁性特性时，铁磁性和顺磁性转变温度(居里点) 如果不够高，那么性能容易发生劣化，很难实现实用化。对于形状记忆合金(SMA)，工作温度与非扩散相变的马氏体相变温度密切相关。因此，识别相变温度实际上是极其重要的，通常也是进行热分析实验的目的。本实验的目

的是学习热分析，特别是利用示差扫描量热仪(DSC)，分析 Sn 等标准材料的熔化及凝固行为，并通过DSC分析 Ni-Cu 合金的磁转变温度，依次学习一级和二级相变及其热行为之间的差异，探讨磁相变温度和电子浓度之间的关系。下面介绍热分析原理：

(1) 升温过程的相反应

本实验通过热分析确定相变温度及定量测量相变热量。相变是由于温度(或压力)的变化而转变成其他相的现象，例如一个大气压下的水(液相)随温度升高至 100 ℃ 时变成水蒸气(气相)。温度用 T_1、T_2、T_3 表示，且($T_1 < T_2 < T_3$)。T_1 对应稳定相 A，T_2 对应于相变温度，T_3 对应于稳定相 B。接下来讨论各相反应时的吉布斯自由能 G。吉布斯自由能是恒压、等温条件下的自由能。假定 A 相的吉布斯自由能为 G_A，焓为 H_A，熵为 S_A，B 相的吉布斯自由能为 G_B，焓为 H_B，熵为 S_B，它们之间的差分别为 $\Delta G = G_B - G_A$，$\Delta H = H_B - H_A$，$\Delta S = S_B - S_A$。各量均为摩尔量，由于稳定相是在该温度 T 下具有较低吉布斯自由能的相，所以下式成立。

当 $T = T_1$ 时，$G_A < G_B \rightarrow \Delta G > 0$。

当 $T = T_2$ 时，$G_A = G_B \rightarrow \Delta G = 0$。

当 $T = T_3$ 时，$G_A > G_B \rightarrow \Delta G < 0$。

两相的吉布斯自由能相等时的温度为相变温度。温度由 T_1 升高至 T_3，根据热力学第三定律，热力学温度为零度(0 K)时熵为零，高温时的稳定相为熵值较大的相，因此升温时熵值的变化为正值，所以 $T = T_2$ 时的焓[变]ΔH 变化如下列所述为正值。

当 $T = T_2$ 时，$\Delta G = 0 \rightarrow \Delta H - T_2 \Delta S = 0 \rightarrow \Delta H = T_2 \Delta S \rightarrow \Delta H / T_2 = \Delta S > 0$

这意味着升温度时，相变的发生必须从外部提供 ΔH 的热量，所关注的物质在温度 T_2 下仅吸收 ΔH 的热量，这种反应称为吸收反应，在升温过程中的相平衡反应一定是吸收反应。因此，如果能测定这个热量，就能确定相变。伴随温度变化的相变的热的解析称为热分析，本实验中使用的差热分析(DTA)是以与标准物质的温差为基础进行热分析，被广泛使用。另外，能够对相反应时的热量进行定量分析的装置称为示差扫描量热仪(DSC)，作为标准热分析仪器已经广泛使用。在诸如氧化(燃烧)等非平衡反应中，由于温度升高，可以转变为更稳定的相，在这种情况下，不稳定相转变为能量较低的稳定相，会向外部释放多余的能量。一般情况如下：

平衡反应：升温时为吸热反应而降温时为放热反应。

非平衡反应：升温时为放热反应而降温时无反应。

(2) 热分析曲线

首先以冰 → 水相变为例描述热分析的基本原理。以冰为试样，并且在一个大气压下单位时间提供一定的热量使温度升高。$T < 0$ ℃ 的情况下，冰的温度单调增加，但在 $T =$ 0 ℃ 发生相变、即从冰转变为水。相变中的自由度为 f，c 为组分的数量，p 为相数，则自由度可由有下式表述，

$$f = c - p + (\text{强度量的个数，温度、压力、浓度等})$$

冰转变成水时，$c = 1$，$p = 2$，强度量 $= 1$(温度)，因此，相变的自由度 $f = 1 - 2 + 1 =$

0,即自由度 0。

这说明水的相变温度在一定的压力下唯一确定。因此,一定压力下单组分体系的相变温度是唯一确定的。另一方面,由于单位时间提供的热量是一定的,所以冰完全转变成水需要的时间为熔化所需的热量除以单位时间提供的热量所得到的商值。只有这段时间温度才会保持在 0 ℃。基于以上所述,试样的温度对时间作图,得到如图 27.2 所示的温度 - 时间的曲线,该曲线出现温度不随时间变化的区域,根据相变温度和单位时间的热输入,则可以求得熔化热。然而,精确地计算热输入比较困难,并且在自由度 f 不为 0 的多组分体系中难以在相变时的时间 - 温度曲线中找到明确的拐点。

因此,为了准确地找出相变反应,在测定温度范围内使用不发生相变的物质作为标准物质,这样比较容易求出试样和标准物质的温度差,这种方法称为差热分析。在差热分析中,当没有反应时,标准试样和试样之间没有温差,在有反应发生时就会出现温差。因此,如图 27.3 所示,以时间或标准试样的温度为横轴,标准试样与试样的温度差为纵轴作图,发生与基线的偏差的温度是反应起始温度,返回到基线的温度是反应完成温度。热分析曲线的反应峰的面积对应于在此期间发生的反应热。由于峰的强度取决于差热分析的灵敏度 $mW \cdot s^{-1}$,即使具有相同反应热的试样,加热 / 冷却速率加倍(减半) 的话,单位时间的反应热计算也要加倍(减半),因此升温 / 降温速度越大,观察到的峰值越大。从这一点来看,随着升温 / 降温速度越高,相反应的灵敏度越高,但升温 / 降温速度越高,则难以保持升温/降温速度恒定,更容易受到过冷等的影响,因此,在许多情况下,使用5 $℃ \cdot min^{-1}$ 至 20 $℃ \cdot min^{-1}$ 作为加热 / 冷却速度。

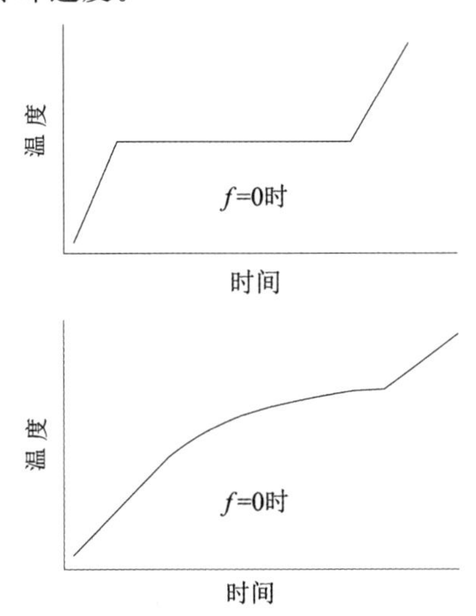

图 27.2　相变时的温度 - 时间曲线

在 DTA 中,相反应时峰面积的再现性差,难以定量测定反应热,但 DSC 具有良好的反应热再现性,如果使用标准试样进行量热校正,则可以准确地获得反应热。另外,在 DSC 中,如果使用知道比热容的数种标准物质测定基线,也可以求出试样的比热容。

(3) 一级,二级相变

相变有伴随潜热出现的相变和不伴随潜热出现的相变两种。当伴随有如熔化等潜热时,用温度对相变之前和之后的自由能曲线进行微分,绘制自由能的温度微分($\mathrm{d}G/\mathrm{d}T$)和温度(T)的关系图,可以看到相变温度点呈现不连续的变化,这种自由能温度的一阶导数不连续的相变称为一阶相变。许多相变都是一级相变,并伴随着潜热。

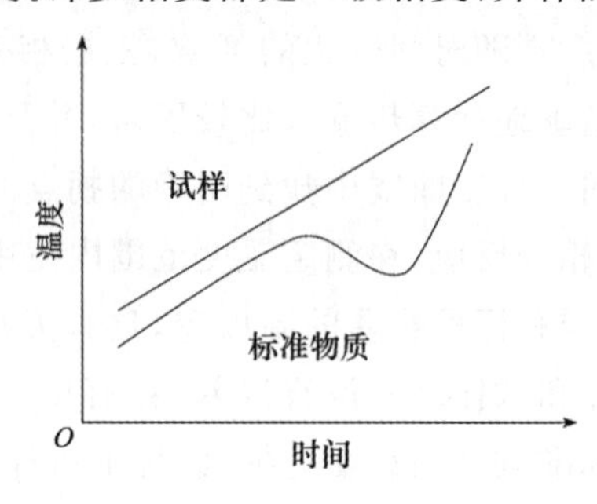

(a) 试样与标准物质的温度变化

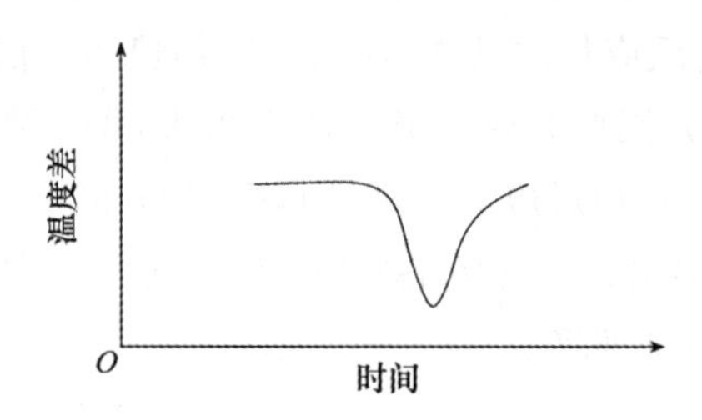

(b) 试样与标准物质的温度差变化

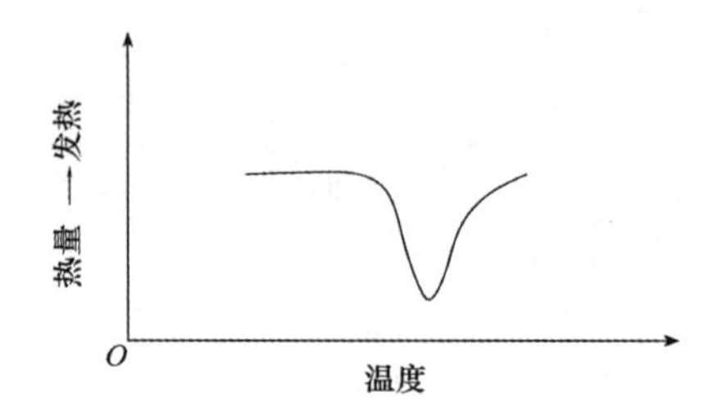

(c) 将(b)变为标准试样温度和热量的变化图

图 27.3　差热分析的原理

另一方面,在磁相变的情况下,随着温度升高,磁自旋逐渐变得紊乱,或者在部分有序 - 无序相变的情况下,随着温度升高原子排列逐渐发生紊乱,有序度降低。在这种情况下,相的自由能逐渐变化,即使在磁转变温度或有序 - 无序相变温度下相的自由能一阶导数也没有出现不连续的现象。但当进一步对温度求导时,就会发现自由能的二阶导数即比热容$\left(\dfrac{\mathrm{d}^2G}{\mathrm{d}T^2}\right)$出现不连续,这种相变被称为二级相变。当绘制各个比热容 - 温度曲线时,从低温逐渐升高温度,在相变温度下具有极大值或接近无限大,一般依据曲线峰值的形状称这个曲线λ曲线。

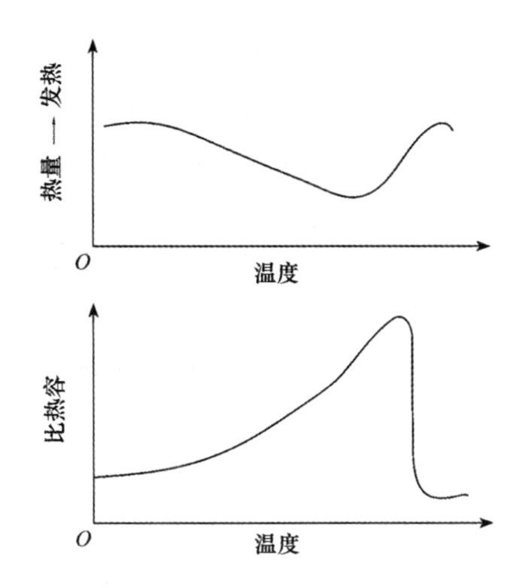

图 27.4　二级相变时 DSC 曲线(上)及由此求出的比热容曲线(下)

【实验内容】

(1) 利用 Sn 的潜热(7.7 kJ · mol^{-1})和相对原子质量(118.71),使 DSC 的峰值面积与各合金的相变热相对应。

(2) 基于上述方法估算 Ni 和 Ni-Cu 合金的磁转变热量。

(3) 通过 DSC 获得的磁转变温度和反应热估算所测定试样的合金组成。

(4) 说明一级相变和二级相变在热分析曲线上有什么不同,并考查其理由。

(5) 调查有序合金和有序度,分析有序度随温度升高而降低的原因,并估算升温时的热分析曲线。

【实验项目】

本实验项目设定为以下 3 个:

(1) Sn,Ni 和 Ni-Cu 合金的差热分析。

(2) 纯 Ni 和 Ni-Cu 合金的 X 射线衍射结构分析。

(3) 纯 Ni 和 Ni-Cu 合金的磁性。

由于这些项目彼此密切相关,因此在报告中,首先总结每个项目的报告,并对全部实验进行考查。

1. 实验项目一:Sn,Ni 和 Ni-Cu 合金的差热分析

(1) 实验装置

实验室示差扫描量热仪。

(2) 实验试样

选择纯 Sn,纯 Ni 和几种不同成分的 Ni-Cu 合金。测量温度范围为室温(RT)～400 ℃,升温速率为 20 ℃ · min^{-1}。测量气氛为大气或惰性气体,标准试样为氧化铝。

(3) 实验步骤

① 称量试样质量，将其放入氧化铝坩埚中并盖上盖。

② 称量相同质量的氧化铝，将其放入氧化铝坩埚中并盖上盖。

③ 设定温度程序，并测量。在温度升高和冷却期间的反应要一起确认。

(4) 结果分析

实验结果中要清楚地描述试样质量和DSC曲线，在DSC曲线上作图，确定每种合金的相变温度，并指出反应峰面积。

2. 实验项目二：纯Ni和Ni-Cu合金的X射线衍射结构分析

(1) 实验原理

X射线衍射在相分析、晶格参数测定、单晶晶体取向分析、织构分析、化学分析和残余应力测量等领域广泛应用。它是金属工程中最常用，最强大的测定方法。本实验中，我们将学习基于X射线的性质、衍射和特性X射线的X射线衍射仪使用方法，学习原子散射因子和结构因子。计算简单立方、体心立方及面心立方的结构因子，并了解衍射条件。进一步学习晶格常数的精确测定方法，了解晶格常数与合金成分之间的关系。为了理解这个实验，建议阅读基于X射线衍射原理编写的教科书。

① X射线

X射线是电磁波，波长为0.05～0.25 nm，与晶体的晶格尺寸大致相同，因此当X射线入射到试样上时发生衍射。使用该衍射进行结构分析的方法是X射线衍射法。

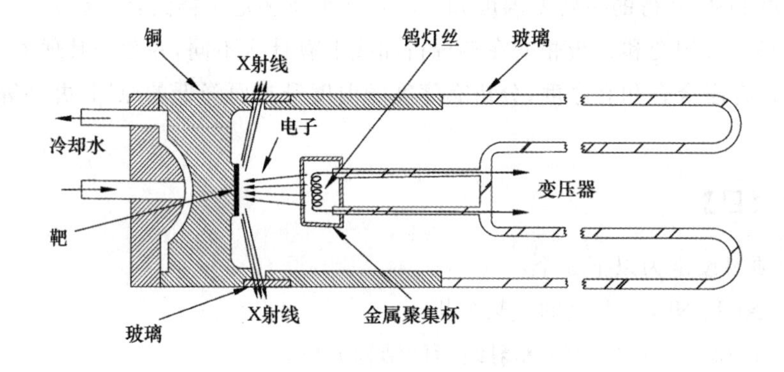

图27.5　X射线管结构图

当具有足够能量的带电粒子突然停止时会产生X射线。实际使用的X射线管如图27.5所示，由作为产生电子的钨丝阴极和作为电子碰撞的阳极靶组成。当给灯丝通电并施加约15～150 kV的高电压时，电子从灯丝流向金属靶，当施加的电压为30 kV时，电流速度达到光速的约1/3。当这种高速电子撞击金属靶时，一小部分能量(约1%)转变为X射线释放出来。这样的X射线包括具有连续波长的连续X射线和由诸如K层、L层、M层等目标原子的电子结构引起的具有特定波长的特性X射线。图27.6为X射线波与强度。连续X射线可用于医用X射线照相机，劳厄分析法解析金属合金的单晶取向等。另外，特征X射线与其能量(波长)有关，当在K层激发，由L层电子跃迁到K层时发射的X射线

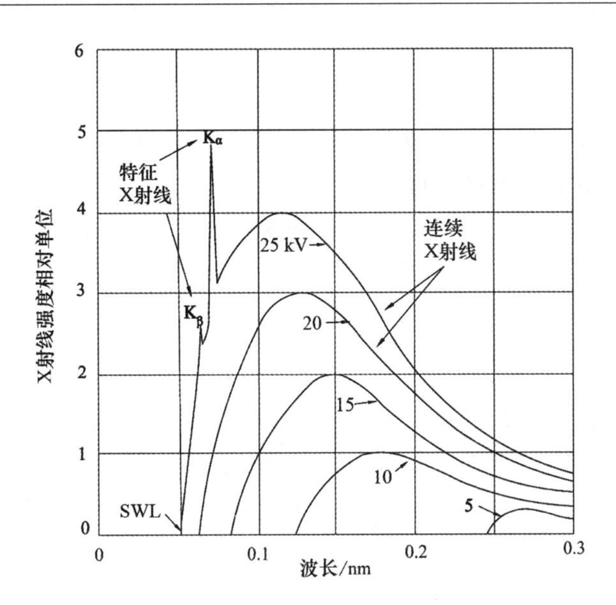

图 27.6　X 射线波与强度

称为 K_α 射线。当在 K 层激发，由 M 层电子跃迁到 K 层时发射的 X 射线称为 K_β 射线。实际上，L 层电子并非只有一个能级，而是分成三个不相同但又比较接近 L_{I} 、L_{II} 、L_{III} 能级，其中 L_{I} 是稳定能级，不发生跃迁。$L_{\mathrm{II}} \rightarrow K$ 的 K_α 线称为 K_{α_1}，而 $L_{\mathrm{III}} \rightarrow K$ 的 K_α 线称为 K_{α_2}。这些特征 X 射线取决于靶原子的电子结构，具有靶原子的特征矢量，靶通常是铜(Cu)，钴(Co)，铁(Fe)，铬(Cr)，钼(Mo) 等，并且这些特征 X 射线也以这些靶原子名称命名，例如铜靶时称为 CuK_α 和 CuK_β 等。通常的X射线管发射特征X射线具有非常强的 K_{α_1} 线、半强的 K_{α_2} 线和弱的 K_{β_1} 线，其中 K_{α_1} 线和 K_{α_2} 线在波长上接近并且难以分离。在这种情况下，使用的 K_α 线为加权平均值。例如，使用铜靶的特征 X 射线如下：

$K_{\alpha_1} = 0.154\ 056\ 2$ nm，$K_{\alpha_2} = 0.154\ 439\ 0$ nm，$K_\alpha = 0.154\ 183\ 8$ nm，$K_{\beta_1} = 0.139\ 221\ 8$ nm。

用于多晶金属和合金结构分析的X射线通常是特征X射线，为了获得单色X射线，通常是由原子序数比靶材低 1 到 2 的材料作为滤波器，滤掉了 K_{β_1}，仅使用 K_α 射线。

② 衍射法

在介绍结构因子之前，先简介布拉格方程，这是一个众所周知的衍射条件表达式。假设入射的 X 射线(特征 X 射线)、试样晶体的反射表面的法线和衍射的 X 射线在同一平面内，设 θ 是入射 X 射线和试样表面之间的夹角，则衍射光束和透射光束之间的夹角为 2θ。此外，假设波长是 λ，晶面间隔是 d'，并且 n 是整数，作为衍射条件如下式所示：

$$\frac{n\lambda}{2d'} = \sin\theta < 1$$

n 的最小值为 1。在 $n > 1$ 的情况下，由于可以认为是来自具有 $1/n$ 间隔的表面的反射，通常为

$$d = \frac{d'}{n}$$

所以,下列关系式成立。

$$\lambda = 2d\sin\theta$$

这就是著名的布拉格方程。在立方晶体的情况下,晶面间距为 d,晶面指数为(hkl),晶格常数为 a,与布拉格方程联立可得下列方程:

$$\frac{1}{d^2} = \frac{h^2 + k^2 + l^2}{a^2}$$

$$\sin^2\theta = \frac{\lambda^2(h^2 + k^2 + l^2)}{4a^2}$$

顺便说一下,当满足布拉格方程时一定会发生衍射,但条件很苛刻,即使对单晶施加单色 X 射线,其特征 X 射线、试样晶体反射面的法线、衍射 X 射线都在同一平面上并发生衍射的概率也极低,通常无法获得衍射光束。因此,为了满足布拉格方程,必须将入射 X 射线、试样晶体反射面的法线和衍射的 X 射线都设置在同一平面内。因此,我们通常使用的 X 射线衍射方法可分为以下两种类型:

(i) 改变 λ,不改变 θ 的劳厄法。

(ii) 不改变 λ 的情况下改变 θ 的粉末法(衍射仪法)。

劳厄法是通过对单晶施加连续 X 射线而引起衍射的方法,因此,尽管 d 和 θ 是固定的,但由于是连续 X 射线,一定存在引起衍射的 λ 并且发生衍射。通常,该方法用于识别单晶体的取向。

在粉末法中,使用特征 X 射线,试样为粉末(或多晶体试样)。在这种情况下,虽然 d 和 λ 是固定的,但由于粉末试样具有随机取向的微晶粒,因此总是存在一定概率的粉末能够满足布拉格方程的 θ。这种粉末法是金属 X 射线衍射的标准方法。理想情况下,使用尺寸约为 $5 \sim 10\ \mu m$ 的粉末可以产生清晰的 X 射线衍射花样,但对塑性较好的金属来说,通常难以获得粉末,因此许多情况下使用多晶板为试样。此时,根据制备条件的不同,试样的晶体可能不够随机(例如织构组织),与衍射图案的强度分布足够随机时相比,会有许多不同。然而,考虑到这种试样用于相分析和晶格常数已经足够,因此作为一般的相分析方法普遍采用。

③ 结构因子

X 射线入射到晶体上的反射大致可分为由组成原子的电子产生的原子散射,以及由构成晶体的所有原子产生的干涉散射。前者,表示某个原子在某个方向上散射效率的因子称为原子散射因子 f,由下式定义:

$$f = \text{原子散射波的振幅} / \text{一个电子散射波的振幅}$$

下面讨论由构成晶体的所有原子产生的干涉散射。如图 27.7(a) 所示的具有晶格常数 a 的简单立方晶格的(001) 衍射。假设衍射发生在某 θ 处。此时 1′ 和 2′ 的相位一致,发生衍射。另一方面,如图 27.7(b) 所示的具有相同晶格常数的体心立方晶格(bcc) 的(001) 的衍射,对于体心立方晶格来说,1′ 和 2′ 相位一致,但在 3′ 反射中,即由体心位置处的原子面的反射,路径差了半波长。因此,相位在 1′ 和 3′ 处彼此完全相反,相互抵消,因此即使体心立方晶格满足布拉格的条件,也没有(001) 反射,因为它们相继地相互抵消了。因此,相位差取决于原子排列。我们使用结构因子 F 来表示晶体的单位晶胞内所有原子散射波在衍射方向上的合成振幅。对应单位晶胞的原子 1,2,3,…,n 的坐标为 $u_1v_1w_1$,$u_2v_2w_2$,$u_3v_3w_3$,…,$u_nv_nw_n$,原子散射因子分别为 f_1,f_2,f_3,…,f_n,(hkl) 反射的结构因子可由下式表示:

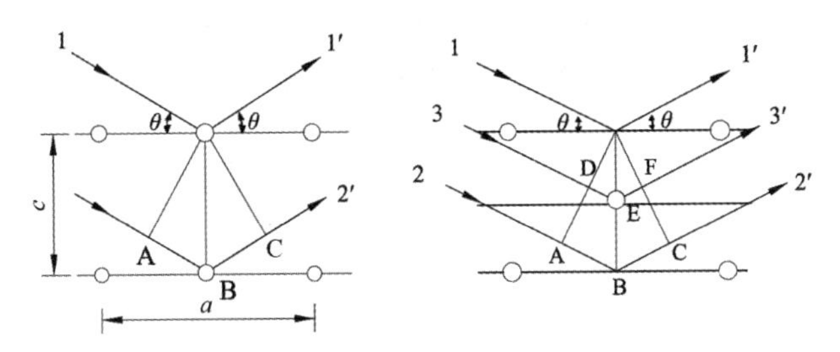

单立方(001) 衍射　　　　(b) 体心立方(001) 衍射

图 27.7　X 射线的晶格衍射

$$F_{hkl} = f_1\exp\{2\pi i(hu_1 + kv_1 + lw_1)\} + f_2\exp\{2\pi i(hu_2 + kv_2 + lw_2)\} + f_3\exp\{2\pi i(hu_3 + kv_3 + lw_3)\} + \cdots + f_n\exp\{2\pi i(hu_n + kv_n + lw_n)\}$$

经整理得到下列表达式。

$$F_{hkl} = \sum_{1}^{n} f_n e^{2\pi i(hu_n + kv_n + lw_n)}$$

F 为复数,表示散射波的振幅及相位。绝对值 $|F|$ 由下式表示:

$$|F| = 全部原子散射波的振幅 / 一个电子散射波的振幅$$

衍射线的强度与散射波振幅的平方成比例。这样就能够计算原子位置已知的晶体的结构因子,并且可以获得出现衍射的 hkl 的关系。

④ 晶格常数的精确测定

根据布拉格方程,如上所述,立方晶体的晶格常数 a 与晶面指数及反射角 θ 之间的关系为 $\sin^2\theta = \lambda^2(h^2 + k^2 + l^2)/4a^2$,如果知道 λ、θ 及 (hkl) 的话,就可以确定晶格常数 a。但通常由各个 (θ, hkl) 精算的晶格常数都有微小差异,这是由于存在各种误差造成的。那么应该怎样做才能精确地确定晶格常数呢?

布拉格条件所需的角度值是 $\sin\theta$,不是 θ,将布拉格方程式对 θ 求一阶导数,可得下式。

$$\frac{\Delta d}{d} = -\cot\theta \cdot \Delta\theta$$

对于立方晶体来说,$a = \sqrt{h^2 + k^2 + l^2}$,晶格常数的误差 $\frac{\Delta a}{a}$ 可由下式表达。

$$\frac{\Delta a}{a} = \frac{\Delta d}{d} = -\cot\theta \cdot \Delta\theta$$

当 $\theta = 90°$ 时,$-\cot\theta \to 0$,θ 的角度越大,$\frac{\Delta a}{a}$ 越趋近于 0。θ 与 $\sin\theta$ 之间的关系如图 27.8 所示。从图中可以看出,即使 θ 包含一定误差,但与 θ 相比,$\sin\theta$ 引起的误差幅度也是

不同的。因此，需要尽可能使用高角度 θ，同时，外推 θ 为 90°（$2\theta = 180°$），找到真实的值。一般使用 θ 角为 60° 以上的衍射，将测量的晶格常数与 $\cos^2\theta$ 作图，并外推 $\cos^2\theta = 0$ 的值作为真实的值。为了用低角度反射精确地外推，最好用称为尼尔森 - 莱利（Nelson-Riley）函数的（$\cos^2\theta\sin\theta - \cos^2\theta$）外推。对于外推值，要使用最小二乘法估计其真实的值。

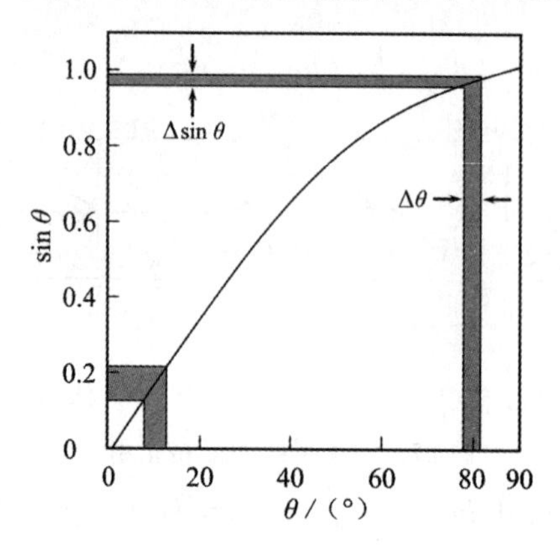

图 27.8　θ-$\sin\theta$ 曲线以及 θ 包含一定误差时 $\sin\theta$ 的误差示意图

（2）实验装置

实验室粉末性 X 射线衍射装置。

（3）实验试样

纯 Ni，含 Cu 的几种 Ni-Cu 合金。测定温度为室温。

（4）实验步骤

① 将试样放置在样品台上，并一起放置在 X 射线衍射装置内，注意保持试样水平。

② 实验开始前，指导教师会介绍 X 射线管的电流值，电压值，测量角度范围，扫描速度等。

③X 射线是一种眼睛看不见且对人体有害的放射线，请仔细聆听指导教师讲解和研读操作说明，并按照说明仔细操作。特别是 X 射线发射时，不要将手放在射线的方向上，注意防护。另外，实验设备有高压，小心触电。

（5）结果分析

① 计算简单立方（原子位置为 000）时，体心立方$\left(原子位置 000 及\frac{1}{2}\ \frac{1}{2}\ \frac{1}{2}\right)$，面心立方$\left(原子位置为 000，\frac{1}{2}\ \frac{1}{2}0，\frac{1}{2}0\ \frac{1}{2}，0\ \frac{1}{2}\ \frac{1}{2}\right)$的实际结构因子。

② 面心立方晶格中，明确由结构因子计算出现反射的 hkl 的条件，标明面心立方晶格中出现的 $h^2 + k^2 + l^2 < 30$ 的实际晶面指数。

③ 在每个试样的 X 射线衍射图谱上，明确标出每个反射的角度和指数。

④ 计算各个反射的晶格常数 a，并对 $\cos^2\theta\sin\theta + \cos^2\theta/\theta$ 作图，通过最小二乘法精确确定晶格常数。

⑤ 从精确确定的晶格常数推断其成分未知的试样成分。

⑥ 通过类似的粉末 X 射线衍射法想要更准确地确定晶格常数，如何测定它。

⑦CuZn(β 黄铜) 的高温相是 bcc，而低温相是有序化的 bcc，具有 CsCl 结构。

假定晶格常数为 a，且晶格常数不会因相变而改变。在这种情况下，高温阶段和低温阶段的 X 射线衍射图是如何变化的，说明原因。

3. 实验项目三：纯 Ni 及 Ni-Cu 合金的磁性

(1) 实验原理

磁性是金属材料的重要特性之一，磁性材料广泛用作电机的磁铁，计算机硬盘的磁记录介质，变压器的高磁导率材料，即使现在也是各国投入大量的人力物力财力进行研究和开发的材料。例如，今后燃料电池有望普遍应用于汽车上，作为电动汽车引擎，需要更强的磁铁。在更高度信息化社会，需要更高密度的磁记录介质；另外，为了环境保护和高效利用能源，需要具有更高能量转换效率的高磁导率材料用于变压器。磁铁具有磁性自古就被人们所认知，研究也在进行，但目前仍有许多事情尚未完全理解。在本实验中，为了理解磁性的基本原理，重点关注典型的磁性元素 Ni，测量其磁性能，同时评估添加 Cu 的 Ni-Cu 合金的磁性能，旨在了解电子数对其磁性的影响。

① 磁场

某个磁极 m 在磁场 H 中将受到力 F 的作用，此时，磁场强度 H 为

$$H = \frac{F}{m}$$

在磁场中放置磁体的话，磁体会被磁化，具有一定的磁化强度。此时，从外部施加的磁场强度与磁体的磁化强度之比称为磁化率(χ：量纲一的量)。每单位面积的磁通量即磁感应强度称为 B。磁感应强度 B 与磁场强度 H 成正比关系，在真空下磁场变为 n 倍时，H 及 B 也将变为 n 倍。由此，在真空中，B 和 H 具有下面的关系：

$$B = \mu_0 H$$

其中 μ_0 为真空磁导率。在磁性材料中，磁感应强度随磁化强度 M 而增加，因此，当存在磁性物质时，存在

$$\begin{aligned} B &= \mu_0 H + M = \mu_0 H + \chi H \\ &= (\mu_0 + \chi) H \\ &= \mu_0 \left(1 + \frac{\chi}{\mu_0}\right) H \\ &= \mu_0 (1 + \chi_r) H \\ &= \mu_0 \mu_r H \\ &= \mu H \end{aligned}$$

$\chi_r \left(= \dfrac{\chi}{\mu_0}\right)$称为相对磁化率，$\mu_r \left(= \dfrac{\mu}{\mu_0}\right)$为相对磁导率。软钢的相对磁导率 μ_r 约为 100，坡莫合金约为 10^6。图 27.9 显示了铁磁材料的 B-H 曲线。

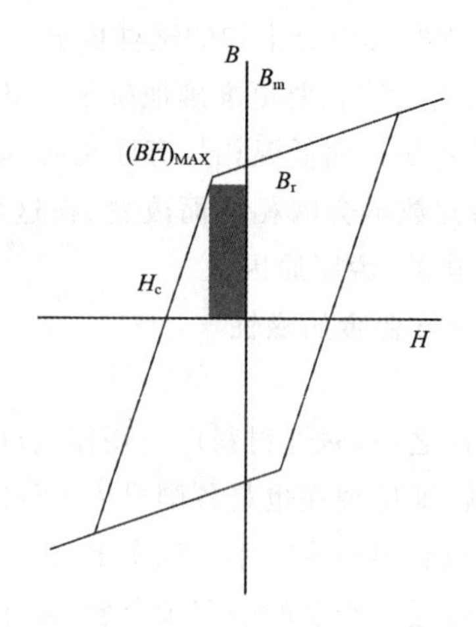

图 27.9　强磁材料 B-H 曲线示意图

② 磁性体的分类

磁性包括顺磁性、反磁性、铁磁性和反铁磁性。

顺磁性指在无磁场时，由于热振动，磁矩为零，但当施加磁场时，磁矩略微定向磁化。在强磁场中，磁矩完全整齐排列并饱和，并且即使磁场进一步增加，磁化也不会增加。当温度升高时，磁化降低，磁化率(χ)与温度(T)的关系 $\chi = \frac{C}{T}$(C:居里常数)成立，即磁化率与温度成反比。顺磁性的材料包括 Li、Mg、Al 等。

在反磁性中，在磁场中产生与磁场方向相反的磁矩，并以与磁场相反的方向被磁化。由于围绕原子核电子的岁差运动引起的磁矩总是与磁场相反，呈现出反磁性的性质，因此，物质都具有反磁性的性质。但是，在很多物质中，表现出的是超过该反磁性性质的顺磁性、铁磁性、反铁磁性性质，因此看不到反磁性效果。具有反磁性的材料有 Cu、Au、Ag、Be、Zn 和稀有气体元素等。

在铁磁性中，原子具有磁矩，并且磁矩在相邻原子之间必须是平行的。当两个原子彼此靠近时，如果电子轨迹重叠并且自旋方向相反，则泡利不相容原理允许两个电子占据相同的轨道。因此，电子离开原来原子的电子轨道可以进入另一个原子的电子轨道进行轨道交换，称为交换作用。根据物质的不同，电子自旋平行时的能量低于它们反平行时的能量，这种交换作用产生的能量被称为交换能量 E_{ex}，经交换积分可得：

$$E_{ex} = -2J_e S_1 S_2$$

式中，S_1 和 S_2 分别是原子 1 和 2 的合成自旋角动量。当 $J_e > 0$ 时，S_1 和 S_2 平行使 E_{ex} 最低，这就是铁磁性；而当 $J_e < 0$ 时，S_1 和 S_2 反平行使 E_{ex} 最低就是反铁磁性。

3d 元素 Mn、Fe、Co、Ni 的 J_e 如图 27.10 所示。J_e 的值很大程度上取决于电子轨道的大小和原子间距。

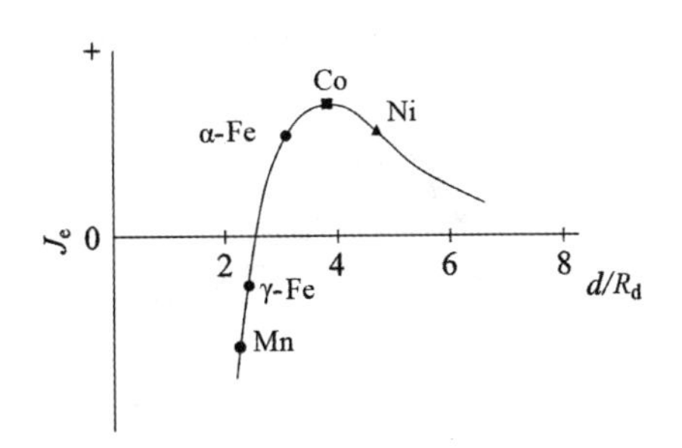

图 27.10　J_e 原子间距依赖性

因此，在原子间距小的 Mn 和 γ-Fe 中，自旋反平行的方向更稳定，表现出反铁磁性，而 α-Fe、Co、Ni、Gd、Th、Dy、Ho、Er 和 Tm 这些 3d 或 5f 元素，平行的方向更稳定，表现出铁磁性。在铁磁性中，具有自发磁化特性。通过热振动使自发磁化消失的温度称为居里温度。如果原子间距适当，Mn也能表现出铁磁性，赫斯勒(Heusler)化合物 Cu_2MnAl 就是由非铁磁性元素构成的磁体。反铁磁性与铁磁性相反，交换积分 J_e 为负，自旋反平行，相互抵消。反铁磁性也因热振动而排列紊乱，并且随着温度的升高变为顺磁性。反铁磁 - 顺磁转变温度称为奈尔(Neel) 温度 T_N。虽然自旋是反平行但自旋的大小不同，因此会发生自发磁化，称为铁氧体磁性，$MO \cdot Fe_2O_3$ 是重要的铁氧体磁性材料。

③Ni-Cu 合金的磁性

Ni 单质原子的电子结构为 $3d^8 4s^2$，能够容纳 2 个电子的 4s 轨道电子填满，能够容纳 10 个电子的 3d 轨道中有 8 个电子，因此有 2 个电子的空余空间。但对于金属 Ni，电子能带结构中的 4s 轨道发生扩展，所以实际上会有更多的电子进入 3d 轨道。3d 轨道可以容纳 5 个 ↑ 方向和 5 个 ↓ 方向的自旋电子，因为先满足 ↑ 或 ↓ 方向的自旋电子，它们的差别反映在磁性上。这个电子轨道上的空位被称为空穴。另一方面，Cu 的电子结构为 $3d^{10} 4s^1$，即使形成电子能带结构，由于 3d 轨道被电子填满，也不会出现磁性。如果将 Cu 添加到 Ni 里，此时由于 Ni 和 Cu 的 s 轨道的电子浓度相等，因此，有电子从 Cu 的 s 轨道排出，这些电子进入 Ni 的空穴。随着 Cu 的添加，Ni 的自旋方向差异减小，如果空穴全部由 Cu 电子所填充，则磁性消失。而且，由于磁性与空穴浓度成比例，如果知道磁性，则可以评估 Ni 中的空穴数及每个空穴的磁性。

通过以上描述我们知道，过渡金属的磁性与 3d 的空穴数有关，其直接对应于玻耳磁子数。3d 过渡金属的磁矩如图 27.11 所示。该图为著名的斯莱特 - 泡利(Slater-Pauling) 曲线，用来表示价电子数和磁的相关性。

④ 磁性测量

本实验中使用仪器为振动样品磁强计(Vibration Sample Magnetometer，VSM)，是由弗尼尔(Foner) 在 20 世纪 50 年代开发的。它是一种简单且高精度装置，是最常用的磁性能评估装置。VSM 的原理是在普通电磁铁产生的磁场中振荡试样并检测来自试样磁通量的变化。

当磁性物质被置于磁场 H 中时被磁化，并产生与磁场相反方向的磁场(反磁场)，此

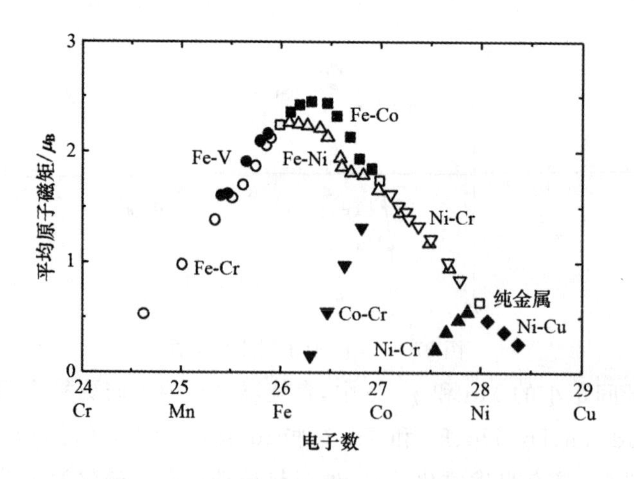

图 27.11 斯莱特-泡利曲线

时，磁性物质通过外加磁场和反磁场的实际磁场被磁化。在远离磁极的部分，反磁场的影响很小，靠近磁极的部分反磁场的影响很大，因此，反磁场的影响根据试样的形状发生变化。如果使用无限长的试样并且从纵向施加磁场，反磁场可以被忽略。但当使用的试样尺寸有限时，试样形状引起的反磁场是不能忽略的，并且必须进行校正。这里，为了简便，使用相同形状的标准试样(Ni)，并将其与文献值进行比较校正。

⑤ 铁磁性材料的种类

铁磁材料主要分为硬磁材料和软磁材料。硬磁材料就是所谓的磁铁。硬磁材料所需的性能举例如下：

· 剩余磁感应强度 B_T 大。
· 大的矫顽力 H_C。
· 最大磁能积$(BH)_{MAX}$ 要大。
· 高的磁转变温度(居里温度 T_c)。

B_T、H_C 和$(BH)_{MAX}$ 如图 27.9 的 B-H 曲线所示。为获得大的剩余磁化强度，需要较大的材料饱和磁化强度，因此，磁矩越大越好。磁化是通过壁移磁化和畴转磁化来进行，因此在没有畴壁的单畴粒子的情况下或在畴壁被沉淀物等捕获并且难以移动的情况下，同样期望矫顽力比较大。

软磁材料是用于例如变压器及磁性记录头等的材料，由于外加磁场的作用，需要轻易地使磁化向那个方向一致。也就是说，希望磁畴壁运动容易、磁化旋转容易并且磁滞损耗小。因此，要求阻碍畴壁运动的杂质和晶界少，磁晶各向异性、磁形状各向异性和磁弹效应(磁致伸缩) 等磁性各向异性要小。总结如下：

· 相对磁导率 μ_r 大。
· 饱和磁感应强度 B_r 大。
· 矫顽力 H_C 小。
· 磁各向异性小。
· 磁致伸缩常数小。

· 电阻大。

此外，还要考虑工作频率特性，所用功率等各种因素。

(2) 实验装置

实验室振动样品磁强计(VSM)，测量温度为室温。

(3) 实验试样

纯 Ni 和几种含 Cu 的 Ni-Cu 合金。

(4) 实验步骤

① 首先，测量试样 Ni 的质量和尺寸，将其放置在 VSM 的支架中，接着将支架放置在 VSM 上。请注意试样的上下和左右方向。测量温度设为室温。

② 给试样架抽真空。在测量时，由于使用的是强力电磁铁，所以要注意不要让磁性材料靠近电磁铁，也不要让手机等精密设备靠近电磁铁。

③ 采用上述相同的方式测量 Ni-Cu 合金。

④ 在分析中，使用从 DSC 获得的居里温度 T_c 或使用 Ni 的 T_c 文献值 358 ℃。假设室温下单位质量的饱和磁矩为 54.4 emu。

(5) 结果分析

① 根据得到的数据，求 B_T、B_r、H_C 和 $(BH)_{MAX}$。

② 假设 Ni 的每个原子的饱和磁矩为 0.6，从价电子数和磁性能的角度探讨每种 Ni-Cu 合金的磁矩是多少。

③ 假设 Ni 的单位质量的饱和磁矩为 54.4 emu，Ni-Cu 合金的单位质量饱和磁矩是多少？

④ 从获得的磁性能中估算出未知成分的 Ni-Cu 合金的成分。

⑤ 研究反磁场系数并估算所用试样的反磁场系数。

⑥ 如果在不使用铁磁性元素的情况下，利用 Mn、Cr 等材料制备磁铁，需要怎样条件的化合物？研究并分析实例。

【讨论事项】

(1) 列出由 DSC、XRD、VSM 分别求得的 Ni-Cu 合金的组成，考虑各自的实验误差及推测的准确性，讨论并确定组成。

(2) 分析居里温度，磁转换热量和磁矩之间的关系。

(3) 将晶格常数的精确测量结果与斯莱特－泡利曲线进行比较，研究晶格常数对磁性的影响。

(4) 写出对本实验各个项目及整体实验的感想。

实验 28　金属材料的腐蚀

【实验概要】

目前使用的金属材料基本上都是通过冶炼过程中还原金属的氧化物和硫化物等化合物的原料还原而成的。因此,大多数金属材料在使用过程中不可避免地有向热力学稳定的氧化物、硫化物和氢氧化物转变的趋势。但通过金属材料的合金化、表面处理和金属材料的环境调控等方法可以改变这种变化的速度。例如,如果能将 1 年内 1 mm 深度的金属变质控制在 100 年内 1 mm 的速度,就能大幅提高设备和构件的寿命和可靠性。

金属材料在一般环境中的腐蚀大致分为材料表面整体几乎均匀腐蚀的全面腐蚀和不均匀腐蚀的局部腐蚀。局部腐蚀包括点蚀、金属和非金属之间的间隙产生的间隙腐蚀、晶界优先溶解的晶界腐蚀、由机械因素的影响引起的应力腐蚀开裂(Stress Corrosion Cracking, SCC)和腐蚀疲劳等。

不锈钢是对全面腐蚀表现优秀的耐蚀性合金,无论是在工业中还是在家庭中都被广泛使用,但是在不同使用环境和热处理条件下,腐蚀以意料之外的速率进行,从而导致重大事故发生的例子也有很多。

材料腐蚀速率的表示方法有三种:平均腐蚀量、每年壁厚的减小量及根据法拉第定律将腐蚀量转换为电流得到的平均腐蚀电流密度。通过平均腐蚀量可计算出平均壁厚的减小量和平均腐蚀电流密度。

本实验以碳钢和不锈钢为实验材料,观察它们特有的几种腐蚀形式,学习腐蚀速率的测量方法和防腐方法等腐蚀科学基础知识。

【实验原理】

1. 腐蚀的电化学基础

金属腐蚀现象的本质是金属表面同时发生阳极反应和阴极反应,腐蚀速率就是在这种状态下的阳极反应和阴极反应的速率。

一般来说,腐蚀的阳极反应是使金属离子化的反应,其反应式为

$$M \longrightarrow M^{n+} + ne^- \text{(金属的电化学溶解)} \tag{28.1}$$

对于腐蚀的阴极反应,在氧化性水溶液中可用式(28.2)表示,在中性及碱性水溶液中可用式(28.3)表示,即

$$2H^+ + 2e^- \longrightarrow H_2 \tag{28.2}$$

$$O_2 + H_2O + 4e^- \longrightarrow 4OH^- \tag{28.3}$$

金属在水溶液中的腐蚀可以通过式(28.1)的阳极反应、式(28.2)及式(28.3)的阴极反应的任何组合来表示。

下面以铁在硫酸中的腐蚀为例进行讨论。在自然腐蚀状态下，如图28.1所示的阳极反应和阴极反应以电平衡的速率进行，则

$$Fe + 2H^+ \longrightarrow Fe^{2+} + H_2 \tag{28.4}$$

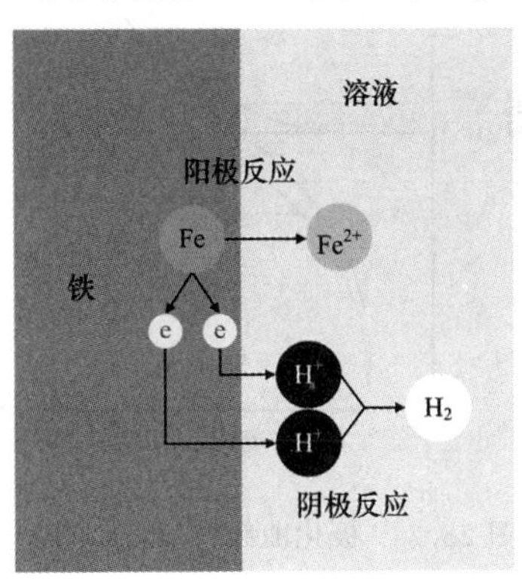

图28.1　氧化性溶液中铁的腐蚀

上述腐蚀反应进行时铁的电位(相对于参比电极的电位)作为腐蚀电位(E_{corr})，此时的腐蚀速率用电流表示称为腐蚀电流密度(i_{corr})。自然腐蚀状态的铁在外部电源的作用下会使腐蚀电位发生偏移(极化)，此时回路中的外部电流 i 可以用图28.2所示的内部阳极电流密度 i_a 和内部阴极电流密度 i_c 的总和表示，即

$$i = i_a + i_c \tag{5}$$

这里的外部电流是实际可以测量的电流，内部电流是不能单独测量的电流，习惯上，取阳极电流为正，阴极电流为负，i_a 和 i_c 对电位可以用指数函数表示，可以观察到如图28.2所示的外部电流 i。$i=0$ 时为腐蚀电位，此时阳极反应和阴极反应以 $i_a = i_c = i_{corr}$ 的速率进行，为了确定腐蚀速率 i_{corr}，有必要从实际测量的极化曲线(i-E 曲线)估算内部极化曲线(i_a-E 曲线，I_c-E 曲线)。当阳极反应和阴极反应是放电反应速率控制时，i_a 和 i_c 的电压依赖性为

$$i_a = i_{corr}\exp\left[\frac{\alpha_a nF(E - E_{corr})}{RT}\right] \tag{28.6}$$

$$i_c = - i_{corr}\exp\left[\frac{\alpha_c nF(E - E_{corr})}{RT}\right] \tag{28.7}$$

式中，α_a 和 α_c 分别是阳极反应和阴极反应的传递系数。

因此外部电流 i 为

$$i = i_{corr}\left\{\exp\left[\frac{\alpha_a nF(E - E_{corr})}{RT}\right] - \exp\left[\frac{\alpha_c nF(E - E_{corr})}{RT}\right]\right\} \tag{28.8}$$

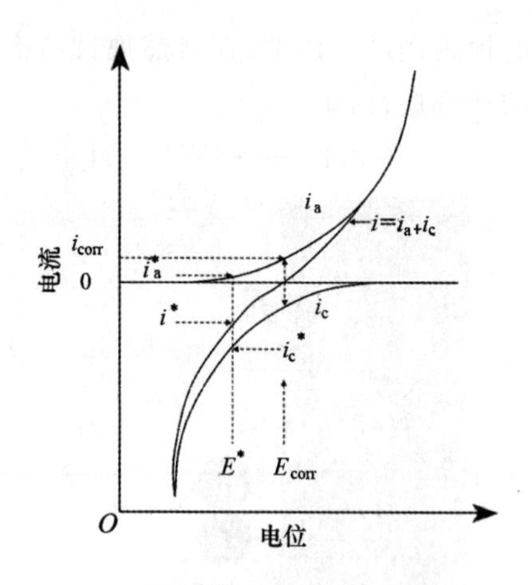

图 28.2　极化曲线(过电压范围)

2. 塔菲尔(Tafel)外推法

由式(28.8)的关系对 $\log|i|$-E 作图就得到图 28.3。若极化电位 E 和腐蚀电位 E_{corr} 之间的差值(过电压 $\eta = E - E_{corr}$)为正且足够大,则 $i = i_a$,在该电位范围内,根据式(28.6)可知 $\log|i|$-E 为直线。相反,若 η 为负且足够大,则 $i = i_c$,同样也为直线。阳极部分和阴极部分直线的斜率 b_a 和 b_c 称为塔菲尔斜率,并且由式(28.8)得出

$$(\text{阳极})b_a = \frac{2.303RT}{\alpha_a nF} \tag{28.9}$$

$$(\text{阴极})b_c = \frac{2.303RT}{\alpha_c nF} \tag{28.10}$$

图 28.3 通过外推阳极电流 i_a 和阴极电流 i_c 线性部分得到的交点即 i_{corr} 和 E_{corr}。通过外推这种方式测量极化曲线的线性部分,得到腐蚀电流 i_{corr} 的方法称为塔菲尔外推方法。

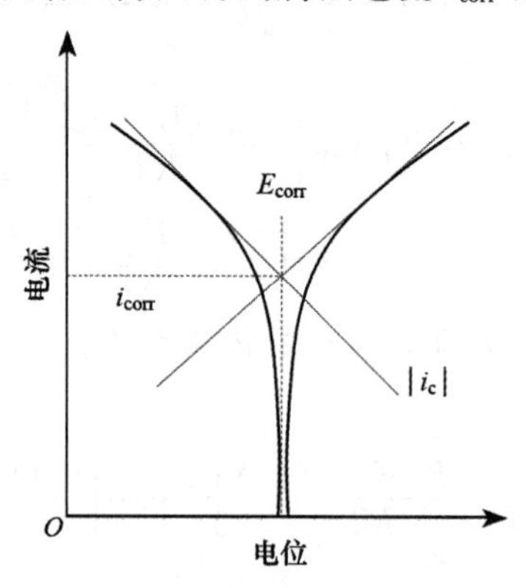

图 28.3　极化曲线(单对数)

3. 极化电阻法

与塔菲尔外推法从大极化的极化曲线外推得到腐蚀电流不同,极化电阻法是从

10 mV 以下的微极化时的电流 - 电位曲线确定腐蚀电流的方法。
接下来对该原理进行说明。

当过电压很小$\left(|\eta|\text{ 远远小于}\dfrac{RT}{\alpha_a F}、\dfrac{RT}{\alpha_c F}\right)$时，扩展表达式(28.8) 的指数项并忽略高阶项，则

$$i = i_{corr}\frac{nF(\alpha_a+\alpha_c)\eta}{RT} \tag{28.11}$$

即在 i 和 η 之间线性关系成立(图 28.4)，该直线的斜率定义为极化电阻，即

$$R_p \equiv \frac{\eta}{i} \tag{28.12}$$

因此，根据等式(28.11) 和式(28.12)，腐蚀电流 i_{corr} 由式(28.13) 表示为

$$i_{corr} = \frac{RT}{R_p nF(\alpha_a+\alpha_c)} \tag{28.13}$$

式(28.13) 中的 α_a、α_c 是利用从 $\log|i|$-E 图的线性部分获得塔菲尔斜率 b_a 和 b_c，并通过式(28.9) 和式(28.10) 确定的。因此，通过测量 R_p，则可利用式(28.13) 求得腐蚀电流。

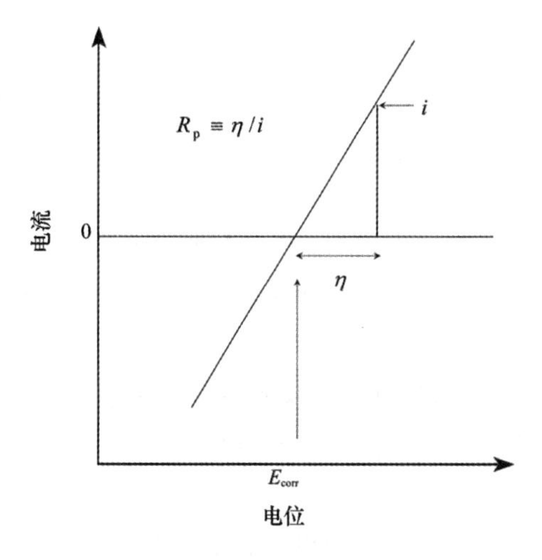

图 28.4　极化曲线(腐蚀电压附近)

【实验内容】

将金属材料浸入环境溶液中一段时间，并从浸渍前、后的质量变化确定材料的腐蚀速率的方法，是最简单易懂的腐蚀速率测量方法。本实验中将通过测量碳钢和 SUS304 不锈钢分别在硫酸和氯化钠水溶液中腐蚀失重来考查全面腐蚀速率。

【实验项目】

1. 实验项目一:碳钢的腐蚀

金属的防腐蚀方法,有像涂装那样使材料隔离水和氧气来防止腐蚀的方法,也有通过添加缓蚀剂等到环境中抑制腐蚀反应的方法以及电化学方式(阴极、阳极)防腐蚀的方法。在这个实验中将学习经常使用的阴极保护的原理及其效果。阴极保护有牺牲阳极法和通电法,前者是船体通常使用的防腐蚀法,为了防止材料(例如碳钢)被腐蚀,通过连接比它稳定性更低的金属(例如锌)成为阳极,被保护材料成为阴极而不被腐蚀的防护方法;后者是利用外部电源使待防腐材料极化成不发生阳极溶解的适当阴极电位的极化方法。也就是说,图 28.2 中 E^* 的电位极化时,阳极反应(金属的溶解反应)i_a^* 被抑制。此时,阴极反应以 i_c^* 的速度发生,因此需要的外部电流为 $i^* = i_a^* - i_c^*$。阴极保护的方法就是基于这一原理。实验中,锌板用作牺牲阳极,并进行碳钢的阴极防腐保护。

(1) 实验试样

3 cm×1 cm×0.1 cm 带孔板状碳钢板和一定尺寸锌板。溶液为 0.5 mol·L^{-1} 的 H_2SO_4 水溶液。

(2) 实验步骤

① 用 600 号砂纸打磨每个试样,接下来用游标卡尺测量每个试样的边长,计算表面积。浸在有机溶剂中用超声进行清洗脱脂,自然干燥后用天平称重。脱脂后注意不要再直接触碰试样表面。

② 将溶液置于 200 mL 烧杯中,用两端带有端夹的导线,连接碳钢试样和锌牺牲阳极,然后浸入溶液中,记录在溶液中的浸泡时间。注意整个过程都需要保持碳钢试样和锌牺牲阳极保持接触。

③ 经过预定时间后,取出试样并用自来水进行超声清洗以除去腐蚀产物。

④ 干燥后称重,并根据实验前、后的质量变化确定碳钢的平均腐蚀速率(g·cm^{-2}·h^{-1})。

(3) 结果分析

① 比较单独使用碳钢和附加牺牲阳极时碳钢的腐蚀速率。

② 根据锌和碳钢的内部阳极及内部阴极极化曲线解释牺牲阳极法防腐蚀的原理。

2. 实验项目二:根据极化曲线测量全面腐蚀速度

在硫酸和氯化钠水溶液中测量碳钢的极化曲线,用塔菲尔外推法和极化电阻法估算碳钢的腐蚀速率。

(1) 实验试样

嵌入树脂中的 1 cm×1 cm 的碳钢和 SUS304 不锈钢。溶液为 0.5 mol·L^{-1} 的 H_2SO_4 水溶液和 0.5 mol·L^{-1} 的 NaCl 水溶液

(2) 实验装置

如图 28.5 所示,测量单元由四口烧瓶、试样电极、铂对电极、银/氯化银参比电极和盐桥等组成。恒电位仪是一种自动控制电路,通过控制试样电极和对电极的电流,使试样

电极和参比电极，也就是试样电极和溶液的电位差为设定的值。

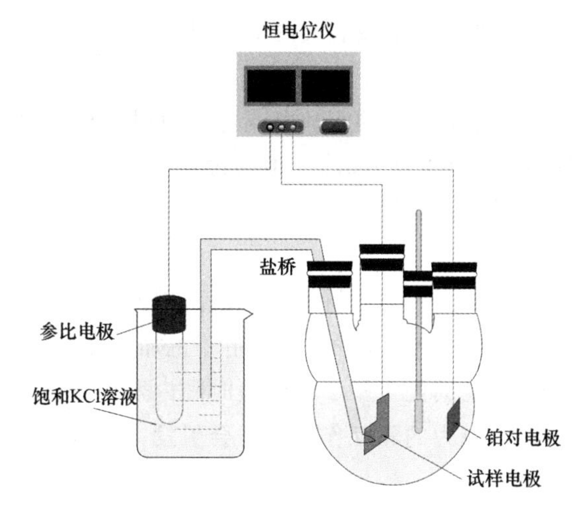

图 28.5　极化曲线测定装置

(3) 实验步骤

① 用 600 号砂纸研磨嵌入树脂中的碳钢，经表面积测量后在有机溶剂中超声清洗。

② 将试样电极和铂对电极放入单元中。

③ 将约 200 mL 电解液放入单元中并安装鲁金毛细管，确保毛细管尖的尖端不与试样表面接触，但距离要保持在 1 mm 以内。

④ 将中间液制成与单元相同的溶液，从盐桥的一端用吸液器慢慢吸引溶液，形成液路。

⑤ 将恒电位仪的夹子连接起来。再次检查毛细管尖端和试样表面是否超过 1 mm。

⑥ 用恒电位仪测量腐蚀电位。

⑦ 腐蚀电位基本稳定后，用恒电位仪在下列电位范围内进行试样极化。

利用塔菲尔外推法估算腐蚀速率时，实验环境溶液有两种，一种是 0.5 $mol \cdot L^{-1}$ 的 H_2SO_4 水溶液，另一种是 0.5 $mol \cdot L^{-1}$ 的 NaCl 水溶液。当实验溶液选择 0.5 $mol \cdot L^{-1}$ 的 H_2SO_4 水溶液而实验试样为碳钢时，在 −0.8 ～ −0.2 V 的电位范围内，以 25 mV 的间隔进行极化。对每个电位进行极化并在 30 s 后测量电流值。实验试样为 SUS304 不锈钢时，从浸渍电位至 −0.8 V 极化后，进行浸渍电位至 1.0 V 极化。各电位测量点的间隔设定为 50 mV。当实验溶液选择 0.5 $mol \cdot L^{-1}$ 的 NaCl 水溶液而实验试样为碳钢时，在负方向极化至 −1.2 V，然后取出试样，轻轻研磨电极表面，然后用有机溶剂超声清洁，并以 25 mV 间隔从腐蚀电位极化到 −0.2 V，并在 30 s 后测量电流值。当实验试样为 SUS304 不锈钢时，操作与0.5 $mol \cdot L^{-1}$ 的 H_2SO_4 水溶液的情况相同。

利用极化电阻法估算腐蚀速率时，在与上述相同的溶液中进行极化。极化电位范围与腐蚀电位相差 ±10 mV。测定用电位扫描法进行。

(4) 结果分析

① 分别仔细观察电流的变化和电极表面的变化。思考在各种情况下发生的反应。

② 找出塔菲尔斜率 b_a 和 b_c,计算传递系数 α_a 和 α_c。

③ 将塔菲尔外推法和极化电阻法的腐蚀电流与腐蚀损失测量的腐蚀速度进行比较。

④ 比较不同金属(碳钢,SUS304 不锈钢)的腐蚀速度。

3. 实验项目三:不锈钢的局部腐蚀

(1) 实验原理

由于不锈钢具有高化学稳定性和优异的耐腐蚀性,因此可用于许多装置和构件中。但据报道,在一定量氯离子的环境中使用的不锈钢,由于机加工和焊接等产生的远低于屈服强度的残余拉应力作用下,在几周到 1 ~ 2 年的短时间内发生了许多开裂事故,称为应力腐蚀开裂,这种情况在腐蚀和应力的相互作用下才会引发,而腐蚀或应力单独存在时不会发生。

SCC 的许多实验(加速实验)是在沸腾的 $MgCl_2$ 水溶液中进行的,这里使用的是在常温下比较容易进行实验的(H_2SO_4 + NaCl) 水溶液,观察浸泡弯曲成 U 形的试样的开裂形态等。

(2) 实验试样

试样:尺寸为 1.5 cm × 5 cm × 0.1 cm 的 SUS304 不锈钢板(2 片)。

溶液:2.0 mol·L^{-1} 的 H_2SO_4 水溶液和 2.0 mol·L^{-1} 的 H_2SO_4 水溶液 + 0.3 mol·L^{-1} 的 NaCl 水溶液。

(3) 实验步骤

① 将 SUS304 不锈钢板安装在固定的弯曲用夹具上,用螺旋式挤压模具,挤压试样直至变成 U 形。接下来,将丙烯酸树脂制成的支架放置在试样的平行部分(图 28.6),用来抑制试样的回弹,对试样施加一定的应力,在有机溶剂溶液中进行超声清洁脱脂。

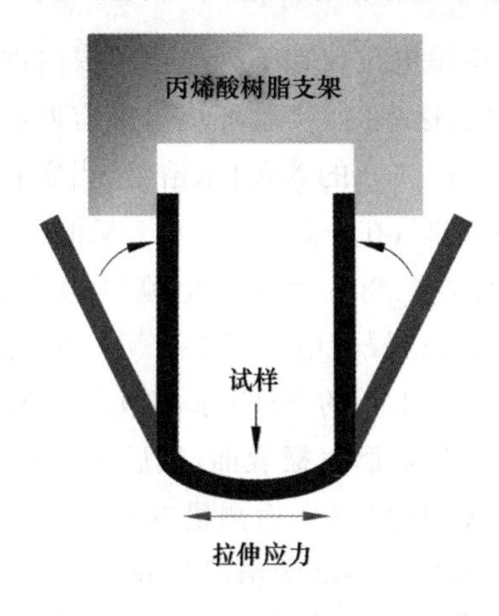

图 28.6 应力腐蚀开裂 U 形实验

②2.0 mol·L^{-1} 的 H_2SO_4 水溶液和 2.0 mol·L^{-1} 的 H_2SO_4 水溶液 + 0.3 mol·L^{-1} 的 NaCl 水溶液置于 100 mL 烧杯中并浸渍试样。

③ 一周后取出试样，用水冲洗后切割，横截面研磨至 1500 号砂纸，轻腐蚀后，用显微镜观察裂纹状态。

(4) 结果分析

① 用显微镜观察在何部位产生裂纹，根据 NaCl 的存在与否，确认产生了怎样的差异。

② 裂纹如何传播(晶内裂纹，晶界裂纹)。

4. 实验项目四：不锈钢的晶界腐蚀

SUS304 不锈钢在 400 ～ 800 ℃ 的温度下加热或从该温度范围逐渐冷却时会敏化，晶界容易被浸蚀。该种腐蚀在氧化性溶液或中性氯化物溶液如海水中出现较多，通常被称为晶间腐蚀。在许多情况下，使用含硫酸、硫酸铜和铜粉(施特劳斯实验)的溶液用作检测不锈钢对晶间腐蚀敏感性的试剂，本实验中，为了加速测试，我们通过在草酸溶液中通恒电流电解的腐蚀方法，来研究热处理后的不锈钢对晶间腐蚀的敏感性。

(1) 实验试样

尺寸为 1 cm × 3 cm × 0.1 cm 的 SUS304 不锈钢板。实验溶液为 10% 草酸溶液。

(2) 实验步骤

① 将不锈钢在 500、800 和 1 000 ℃ 的温度下保持 10 min，然后淬火。

② 将热处理后的不锈钢表面用砂纸研磨至 1000 号，并用有机溶剂超声清洗。

③ 使用试样作为阳极，在 10% 草酸溶液中，以 $1\ A \cdot cm^{-2}$ 的恒定电流密度进行电解腐蚀 90 s。

④ 从溶液中取出试样，用水冲洗，用显微镜观察晶界腐蚀程度。

(3) 结果分析

热处理温度的差异引起的晶间腐蚀有何不同?分析产生这种差异的原因。

5. 实验项目五：不锈钢的点蚀

在一般情况下，不锈钢通常是钝化状态的，但是在含有一定量氯离子或溴离子的环境中有形成深孔的倾向。本实验在具有不同氯离子浓度和氧化剂浓度的水溶液中进行 1 周的 SUS304 不锈钢浸渍实验，检查是否存在点蚀。

(1) 实验试样

尺寸为 1 cm × 3 cm × 0.1 cm 的 SUS304 不锈钢板。实验溶液的基础溶液为 $0.1\ mol \cdot L^{-1}$ 的 Na_2SO_4 水溶液(约 0.6 L)。通过向基础溶液中加入氯化钠和过氧化氢获得实验溶液：

① 基础溶液。

② $0.2\ mol \cdot L^{-1}$ 的 NaCl 水溶液。

③ $4.0\ mol \cdot L^{-1}$ 的 NaCl 水溶液。

④ 体积分数为 0.3 % 的 H_2O_2。

⑤ $0.2\ mol \cdot L^{-1}$ 的 NaCl 水溶液 + 体积分数为 0.3 % 的 H_2O_2。

⑥ $4.0\ mol \cdot L^{-1}$ 的 NaCl 水溶液 + 体积分数为 0.3 % 的 H_2O_2。

(2) 实验步骤

① 用600号砂纸打磨不锈钢表面后，浸泡在有机溶液中用超声清洗。

② 浸入给定的水溶液中，一周后取出，用显微镜检查是否存在点蚀，如果有，请观察点蚀的形式。(注意：为了防止非观察面点蚀，请事先用蜡覆盖这些面。)

(3) 结果分析

观察点蚀有无及形态，并将各溶液类型的结果整理成表格。

实验 29　埃林汉姆图

【实验概要】

为了直观地分析和考虑各种元素与氧的亲和能力，了解不同元素之间的氧化和还原关系，比较各种氧化物的稳定顺序，英国物理化学家哈罗德·埃林汉姆将氧化物的标准生成吉布斯自由能数值折合成元素与 1 mol 氧气反应的标准吉布斯自由能[变]，将之与温度的关系绘制成图，即埃林汉姆图(Ellingham Diagram)。很多高温热力学教科书里介绍了埃林汉姆图，但没有具体说明该图如何解读，对其画法的描述就更少了。本实验设置三个实验项目由浅入深地介绍埃林汉姆图的画法，从而更好地从基础理解该图的意义，并且使学生能够更自如地利用该图。

【实验项目】

本实验分为三个项目：

(1) 金属 / 金属氧化物系统的平衡氧分压。

(2) H_2/H_2O、CO/CO_2 系统的平衡氧分压。

(3) 复合氧化物、合金系的活度和平衡氧分压。

1. 实验项目一：金属 / 金属氧化物系统的平衡氧分压

(1) 实验概要

耐火材料主要由金属氧化物构成，可以在高温且严酷的环境下(还原性气体、腐蚀性气体) 使用。在这样情况下金属氧化物的化学稳定性能够由热力学解释。埃林汉姆图将多种氧化物的热力学状态放在一张图中表示，并且在图中能够读取这些氧化物的氧分压，该图也被称为氧化还原平衡图。

(2) 实验原理

考虑利用以下两种方法求解式(29.1) 的情况，即

$$ax + b = cx \tag{29.1}$$

把式(29.1) 变形求解时

$$x(a-c) = -b, x = -\frac{b}{a-c} \tag{29.2}$$

利用图进行求解时

$$y = ax + b, y = cx \tag{29.3}$$

从两条直线的交点就可得到解。

埃林汉姆图是将热力学数据作图，从图中求解热力学方程。图 29.1 为金属 / 金属氧化物系统的埃林汉姆图。

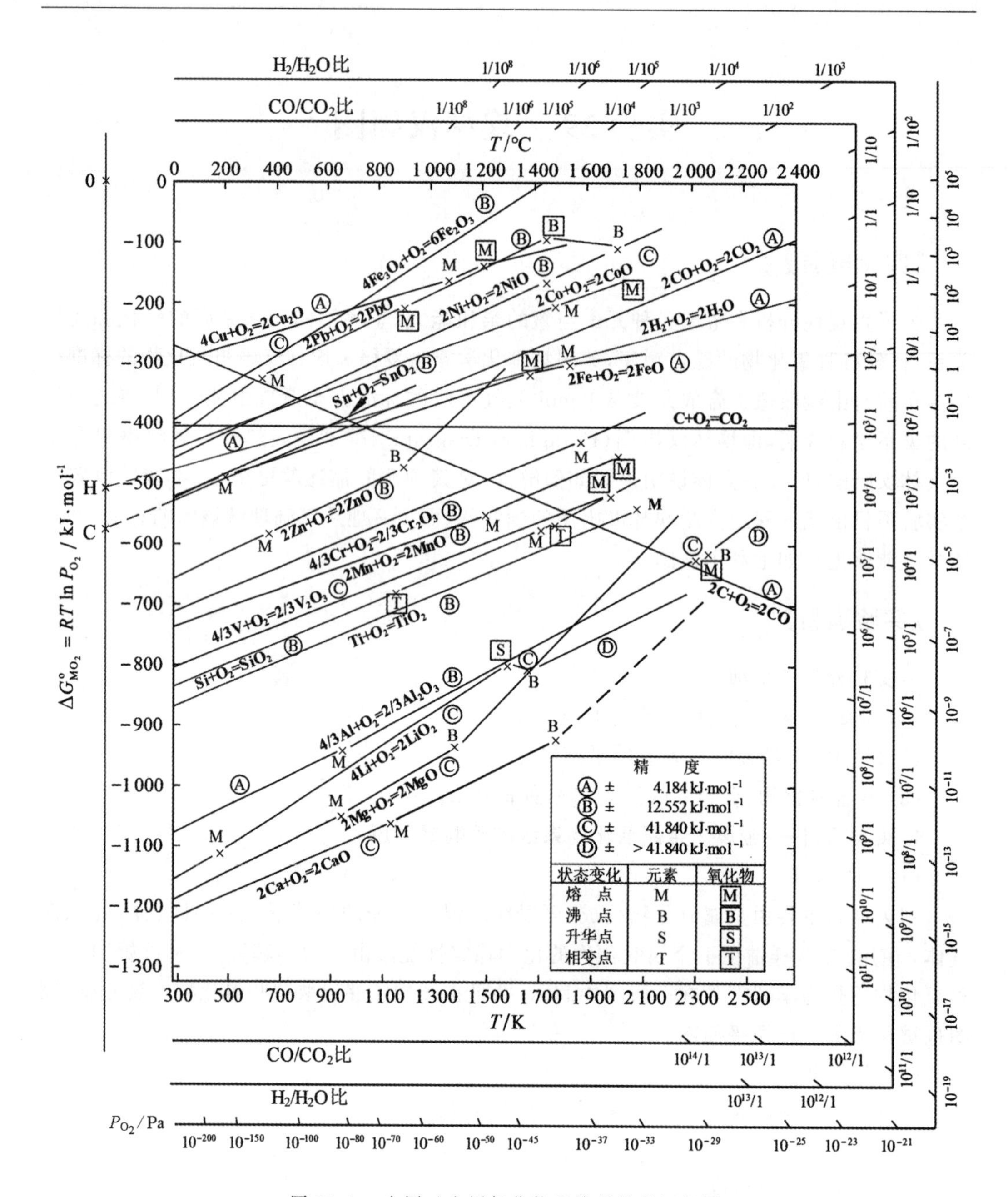

图 29.1　金属 / 金属氧化物系统的埃林汉姆图

① 金属 / 金属氧化物系统的热力学

金属的氧化反应：

$$M + O_2 = MO_2 \tag{29.4}$$

该反应的吉布斯自由能[变]为

$$\Delta G = G_{MO_2} - G_M - G_{O_2}$$
$$= (G^{\circ}_{MO_2} + RT\ln a_{MO_2}) - (G^{\circ}_M + RT\ln a_M) - (G^{\circ}_{O_2} + RT\ln a_{O_2}) \quad (29.5)$$

式中：G°_i 是物质 i 的标准吉布斯自由能，° 是标准状态，a_i 是物质 i 的活度。

平衡状态下 $\Delta G = 0$，式(29.5) 变形为

$$(G^{\circ}_{MO_2} - G^{\circ}_M - G^{\circ}_{O_2}) + RT\ln a_{MO_2} - RT\ln a_M = RT\ln a_{O_2}$$
$$\Delta G^{\circ}_{MO_2} + RT\ln a_{MO_2} - RT\ln a_M = RT\ln a_{O_2} \quad (29.6)$$

式中，$\Delta G^{\circ}_{MO_2} = G^{\circ}_{MO_2} - G^{\circ}_M - G^{\circ}_{O_2}$ 是反应式(29.4) 的标准吉布斯自由能[变]，也就是 MO_2 的标准生成吉布斯自由能。以温度为横轴，式(29.6) 的两边分别为纵轴绘图得到两条直线，两条直线的交点就是等式的解。由于要处理许多氧化反应，为了等式的右边保持一致，反应式(29.4) 要做成与 1 mol 的 O_2 反应的相关形式。

在图 29.1 的埃林汉姆图中，是纯金属氧化生成纯氧化物，$a_M = 1$，$a_{MO_2} = 1$，将氧看作理想气体，P 为分压，因为 $a_{O_2} = \frac{P_{O_2}}{P^{\circ}}$ ($P^{\circ} = 0.1$ MPa)，因此有

$$\Delta G^{\circ}_{MO_2} = RT\ln P_{O_2} \quad (29.7)$$

这样，标准生成吉布斯自由能就有了比较简单的表达形式。

② 埃林汉姆图的绘制方法

用图求解式(29.7) 的过程，就可以得到埃林汉姆图。

首先利用热力学数据，把等式左边的 $\Delta G^{\circ}_{MO_2}$ ($= H^{\circ}_{MO_2} - TS^{\circ}_{MO_2}$) 值对温度作图。在绝对零度轴上(图外左侧的竖线) 的截距是反应的标准焓[变]$\Delta H^{\circ}_{MO_2}$，斜率是反应的标准熵[变]$\Delta S^{\circ}_{MO_2}$，符号为负。

对于等式右边的 $RT\ln P_{O_2}$，从绝对零度轴上的原点(以 0× 表示，0 kJ) 以 $R\ln P_{O_2}$ 为斜率画直线。把这条直线延伸到埃林汉姆图的 P_{O_2} 轴(在图外右侧适当距离画的一条线)，P_{O_2} 的值可以从刻度中读出。

(3) 实验内容

采用 Ni/NiO 系统进行埃林汉姆图的绘制。该系统的反应为

$$2Ni + O_2 = 2NiO \quad (29.8)$$

表 29.1 为作图所需要的热力学数据。

表 29.1　Ni、NiO 和 O_2 的标准吉布斯自由能 [G°_i/(kJ · mol^{-1})]

物质	T/K			
	298	500	1 000	1 500
Ni	−8.9	−16.5	−45.0	−82.1
NiO	−251.0	−261.5	−304.7	−362.1
O_2	−61.2	−104.3	−220.9	−346.5

(4) 实验步骤

(A) 画埃林汉姆图的图框。(图 29.2)

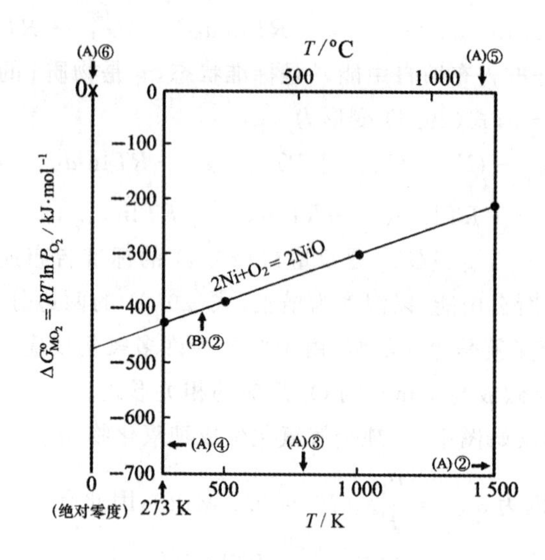

图 29.2　埃林汉姆图的图框和 Ni/NiO 的标准生成吉布斯自由能[变]

① 准备深、浅两色的铅笔、尺和 A4 方格纸(横向用纸)。

② 首先较浅地画一个长 15 cm、宽 14 cm 的长方形,并将左、右两侧的纵轴描深。

③ 在下侧的横轴上标上 0～1 500 K 的刻度。将 273 K(0 ℃)～1 500 K 的区间描深。

④ 在横轴 273 K(0 ℃) 处垂直画一条线,并在上面标上 0 ～− 700 kJ 的刻度。

⑤ 上侧的横轴 273 K 的位置作为 0 ℃,向右侧以 ℃ 为单位标上刻度,将这一部分描深。

⑥ 左上角的点标上 ×,并在旁边写上 0。在左侧纵轴的正下方写上“绝对零度”。以上就是埃林汉姆图的图框绘制。

(B) 画出表示式(29.8) 的反应[式(29.7) 左边对应的反应] 的标准吉布斯自由能[变] 的直线。(图 29.2)

① 用表 29.1 的值,计算出各温度下的 ΔG°_{298}($= 2G^{\circ}_{NiO} - 2G^{\circ}_{Ni} - G^{\circ}_{O_2}$)。

② 计算值是 − 423.0 kJ(298 K)、− 385.7 kJ(500 K)、− 298.5 kJ(1000 K) 和 − 213.5 kJ(1 500 K)。把这些点放到图表上,在 0 K ～ 1 500 K 的区间用较浅的线连接起来,在 273 K(0 ℃) ～ 1 500 K 的区间中,用线描深。

注 1:左侧纵轴的截距表示的是该反应的标准焓[变](ΔH°_{298}),斜率是反应的标准熵变(ΔS°_{298}) 的负数。

③ 这样就画出了式(29.7) 左边的直线。

注 2:如果各种金属的氧化反应按照这样的顺序画在一张图上,就成图 29.1 一样的埃林汉姆图。

(C) 画出(式 29.7) 右边的直线。(画出不同氧分压对应的直线)(图 29.3)

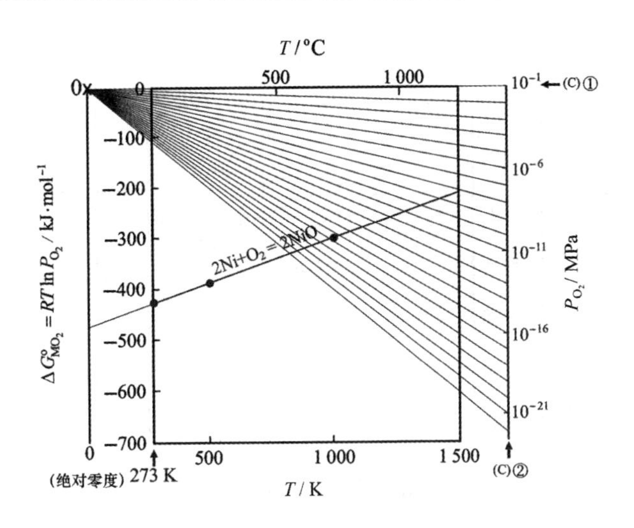

图 29.3　埃林汉姆图中不同氧分压对应的直线群

① 对于式(29.7)右边的 $RT\ln P_{O_2}$,以 0×(0 kJ)为原点,氧分压对应的 $R\ln P_{O_2}$ 为斜率画直线。氧分压为 $P_{O_2}=10^{-1}$ MPa 的时候,斜率是 0,就变成了以 0× 为端点(对应 0 kJ),沿着上侧横轴的一条线。在图框外右侧的任意位置画一条垂直的加深线,将斜率为 0 的直线延伸到这条线上。该交点就是 $P_{O_2}=10^{-1}$ MPa 的刻度。这条直线就是埃林汉姆图的 P_{O_2} 轴。

② 按照 $P_{O_2}=10^{-1},10^{-2},10^{-3},\cdots$ MPa 的顺序依次计算 $R\ln P_{O_2}$,即斜率,以 0× 为端点画出较浅的线,和 P_{O_2} 轴的交点就是氧分压的刻度。

③ 以上就完成了作图,把之前所有画的较浅的线擦去后,就是埃林汉姆图。

(5) 结果分析

利用图 29.4 的埃林汉姆图,求 1 000 ℃(1 273 K)时式(29.8)反应的平衡氧分压。首先,在式(29.8)反应的标准吉布斯自由能[变]直线上标出 1 000 ℃ 对应的点,即为 N 点。用尺画线连接 0× 点和 N 点,并延伸至右外侧的 P_{O_2} 轴,读取数值。读取的值大约为 4×10^{-12} MPa[这条直线的斜率是 $R\ln(4\times10^{-11})$]。这样就用图解出了式(29.7)在 1 000 ℃ 的数据。

①800 ℃ 的情况会怎样。答案:比 10^{-15} MPa 稍微低一些的值。

② 当氧的分压为 10^{-21} MPa 时,温度在多少度以上才能还原 NiO,用图示法求解。[答案:约 850 K(577 ℃)]

2. 实验项目二:H_2/H_2O,CO/CO_2 系统的平衡氧分压

(1) 实验概要

耐火材料等高温材料经常应用在高温燃烧气氛围中,在这种氛围中,存在大量的 H_2、H_2O、CO 和 CO_2,根据平衡条件可确定氧分压。本实验将对上述系统中描述气体成分的混合比和氧分压之间关系的埃林汉姆图进行说明。

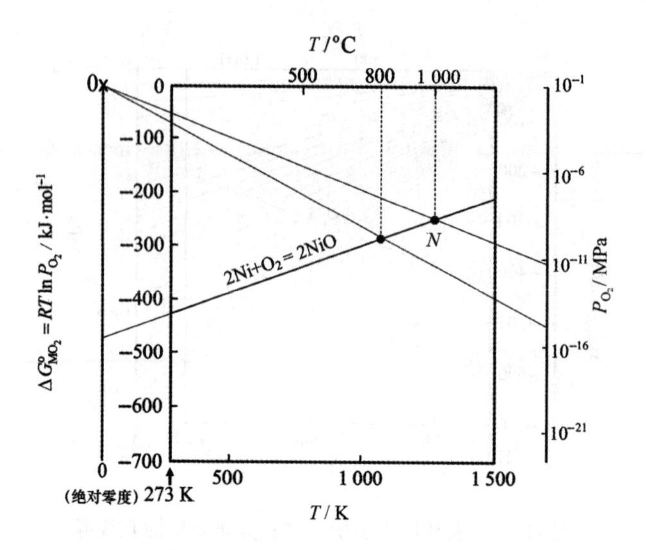

图 29.4　用埃林汉姆图读取 Ni/NiO 的平衡氧分压的方法

(2) 实验原理

①H_2/H_2O 体系的热力学

H_2/H_2O 体系中的反应

$$2H_2 + O_2 = 2H_2O \tag{29.9}$$

反应式(29.9) 中反应的吉布斯自由能[变] 可由如下式进行计算：

$$\begin{aligned}\Delta G &= 2G_{H_2O} - 2G_{H_2} - G_{O_2} \\ &= 2(G^\circ_{H_2O} + RT\ln a_{H_2O}) - 2(G^\circ_{H_2} + RT\ln a_{H_2}) - (G^\circ_{O_2} + RT\ln a_{O_2})\end{aligned} \tag{29.10}$$

式中，G°_i 是物质 i 的标准吉布斯自由能[变]，° 是标准状态，a_i 是物质 i 的活度。

平衡时 $\Delta G = 0$，(式 29.10) 变为

$$\begin{aligned}(2G^\circ_{H_2O} - 2G^\circ_{H_2} - G^\circ_{O_2}) - 2RT\ln\frac{a_{H_2O}}{a_{H_2}} &= RT\ln a_{O_2} \\ 2\Delta G^\circ_{H_2O} - 2RT\ln\frac{a_{H_2O}}{a_{H_2}} &= RT\ln a_{O_2}\end{aligned} \tag{29.11}$$

式中，$2\Delta G^\circ_{H_2O}$ 是式(29.9) 的标准吉布斯自由能[变]，$\Delta G^\circ_{H_2O} = G^\circ_{H_2O} - G^\circ_{H_2} - \frac{1}{2}G^\circ_{O_2}$ 是 H_2O 的标准生成吉布斯自由能。把气体成分看作理想气体，P 为分压，因为 $a_i = \frac{P_i}{P^\circ}$($P^\circ$ = 0.1 MPa)，于是式(29.11) 变为

$$2\Delta G^\circ_{H_2O} - 2RT\ln\frac{P_{H_2}}{P_{H_2O}} = RT\ln P_{O_2} \tag{29.12}$$

②CO/CO_2 体系的热力学

CO/CO_2 系统内的反应为

$$2CO + O_2 = 2CO_2 \tag{29.13}$$

(3) 实验步骤

(A) 构建框图

① 参照实验项目一的(A) 构建框图。

② 与实验项目一的(C) 相同,在框图与 P_{O_2} 轴之间任意位置画两条垂直的深线,框图旁边的线定为 CO/CO_2 的比轴,P_{O_2} 轴旁边的线定为 H_2/H_2O 的比轴。

(B) 用式(29.12) 左边作图(首先讨论 $\frac{P_{H_2}}{P_{H_2O}}=1$ 时的情况)

表 29.2　H_2、H_2O 和 O_2 的标准吉布斯自由能 $[G^\circ_i/(kJ \cdot mol^{-1})]$

物质	T/K			
	298	500	1 000	1 500
H_2	−39.0	−67.0	−145.5	−229.0
H_2O	−298.2	−338.2	−448.7	−568.9
O_2	−61.2	−104.3	−220.9	−346.5

用表 29.2 中 $H_2(g)$、$H_2O(g)$ 及 $O_2(g)$ 标准吉布斯自由能作图。

① 此时,式(29.12) 左边为 $2\Delta G^\circ_{H_2O}$,用表 29.2 的值,计算各温度下的 $2\Delta G^\circ_{H_2O}$ 值 $(2\Delta G^\circ_{H_2O}=2G^\circ_{H_2O}-2G^\circ_{H_2}-G^\circ_{O_2})$。

② 计算值分别为 −457.2 kJ(298 K)、−438.1 kJ(500 K)、−385.5 kJ(1 000 K) 和 −329.1 kJ(1 500 K)。将这些点在图中标出,首先用细直线将这些点连接并延长到 0 K 到 1 500 K,然后将 273 K (0 ℃) 到 1 500 K 这段线描粗。

③ 用粗线描出的这部分为埃林汉姆图(图 29.1) 表示的反应式(29.1) 的标准吉布斯自由能[变]。

④ 直线与绝对零度轴($T=0$ K) 交点为 H×,此点为反应式(29.1) 的标准焓[变],记为 ΔH°。

⑤ 直线到 H_2/H_2O 轴用细线,外插的交点为 $\frac{P_{H_2}}{P_{H_2O}}$ 的值,刻度为 $\frac{1}{1}$。

(C) 用式(29.12) 的左边作图 $\left(当\frac{P_{H_2}}{P_{H_2O}}\neq 1 时\right)$

① 此时,式(29.12) 左边为 $2\Delta G^\circ_{H_2O}-2RT\ln\left(\frac{P_{H_2}}{P_{H_2O}}\right)$,接下来取不同的 $\frac{P_{H_2}}{P_{H_2O}}$ 来计算对应 $2\Delta G^\circ_{H_2O}-2RT\ln\left(\frac{P_{H_2}}{P_{H_2O}}\right)$ 的值,并在埃林汉姆图上画出直线。这对应于(A) 中绘制的 $2\Delta G^\circ_{H_2O}$ 的直线,只是直线斜率用 $-2R\ln\left(\frac{P_{H_2}}{P_{H_2O}}\right)$ 加以修正。

② 斜率的修正量为

$$-2RT\ln\left(\frac{P_{H_2}}{P_{H_2O}}\right)=-2\times 8.3\times 2.3\log\left(\frac{P_{H_2}}{P_{H_2O}}\right)=-38.2\log\left(\frac{P_{H_2}}{P_{H_2O}}\right) J\cdot K^{-1}$$

③ $\frac{P_{H_2}}{P_{H_2O}}=\frac{10}{1}$时，对斜率修正量为$-38.2\log\left(\frac{10}{1}\right)=-38.2\ \mathrm{J\cdot K^{-1}}$，意味着，1 000 K时对$2\Delta G^{\circ}{}_{H_2O}$修正量为$-38.2$ kJ。

④ 在(B)的(2)中减去的相对于$2\Delta G^{\circ}{}_{H_2O}$的粗线在1 000 K的值，并将$-385$ kJ经-38.2 kJ校正后得到的-429.7 kJ标记在1 000 K的位置。将连接此点与H×的细线外插至H_2/H_2O轴，交点为$\frac{P_{H_2}}{P_{H_2O}}$的值，刻度为$\frac{10}{1}$。

$$2\Delta G^{\circ}{}_{H_2O}-2RT\ln\left(\frac{P_{H_2}}{P_{H_2O}}\right)=-385.5\ \mathrm{kJ}-38.2\ \mathrm{kJ}=-423.7\ \mathrm{kJ}$$

将这一点在图中找到，连接此点与H×，与H_2/H_2O轴相交，标记此比值为$\frac{10}{1}$。

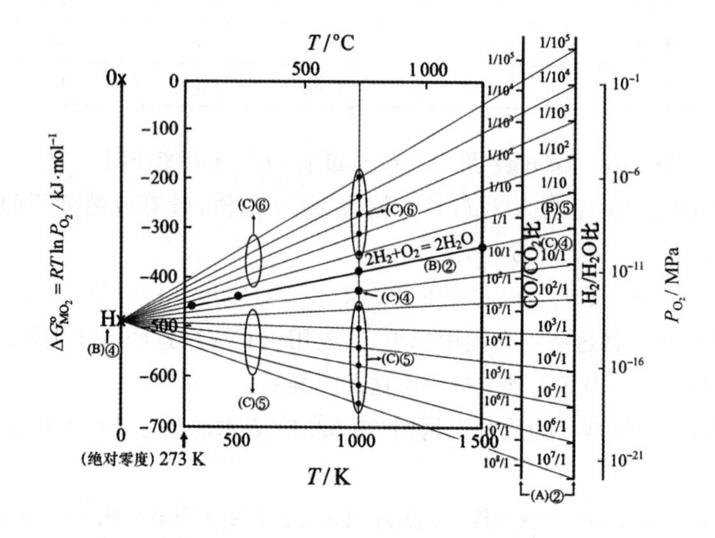

图 29.5　埃林汉姆图中对应不同H_2/H_2O比值的直线系

⑤ 对于$\frac{P_{H_2}}{P_{H_2O}}=\frac{10^2}{1},\frac{10^3}{1}\cdots$，对应修正量为$2\times(-38.2)$ kJ，$3\times(-38.2)$ kJ，…，与式(29.12)同样在$2\Delta G^{\circ}{}_{H_2O}$对应粗线下方绘出细线，这些细直线与$H_2/H_2O$轴相交，交点刻度对应$\frac{P_{H_2}}{P_{H_2O}}$的值。

⑥ 对于$\frac{P_{H_2}}{P_{H_2O}}=\frac{1}{10},\frac{1}{10^2},\frac{1}{10^3},\cdots$，应在$2\Delta G^{\circ}{}_{H_2O}$对应粗线上方绘出细线，这些细线与$H_2/H_2O$轴相交，交点刻度对应$\frac{P_{H_2}}{P_{H_2O}}$的值。

⑦ 擦去细线，就得到了H_2/H_2O体系的埃林汉姆图(图 29.5)。

⑧ 对于CO/CO_2系统，相当于把H_2/H_2O热力学体系中的H_2用CO代替，H_2O用CO_2代替。同样，$2\Delta G^{\circ}{}_{H_2O}$用$2\Delta G^{\circ}{}_{CO}$代替，$\frac{P_{H_2}}{P_{H_2O}}$用$\frac{P_{CO}}{P_{CO_2}}$代替。这样，就可以用$H_2/H_2O$体系

中同样的方法将 CO/CO_2 的比值绘制在 CO/CO_2 的轴上。用表 29.3 的数值绘图，完成后如图 29.6 所示。

表 29.3　CO、CO_2 和 O_2 的标准吉布斯自由能 [G°_{i}/(kJ · mol^{-1})]

物质	T/K			
	298	500	1 000	1 500
CO	−169.5	−211.0	−323.4	−444.3
CO_2	−457.2	−502.6	−629.4	−770.1
O_2	−61.2	−104.3	−220.9	−346.5

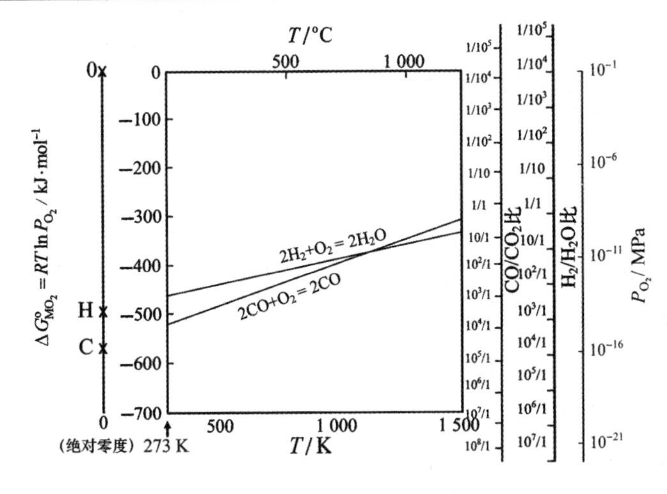

图 29.6　CO/CO_2 与 H_2/H_2O 的埃林汉姆图

(4) 结果分析

(A) 实验项目一中，利用埃林汉姆图得知在 1 000 ℃(1 273 K) 时，Ni/NiO 体系中平衡时的氧分压大约是 4×10^{-12} MPa。利用 H_2/H_2O 系的反应式(29.9)，为了得到这个平衡氧分压，那么 H_2/H_2O 的混合比，$\dfrac{P_{H_2}}{P_{H_2O}}$ 应该是多少？另外，CO/CO_2 体系会怎样？具体做法如图 29.7 所示。

①$2Ni+O_2 = 2NiO$ 反应的标准吉布斯自由能[变]的直线上，在 $T=1\ 000$ ℃ 时的点标为 N 点。连接 H× 与 N，外推与 $\dfrac{P_{H_2}}{P_{H_2O}}$ 轴相交，读出交点的值，约为 $\dfrac{P_{H_2}}{P_{H_2O}}=\dfrac{1}{10^2}$。

温度为 1 000 ℃ 时，$2Ni+2H_2O = 2NiO+2H_2$ 反应的平衡条件与下式两边的直线的交点相对应。

② $2G^{\circ}_{NiO}-2G^{\circ}_{Ni}-G^{\circ}_{O_2}=(2G^{\circ}_{H_2O}-2G^{\circ}_{H_2}-G^{\circ}_{O_2})-2RT\ln\left(\dfrac{P_{H_2}}{P_{H_2O}}\right)$

③ 对于 CO/CO_2 体系，连接 C× 与 N 点的直线与 $\dfrac{P_{CO}}{P_{CO_2}}$ 相交，读出交点的值，答案约为 $\dfrac{P_{CO}}{P_{CO_2}}=\dfrac{1}{10^2}$。

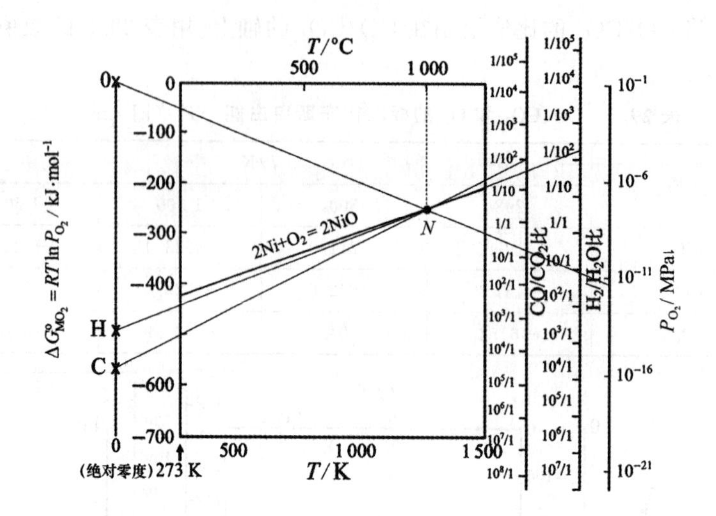

图 29.7　利用埃林汉姆图得到 Ni/NiO 体系中 $\frac{P_{H_2}}{P_{H_2O}}$ 与 $\frac{P_{CO}}{P_{CO_2}}$ 的方法

(B) 用含 1.0×10^{-4} 水蒸气(露点：−42 ℃) 的氢气，可以还原怎样的金属氧化物?这可在金属 / 金属氧化物埃林汉姆图中查找。

① 在上述氛围中 $\frac{P_{H_2}}{P_{H_2O}}=\frac{10^4}{1}$。

② 在埃林汉姆图中，连接 $\frac{P_{H_2}}{P_{H_2O}}$ 轴上 $\frac{10^4}{1}$ 点与 H × 点。

③ 位于这条直线上方的氧化物可被还原，下方的氧化物则不能被还原。

④ Cr_2O_3 在 900 ℃ 以上 MnO 在 1 200 ℃ 以上，SiO_2 在 1 550 ℃ 以上，Al_2O_3 在2 100 ℃ 以上可以被还原。

⑤ 需要注意的是，与 Ti 平衡的 Ti 的氧化物为 TiO，在埃林汉姆图中此反应被写为 $Ti+O_2 = TiO_2$，正确的写法应该是 $2Ti+O_2 = 2TiO$。同样，与 V 平衡的氧化物为 VO。

⑥ 此处使用的氢气是非常干燥的气体，在还原过程中，因为有 H_2O 产生，这会使 $\frac{P_{H_2}}{P_{H_2O}}$ 下降，因此，实际上不可能用氢气还原。可以利用电解法等电化学的还原方法。

3. 实验项目三：复合氧化物、合金系的活度和平衡氧分压

(1) 实验概要

以耐火材料为代表的高温材料是由复合氧化物组成的，也包括金属材料、合金或金属间化合物。因此，考虑成分的活度至关重要。接下来说明，在考虑活度时如何使用埃林汉姆图。

(2) 实验原理

① 复合氧化物的氧化还原

复合氧化物中的 FeO 的还原变难了。以 $FeCr_2O_4$ 为例。$FeCr_2O_4$ 还原后再氧化得到

FeO 时，有

$$2Fe + O_2 = 2FeO \tag{29.14}$$

$$2G^{\circ}_{FeO} - 2G^{\circ}_{Fe} = RT\ln a_{O_2} \tag{29.15}$$

由上式可知，反应在低氧分压下发生。反应式(29.16) 的逆反应是还原过程，正反应是氧化过程。

$$2Fe + O_2 + 2Cr_2O_3 = 2FeCr_2O_4 \tag{29.16}$$

上式的吉布斯自由能[变] 为

$$\begin{aligned}\Delta G &= 2G_{FeCr_2O_4} - 2G_{Fe} + G_{O_2} - 2G_{Cr_2O_3} \\ &= 2(G^{\circ}_{FeCr_2O_4} + RT\ln a_{FeCr_2O_4}) - 2(G^{\circ}_{Fe} + RT\ln a_{Fe}) - (G^{\circ}_{O_2} + RT\ln a_{O_2}) - \\ &\quad 2(G^{\circ}_{Cr_2O_3} + RT\ln a_{Cr_2O_3})\end{aligned} \tag{29.17}$$

反应式(29.16) 中，$a_{Fe} = a_{Cr_2O_3} = a_{FeCr_2O_4} = 1$，平衡状态下 $\Delta G = 0$，式(29.17) 可以变形为

$$2G^{\circ}_{FeCr_2O_4} - 2G^{\circ}_{Fe} - G^{\circ}_{O_2} - 2G^{\circ}_{Cr_2O_3} = RT\ln a_{O_2} \tag{29.18}$$

式中，左边是反应式(29.16) 的标准吉布斯自由能[变]。

②$FeCr_2O_4$ 中 FeO 的活度及氧化还原

对于反应式(29.16) 还可以理解为，在 Cr_2O_3 存在时，Fe 发生氧化反应生成 $FeCr_2O_4$。$FeCr_2O_4$ 可表示成 $FeO \cdot Cr_2O_3$，即当作 FeO 和 Cr_2O_3 的固溶体(具有规则的晶体结构) 来处理。此时，有

$$FeO + Cr_2O_3 = FeCr_2O_4 \tag{29.19}$$

上式的平衡热力学关系式为

$$\begin{aligned}\Delta G &= (G^{\circ}_{FeCr_2O_4} + RT\ln a_{FeCr_2O_4}) - (G^{\circ}_{Feo} + RT\ln a_{FeO}) - (G^{\circ}_{Cr_2O_3} + RT\ln a_{Cr_2O_3}) \\ &= G^{\circ}_{FeCr_2O_4} - G^{\circ}_{FeO} - G^{\circ}_{Cr_2O_3} - RT\ln a_{FeO} = 0\end{aligned} \tag{29.20}$$

此时，$a_{FeCr_2O_4} = a_{Cr_2O_3} = 1$。将式(29.20) 带入式(29.18) 可得：

$$\begin{aligned}&2(G^{\circ}_{FeO} + G^{\circ}_{Cr_2O_3} + RT\ln a_{FeO}) - G^{\circ}_{Fe} - G^{\circ}_{O_2} - 2G^{\circ}_{Cr_2O_3} \\ &= 2G^{\circ}{}_{FeO} - G^{\circ}_{Fe} - G^{\circ}_{O_2} + 2RT\ln a_{FeO} = RT\ln a_{O_2}\end{aligned} \tag{29.21}$$

对此，将 $FeCr_2O_4$ 中的 FeO 用 $\underline{FeO}$ 表示。可得：

$$2Fe + O_2 = 2\,\underline{FeO} \tag{29.22}$$

式(29.21) 给出了活度为 a_{FeO} 的 FeO 发生还原反应时的氧分压。这对先前描绘的直线[图 29.8 中的(A)③] 做出了 $2RT\ln a_{FeO}$ 的修正。

③Fe-Cr 合金氧化形成的 Cr_2O_3 保护膜的稳定性(活度越下降，合金中的成分越难氧化)。

Cr_2O_3 保护膜一旦形成，氧化速度变得极其缓慢，耐氧化性提高。但是，长时间的氧化会使合金 /Cr_2O_3 界面处合金中的 Cr 的浓度(Cr 的活度) 降低，在界面处生成 $FeCr_2O_4$，Cr_2O_3 保护膜会逐渐剥离失去耐氧化性。下面通过埃林汉姆图来进一步理解这一现象。

Cr 的氧化反应为

$$\frac{4}{3}Cr + O_2 = \frac{2}{3}Cr_2O_3 \tag{29.23}$$

该反应的吉布斯自由能[变]为

$$\Delta G = \frac{2}{3}G_{Cr_2O_3} - \frac{4}{3}G_{Cr} - G_{O_2} = \frac{2}{3}(G^{\circ}{}_{Cr_2O_3} + RT\ln a_{Cr_2O_3}) - \frac{4}{3}(G^{\circ}{}_{Cr} + RT\ln a_{Cr}) - (G^{\circ}{}_{O_2} + RT\ln a_{O_2})$$

$$= \frac{2}{3}G^{\circ}{}_{Cr_2O_3} - \frac{4}{3}G^{\circ}{}_{Cr} - G^{\circ}{}_{O_2} - \frac{4}{3}RT\ln a_{Cr} - RT\ln a_{O_2} = 0 \qquad (29.24)$$

此时，$a_{Cr_2O_3} = 1$。

(3) 实验步骤

(A)FeO 和 $FeCr_2O_4$ 的氧化还原及埃林汉姆图(图 29.8)

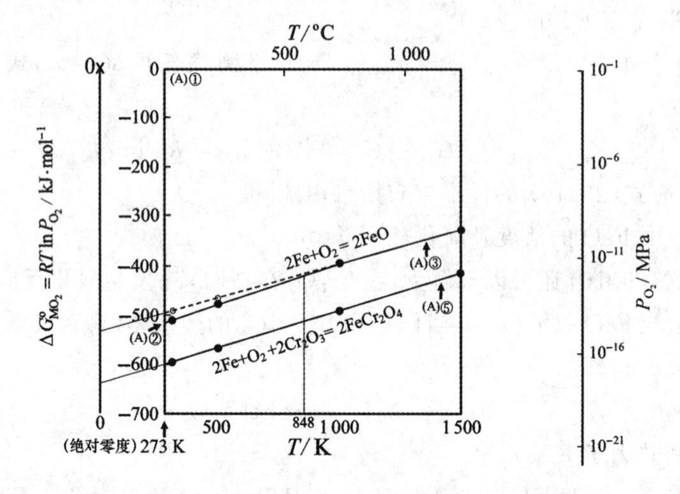

图 29.8　FeO 和 $FeCr_2O_4$ 的埃林汉姆图

① 与前面实验相同，建立框图。

② 对于 FeO，利用表 29.4 的数据计算各温度下 $2\Delta G^{\circ}_{FeO}(=2G^{\circ}_{FeO}-2G^{\circ}_{Fe}-G^{\circ}_{O_2})$ 的值。(FeO 在 848 K 以下发生 $4FeO \rightarrow Fe + Fe_3O_4$ 反应分解，此温度以下的值为亚稳态，用粗虚线表示。此外，为了便于参考，在图中画出 $\frac{3}{2}Fe + O_2 \Longrightarrow \frac{1}{2}Fe_3O_4$ 反应的标准吉布斯自由能[变]。)

表 29.4　与 $FeCr_2O_4$ 的氧化还原相关的化合物的标准吉布斯自由能 $[G^{\circ}{}_i/(kJ \cdot mol^{-1})]$

物质	T/K			
	1 500	298	500	1 000
Fe	−8.1	−15.1	−42.3	−80.8
$Fe_{0.947}O$	−283.4	−297.9	−349.9	−416.8
$FeCr_2O_4$	−1 500.5	−1 537.3	−1 679.6	−1 868.9
Cr	−7.0	−13.2	−37.0	−69.2
Cr_2O_3	−1 163.9	−1 187.1	−1 281.6	−1 409.1
O_2	−61.2	−104.3	−220.9	−346.5

③计算的值分别为 −489.4 kJ(298 K)、−461.3 kJ(500 K)、−394.3 kJ(1 000 K)和 −325.5 kJ(1 500 K)。在图上描出这几个点，先将 0 ~ 1 500 K 用细直线连接，再将 273 K(0 ℃) ~ 1 500 K 的线描粗。

④ 接着，对于 $FeCr_2O_4$，利用表 29.4 的数据计算各温度下($2G^{\circ}_{FeCr_2O_4} - 2G^{\circ}_{Fe} - G^{\circ}_{O_2} - 2G^{\circ}_{Cr_2O_3}$)的值。

⑤ 计算的值为 − 595.8 kJ(298 K)、− 565.9 kJ(500 k)、− 490.5 kJ(1 000 K) 和 − 411.5 kJ(1 500 K)。在图表上描出这几个点，先将 0 ~ 1 500 K 用细直线连接，再将 273 K(0 ℃) ~1 500 K 描粗。

得到的 2 条直线中，(A)⑤ 在(A)③ 下方，即比平衡氧分压低。

(B) 考虑 FeO 的活度，$FeCr_2O_4$ 的氧化还原及埃林汉姆图

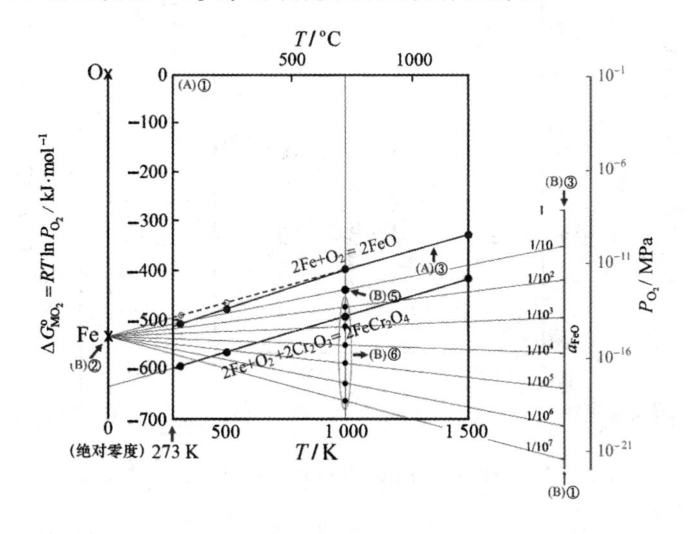

图 29.9　考虑 FeO 的活度，$FeCr_2O_4$ 的氧化还原及埃林汉姆图

① 在框图外侧作一条垂线，为 a_{FeO} 轴。

② 直线(A)③ 和绝对零度轴的交点记为 Fe ×，这个点是反应式(29.14) 的标准焓[变]，用 ΔH° 表示。

③ 用细线延长直线(A)③ 至与 a_{FeO} 轴相交，交点的刻度记为 $a_{FeO} = 1$。

④FeO 的活度的修正量为 $2RT\ln a_{FeO}$，即对直线(A)③ 的斜率做了大小为 $2R\ln a_{FeO}$ 的修正。修正量为 $2R\ln a_{FeO} = 2 \times 8.3 \times 2.3\log a_{FeO} = 38.2\log a_{FeO}$ J · K⁻¹。比如 $a_{FeO} = \frac{1}{10}$ 时，斜率的修正量为 $38.2\log\left(\frac{1}{10}\right) = -38.2$ J · K⁻¹，即 1 000 K 时对直线(A)③ 的斜率做了大小为 − 38.2 kJ 的修正。

⑤ 直线(A)③ 在 1 000 K 时的值为 − 429.5 kJ(− 394.3 kJ 加上修正量 − 38.2 kJ)，在图上描点，用细线将这个点和 Fe× 连接，延长至与 a_{FeO} 轴相交，交点的刻度记为 $a_{FeO} = \frac{1}{10}$。

⑥$a_{FeO}=\frac{1}{10^2},\frac{1}{10^3},\cdots$ 时，修正量为 $2\times(-38.2),3\times(-38.2),\cdots$ 重复步骤⑤的操作，在直线(A)③下方描绘出一系列直线，即可在 a_{FeO} 轴上标出 a_{FeO} 的刻度。

⑦ 将细直线擦掉，即可得埃林汉姆图(图 29.9)。

1 000 K 时 Cr_2O_3 和平衡状态下 $FeCr_2O_4$ 中的 FeO 的活度即可求。$FeCr_2O_4$ 对应的粗线在 1 000 K 上的点与 Fe× 连接，延长至与 a_{FeO} 轴相交，读出交点的值即可。答案约为 3×10^{-3}。

(C) 考虑 Cr 的活度，作 Cr_2O_3 的埃林汉姆图(图 29.10)

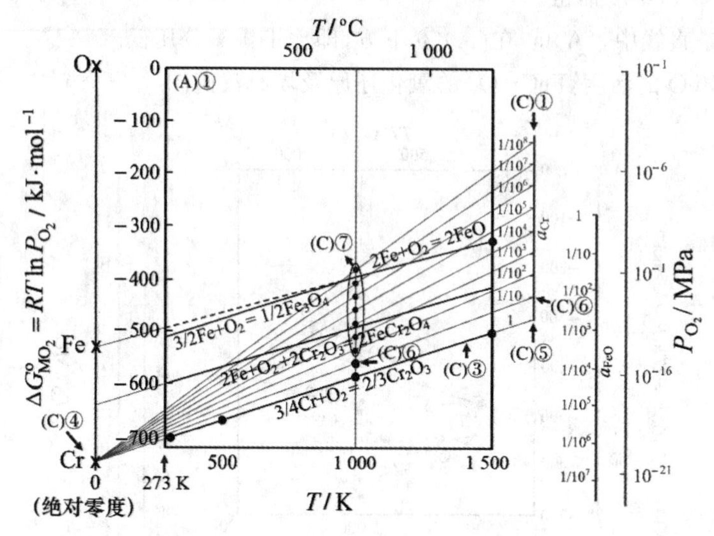

图 29.10　考虑 Cr 的活度后得到的 Cr_2O_3 的埃林汉姆图

① 在图 29.9 的坐标轴外侧作一条垂线，为 a_{Cr} 轴。

② 利用表 29.4 的数据计算反应的标准吉布斯自由能[变]$\left(\frac{2}{3}G^{\circ}_{Cr_2O_3}-\frac{4}{3}G^{\circ}_{Cr}-G^{\circ}_{O_2}\right)$。

③ 计算的值分别为 −705.4 kJ(298 K)、−669.3 kJ(500 K)、−584.2 kJ(1 000 K) 和 −500.6 kJ(1 500 K)。在图上描出这几个点，先将 0 K～1 500 K 之间用细直线连接，再将 273 K(0 ℃)～1 500 K 之间的线描粗。

④ 直线(C)③和绝对零度轴的交点记为 Cr× 用 ΔH° 表示。

⑤ 用细线延长直线(C)③至与 a_{Cr} 轴相交，交点的刻度记为 $a_{Cr}=1$。

⑥Cr 的活度的修正量为 $-\frac{4}{3}RT\ln a_{Cr}$，即对直线(C)③的斜率做了大小为 $-\frac{4}{3}R\ln a_{Cr}$ 的修正。修正量为 $-\frac{4}{3}R\ln a_{Cr}=-\frac{4}{3}\times8.3\times2.3\log a_{Cr}=-25.5\log a_{Cr}\,J\cdot K^{-1}$。比如 $a_{Cr}=\frac{1}{10}$ 时，斜率的修正量为 $-25.5\log\left(\frac{1}{10}\right)=25.5\ J\cdot K^{-1}$，即 1 000 K 时对直线(C)③的斜率做了大小为 25.5 kJ 的修正。直线(C)③在 1 000 K 时的值为 −558.7 kJ(−584.2 kJ 加上修正量 25.5 kJ)，在图上描点，用细线将这个点和 Cr× 连接，延长至与 a_{Cr} 轴

相交，交点的刻度记为 $a_{Cr}=\frac{1}{10}$。

⑦$a_{Cr}=\frac{1}{10^2},\frac{1}{10^3},\cdots$ 时，修正量为 $2\times(25.5),3\times(25.5),\cdots$ 重复 ⑤ 的操作，在直线(C)③ 上方描绘出一系列直线，即可在 a_{Cr} 轴上标出 a_{Cr} 的刻度。

⑧ 将细直线擦掉，即可得埃林汉姆图(图 29.10)。

(4) 结果分析

比较用粗线画出的 $FeCr_2O_4$ 和 Cr_2O_3 的标准吉布斯自由能[变]，可以发现 Cr_2O_3 的线在下方。也就是说，在 Cr 的活度接近于 1 时，合金 /Cr_2O_3 界面处无法生成 $FeCr_2O_4$。但是，长时间的氧化会使合金 /Cr_2O_3 界面处合金中的Cr的浓度(Cr的活度)降低，对应于埃林汉姆图中 Cr × 和 Cr 的活度在 a_{Cr} 轴上的点连接的直线逐渐向上方移动。最终同 $FeCr_2O_4$ 的直线相交，在合金 /Cr_2O_3 界面处生成 $FeCr_2O_4$。1 000 K 时 Cr 的活度约为 2×10^{-4}。

【讨论事项】

(1) 讨论埃林汉姆图在高温(燃烧) 环境中 H_2、H_2O、CO 和 CO_2 体系内的应用。

(2) 对于使用频繁的体系，可独自准备好包括活度在内的埃林汉姆图，这样一眼就能掌握其热力学的状态。

实验 30　炼钢及其动力学

【实验概要】

我们周围存在的许多工业产品在其制造过程中经历了氧化或还原过程。例如铁、铜和铝等金属材料是我们日常生活中不可或缺的材料，但其中很多都是通过还原地表上稳定存在的氧化物或硫化物而获得的。设置本实验的目的是，从铁矿石进行铁的精炼，并从动力学的观点来考查和理解各个过程的现象。

【实验原理】

1. 钢铁精炼工程

如图 30.1 所示的高炉 - 转炉的钢精炼方法是目前的主流方法。概要如下。

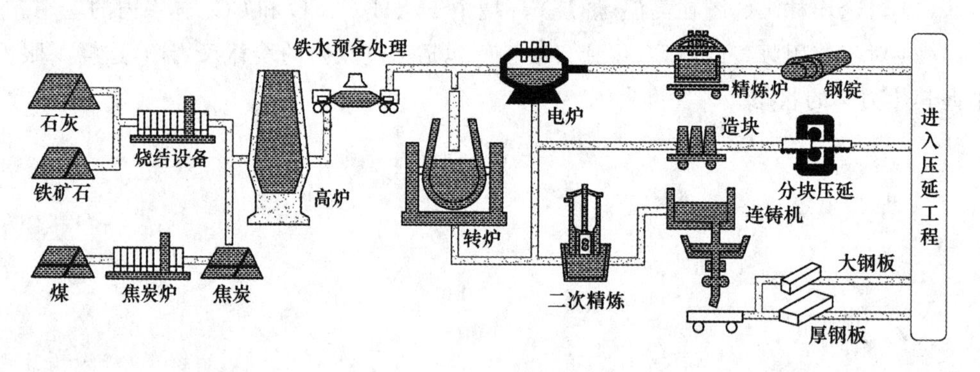

图 30.1　炼钢工程简图

高炉 - 转炉法是指将 Fe 含量为 40% 以上的铁矿石(表 30.1)、石灰石、焦炭或上述的粉末经过烧结后从高炉的顶部装料，预热的热空气从鼓风口吹入。当铁矿石从炉顶向下降时，被焦炭产生的 CO 气体还原 / 渗碳，从炉底取出炉渣和 w_C 约 4.5% 的生铁。在预处理过程中从熔铁中除去 P,S 和 Si 等杂质。然后铁水被转移至转炉，在通过吹 O_2 降低 C 含量的同时，投入 CaO 等进一步降低 S,P 含量。将 Fe-Mn、Fe-Si 以及 Al 等投入到脱碳至预定 C 含量的钢水中进行脱氧，或者进行真空脱氧和脱氢，并添加合金组分获得目标成分。钢水经钢水包转运至连铸机进行连续铸造，凝固后经轧制加工成期望的形状。

表 30.1　铁矿石、烧结矿及球团矿成分分析值

品名	T. Fe	FeO	SiO_2	Mn	P	S	TiO_2	Al_2O_3	CaO	MgO
Hamersley*	64.9	0.1	2.8	0.03	0.05	0.02	0.08	1.79	0.08	0.02
MBR**	68.4	1.1	0.4	0.12	0.04	0.003	0.03	1.04	0.04	0.04
烧结矿	57.8	4.7	6	0.1	0.05	0.008	0.11	2.11	8.86	0.60
球团矿	65.9	0.6	1.9	0.04	0.05	0.007	0.13	0.44	2.54	0.37

注：* 澳大利亚哈默斯利(Hamersley) 矿；

** 巴西联合矿业公司(Minerações Brasileiras Reunidas，MBR) 矿。

(1) 高炉中氧化铁的还原和矿成分的分离

图 30.2 为高炉的示意图。从高炉顶部开始分层堆积铁矿石和石灰石的混合物和焦炭。并从炉底附近的风口吹入加热至约 1 200 ℃ 的热空气，焦炭燃烧并产生 CO 气体。

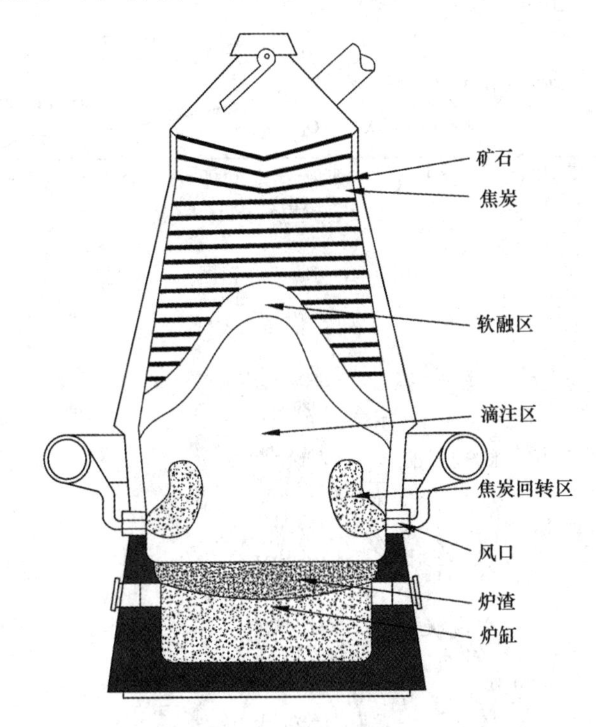

图 30.2　高炉示意图

$$C + 1/2O_2 = CO \tag{30.1}$$

CO 气体上升的过程中，通过以下反应还原铁矿石(图 30.3)。

$$3Fe_2O_3 + CO = 2Fe_3O_4 + CO_2 \tag{30.2}$$

$$Fe_3O_4 + CO = 3FeO + CO_2 \tag{30.3}$$

$$FeO + CO = Fe + CO_2 \tag{30.4}$$

如上所述，铁矿石的还原是通过 CO 气体进行的，因此需要调整料粒和焦炭的粒径和装料方法来提高反应效率。

高炉的下部，由于焦炭燃烧产生的高温，被还原的铁在软融区及其下部吸收 C 并熔化。这些铁水(生铁) 向下流动并收集到炉缸中。铁矿石中含有的杂质部分还原并溶解在生铁中，但多数还是以氧化物形式存在。因此，参照图 30.4 可知，这些氧化物与预混石灰石($CaCO_3$) 反应形成低熔点熔渣并分离。另外，由于高炉内部温度高，氧分压低，因此与铁一起还原的 P、S 和 Si 等杂质也同时溶解在铁水中，这些杂质需要在后续工序中除去。

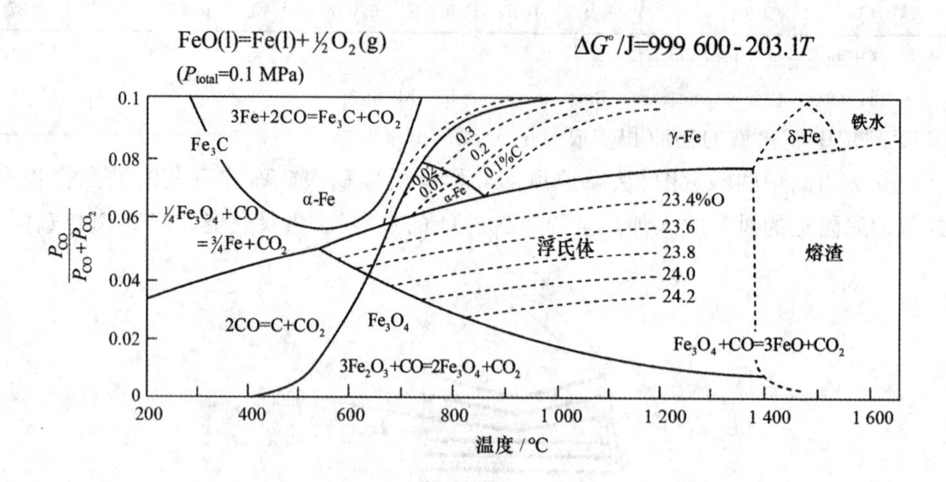

图 30.3 Fe-C-O 相图

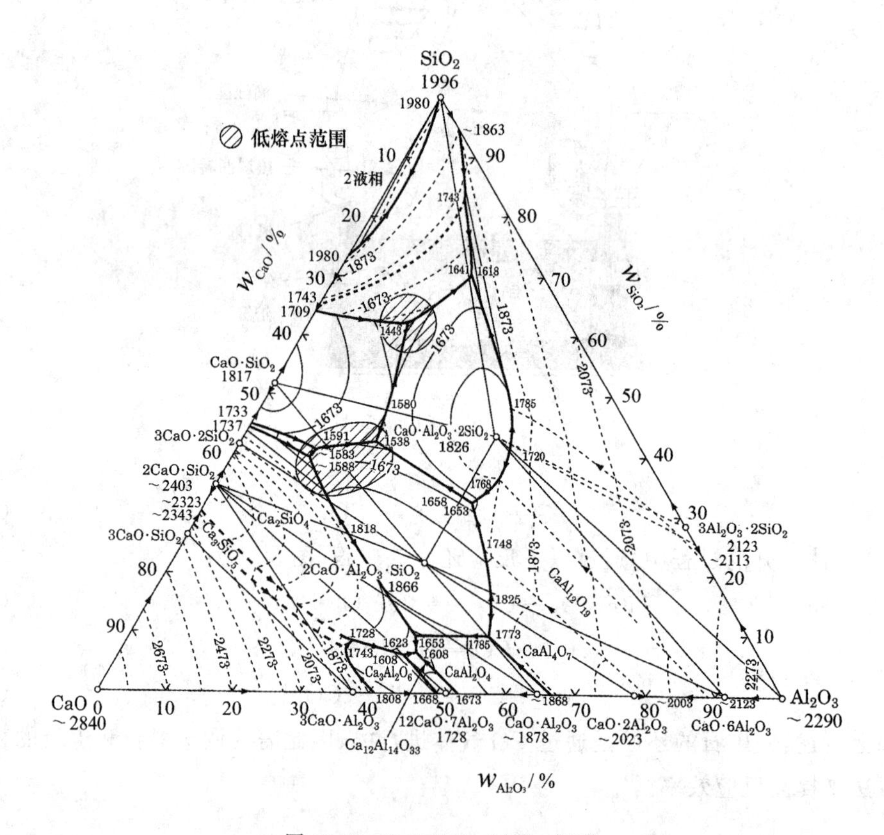

图 30.4 CaO-SiO_2-Al_2O_3 相图

(2) 转炉生铁脱碳

从高炉底部出来的生铁 w_C 约为 4.5%。而我们知道，结构材料除了一小部分为铸件之外，多数都是 w_C 约为 0.1% 的钢，因此生铁必须脱碳至目标含碳量。将生铁与铁屑一起放入转炉中，并从顶部吹入氧气，生铁中的碳通过式(30.5) 的反应燃烧，降低含碳量。

$$\underline{C}(\text{in Fe}) + 1/2O_2(g) = CO(g) \quad \Delta H^{\circ}_{298} = -109\ 400\ \text{J} \tag{30.5}$$

转炉中 C 燃烧的同时，溶解在生铁中的杂质如 Si、Mn 和 P 也被氧化。这些氧化物与分布在钢水表面上的造渣剂石灰石发生式(30.6) 所示的化学反应形成稳定的炉渣，并与钢水分离。

$$4CaO(s) + 2\ \underline{P} + 5\ \underline{O} = 4CaO \cdot P_2O_5(s) \tag{30.6}$$

为了有效地除去这些杂质，必须调整炉渣($=\dfrac{\%CaO}{\%SiO_2}$) 组成将碱度调整到最合适。

2. 脱氧工程

生铁中的 w_O 约为 0.000 5%，因为粗钢含有大量的碳，在脱碳过程中吹入氧气，脱碳过程中钢的 w_O 可上升至约 0.05%。如果直接凝固，过饱和氧会与碳反应产生 CO 气体，在钢锭中形成气泡，因此需要进行脱氧处理。使用 Fe-Mn、Fe-S 或 Fe-Al 等合金作为脱氧剂，并通过式(30.7) 氧化反应进行脱氧：

$$\begin{aligned} &\underline{Si} + 2\ \underline{O} = SiO_2(s) \quad \Delta G^{\circ}[\text{J}] = -921\ 737 - 185.9\ T \\ &2\ \underline{Al} + 3\ \underline{O} = Al_2O_3(s) \quad \Delta G^{\circ}[\text{J}] = -121\ 400 - 1.26\ T \\ &\underline{Mn} + \underline{O} = MnO(s) \quad \Delta G^{\circ}[\text{J}] = -249\ 600 + 140.7\ T \end{aligned} \tag{30.7}$$

产生的 SiO_2、Al_2O_3 及 MnO 漂浮并分离，但其中一部分作为非金属夹杂物(粒度约为 50 μm 以下) 会保留在钢水中，这些夹杂会降低钢材的机械强度，因此去除这些非金属夹杂物也是非常重要的问题。

【实验项目】

(1) 铁矿石的氢直接还原及其动力学分析。

(2) 铁矿石的熔融还原生产生铁。

(3) 生铁的脱碳及动力学分析。

1. 实验项目一：铁矿石的氢直接还原及其动力学分析

(1) 实验装置

参照图 30.5 进行安装连接。

(2) 实验试样

选择的矿石颗粒组成见表 30.1。参照图 30.6 选定气氛为 H_2(1 L · min^{-1})，温度分别为 700 ℃ 和900 ℃。

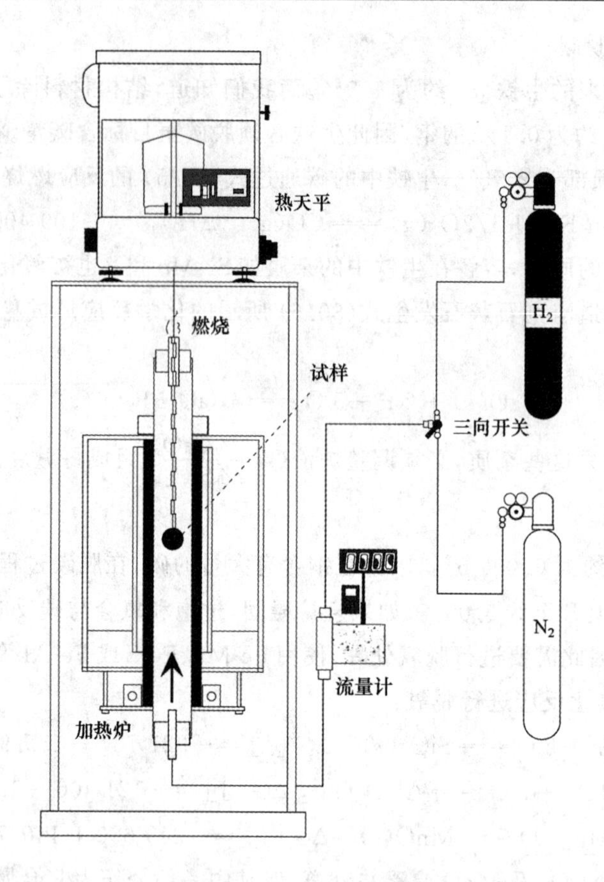

图 30.5　热天平示意图

(3) 实验步骤

① 测定颗粒的质量和直径。

② 当炉内达到预定温度时，用热天平上的不锈钢线悬挂颗粒小球，通过 N_2 充分置换炉内气体。(在置换不充分的状态下，通入 H_2 可能会发生爆炸，因此务必充分置换。)

③ 从 N_2 切换到 H_2，开始反应。

④ 用热天平测量反应后质量变化并记录下来。在反应开始 10 min 内以 30 s 的间隔进行测量，10 min 后以 1 min 的间隔进行测量，20 min 后以 2 min 的间隔进行测量并记录30 min。

⑤ 反应后，用 N_2 置换炉内气体，将试样放在炉子上部 5 min 以上并冷却，取出试样。

⑥ 把取出的试样分成两部分并描绘断面。

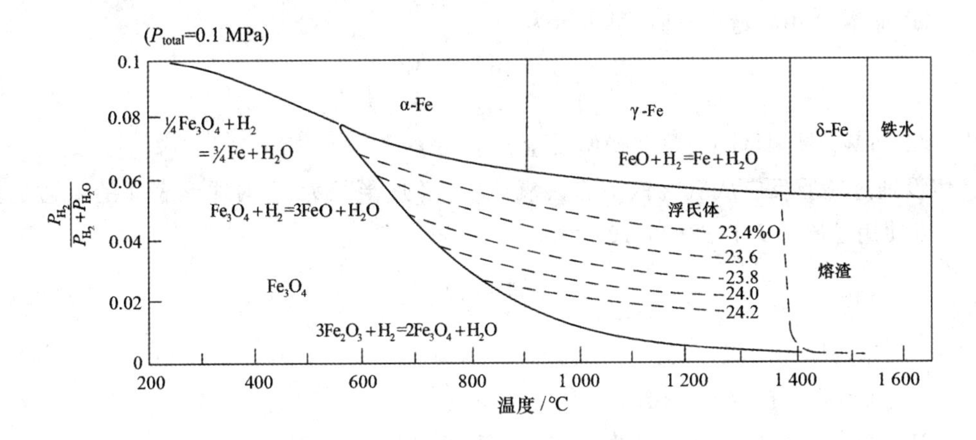

图 30.6　Fe-H-O 系相图

(4) 结果解析

使用未反应核模型确定限速步骤。

图 30.7 是 H_2 气流中单个球形颗粒的横截面图。H_2 通过气体界膜层 / 反应生成相层到达反应生成相层，还原反应后以 H_2O 气体返回到气氛中。可以认为该过程是以下三个基本过程连续发生的：

① 气体界膜层中 H_2/H_2O 的相互扩散。

② 反应产物相层中 H_2/H_2O 的相互扩散。

③ 在反应界面处的还原反应。

在 ① ～ ③ 的基本过程中，最慢的过程决定了整体速度，该过程称为限速步骤。

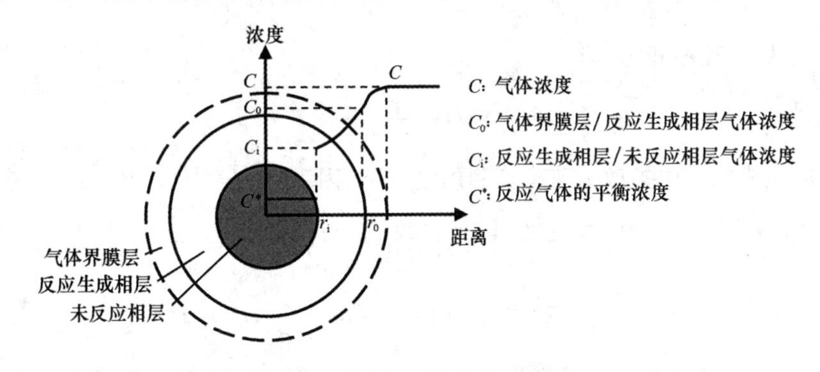

图 30.7　未反应核模型示意图

在图 30.7 中，还原率 R 可通过已还原体积的比值，即

$$R = 1 - \left(\frac{r_i}{r_o}\right)^3 \tag{30.8}$$

然而，由于在实验中测量的是试样的质量，所以还原率需要由质量变化来进行评价。

当还原率 R 用质量表示时，可表示为

$$R = 1 - \frac{10}{3}\left(1 - \frac{W_m}{W_o}\right) \tag{30.9}$$

式中，W_m 和 W_o 是测量的质量和初始质量。

假设通过还原反应从氧化铁中除去氧原子，通过半径为 r_a 的球形表面的氧通量为 N_o，可以使用还原比 R 以式(30.10) 表示：

$$N_o = \frac{4}{3}\pi r_o^3 d_o \frac{dR}{dt} \tag{30.10}$$

式中，d_o 为未还原相的氧密度。

(i) 气体界膜的扩散速率控制

当通过气体界膜层的氧的流速为 N_g 时，其通量为

$$N_g = -4\pi r_o^2 k_g (C - C_o) \tag{30.11}$$

式中：k_g（$= D/\delta$，D 为气体界膜层中氢的扩散系数，δ 为气体界膜层的厚度）为界膜传质系数；C 是气体浓度，C_o 是气体界膜层 / 反应生成相层界面处的氢浓度。

当气体在界膜中的扩散是限速步骤时，$N_o = -N_g$，则有

$$\frac{dR}{dt} = \frac{3k_g}{r_o d_o}(C - C_o) \tag{30.12}$$

$$R = \frac{3k_g}{r_o d_o}(C - C_o)t \tag{30.13}$$

(ii) 反应生成相层中的扩散速率控制

通过反应生成相层的氢通量为

$$N_m = -4\pi r^2 D_{eff} \frac{dC}{dr}, (r_i < r < r_o, N_m \text{ 为常数}) \tag{30.14}$$

对上式从 r_i 到 r_a 积分，有

$$N_m = -4\pi D_{eff} \frac{r_i r_o}{r_i - r_o}(C_o - C_i) \tag{30.15}$$

在反应生成相层中扩散为速率控制的情况下，因为 $N_o = N_m$，所以有

$$\frac{dR}{dt} = \frac{3D_{eff}}{r_o^2 d_o}\left\{\frac{1}{(1-R)^{1/3}} - 1\right\}(C_o - C_i) \tag{30.16}$$

$$1 - 3(1-R)^{2/3} + 2(1-R) = \frac{6D_{eff}}{r_o^2 d_o}(C_o - C_i)t \tag{30.17}$$

式中：C_i 是反应生成相层 / 未反应相层界面处的氢浓度；D_{eff} 是气孔内扩散系数。

(iii) 界面化学反应速率控制

反应速率常数为 k_r，$1/3Fe_2O_3 + H_2 = 2/3Fe + H_2O$ 的平衡常数为 K，反应气体的平衡浓度为 C^*，则界面处的生成速率为

$$N_r = 4\pi r_i^2 k_r \frac{1+K}{K}(C_i - C^*) \tag{30.18}$$

界面化学反应为速率控制的情况下，由于 $N_o = N_r$，则有

$$\frac{dR}{dt} = \frac{3k_r}{r_o d_o} \frac{1+K}{K}(C_i - C^*)(1-R)^{2/3} \tag{30.19}$$

$$1-(1-R)^{1/3} = \frac{k_r}{r_o d_o} \frac{1+K}{K}(C_i - C^*)t \tag{30.20}$$

(iv) 混合速率控制

在稳态下，(i) ～ (iii) 的每个过程的通量相等，$N_o = -N_g = N_m = N_r$，如果去掉 C_o 和 C_i，则获得以下等式：

$$\frac{R}{3k_g} + \frac{r_o}{6D_{eff}}\{1-3(1-R)^{2/3}+2(1-R)\} + \frac{1}{k_r}\frac{K}{K+1}\{1-(1-R)^{1/3}\} = \frac{1}{r_o d_o}(C-C^*)t \tag{30.21}$$

式(30.21) 是基于未反应的壳模型的还原速度通式，常用于分析氧化颗粒还原解析。

2. 实验项目二：铁矿石的熔融还原生产生铁

(1) 实验装置

高频熔炼炉、石墨坩埚、用于采样的石英管、光学高温计。

(2) 实验试样

粒状试样各 300 g(参见表 30.1 中的组合物)，100 g 的石墨，$CaCO_3$ 5 g×3，SiO_2 3 g×2。

(3) 实验步骤

① 将 300 g 粉碎的粒状试样和 100 g 石墨粉混合并放入石墨坩埚中。装不下的试样分成小份，用药品包装纸包好并在加热过程中追加。

② 将石墨坩埚放入高频熔炼炉中加热，在加热过程中将剩余的试样加入坩埚中。

③ 用包装纸将 $CaCO_3$ 粉末和 SiO_2 粉末包好后添加。

用红外测温仪测量石墨坩埚边缘温度的同时观察反应情况。用坩埚内的石英管在搅拌的同时提取炉渣，并观察炉渣颜色的变化。

④ 用火焰烘烤铸模表面，使其充分干燥，然后用铁丝捆扎模具。

⑤ 如果炉渣的颜色变成白后，用石英管将生铁表面覆盖的渣撇除，然后浇铸在铁铸模中。

⑥ 充分冷却后，称量回收的生铁。

(4) 结果分析

根据投入矿料和得到生铁质量，计算所得生铁锭的出成率。

3. 实验项目三：生铁的脱碳及动力学分析

(1) 实验装置

高频熔炼炉、石墨加热器、MgO 坩埚、氧化铝管、光学高温计、采集试样用玻璃管、氧气(图 30.8)。

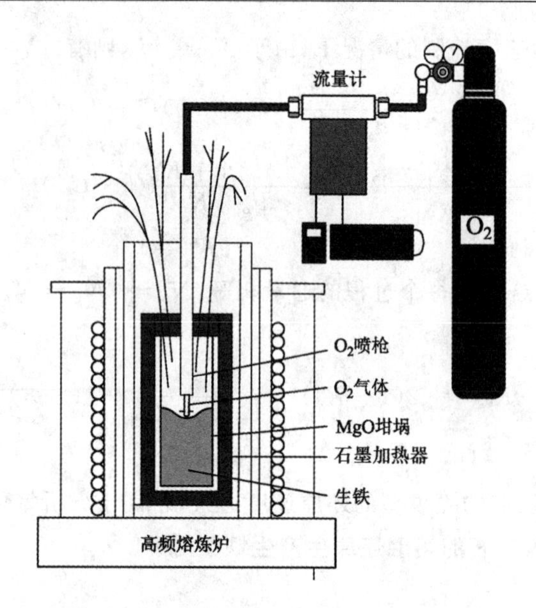

图 30.8　生铁的脱碳装置简图

(2) 实验试样

实验项目二中得到的生铁 300 g。

(3) 实验步骤：

① 将 300 g 生铁放入 MgO 坩埚，再将该坩埚放入石墨加热器。

② 用高频熔炼炉熔化生铁，坩埚上方约 2 cm 设置的氧气管道，以 1 L · min^{-1} 流量吹入氧气，进行 12 min 的脱碳。

③ 脱碳开始 0、3、6、9 或 12 min 后，用石英管采集生铁。吹炼的过程中出现的火花形状，依据不同的碳浓度会发生如图 30.9 所示的变化。对试样的火花形状与标准试样的火花形状进行比较，推测吹炼时间对碳浓度的影响。

④ 实验结束后，试样随炉冷却。

⑤ 采用红外吸收法进行碳浓度分析。

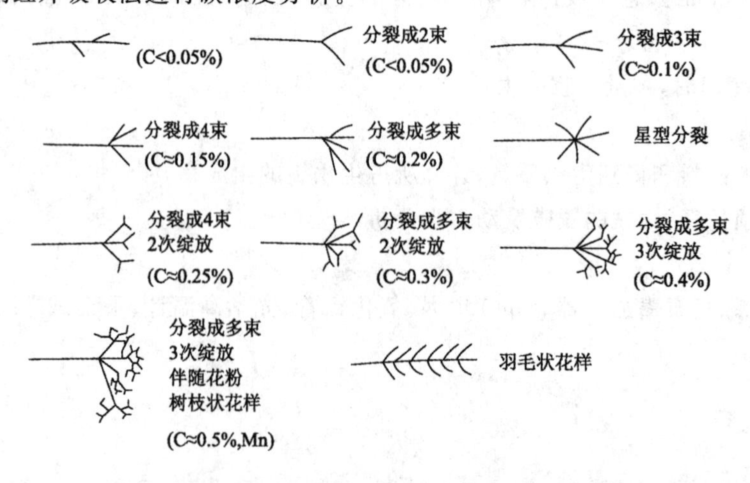

图 30.9　碳钢的含碳量引起的火花形状变化

(4) 结果分析

根据投入生铁和得到钢锭质量，计算所得钢锭的出成率。建立含碳量和吹炼时间之间的关系图，计算脱碳速率常数并判断速率控制。

【讨论事项】

(1) 计算赤铁矿(Fe_2O_3)和磁铁矿(Fe_3O_4)中对应的 Fe 的百分含量。根据质量平衡计算在 1 500 ℃ 下生产 1 t 生铁所需的哈默斯利(Hamersley)矿石(表 30.1)、焦炭和石灰石($CaCO_3$)的含量。

(2) $CaO\text{-}Al_2O_3$ 炉渣中含有微量的 FeO，现在这种炉渣在高于 1 550 ℃ 的温度下与铁水平衡，求出此时的平衡氧分压。假设炉渣的组成为 CaO 摩尔分数为 48.0%、Al_2O_3 摩尔分数为 51.7%、FeO 摩尔分数为 0.3%，Ca、Al 和 O 不溶于铁水中。此外，$\alpha_{FeO} = N_{FeO}$。如有必要，请使用以下值。

$$FeO(l) = Fe(l) + 1/2O_2(g) \quad \Delta G^\circ[J] = 999\ 600 - 203.1\ T$$

(3) 用 $\log(P_{H_2}/P_{H_2O})$ 与温度的函数作图表示 Fe-O 体系(Fe、FeO、Fe_3O_4 及 Fe_2O_3)各相的稳定区域。计算使用以下数值。

$$Fe(\alpha,\gamma) + 1/2O_2(g) = FeO(s) \quad \Delta G^\circ[J] = -259\ 700 + 62.58\ T$$

$$3FeO(s) + 1/2O_2(g) = Fe_3O_4(s) \quad \Delta G^\circ[J] = -312\ 400 + 125.2\ T$$

$$Fe_3O_4(s) + 1/2O_2(g) = 3Fe_2O_3(s) \quad \Delta G^\circ[J] = -249\ 600 + 140.7\ T$$

$$H_2(g) + 1/2O_2(g) = H_2O(g) \quad \Delta G^\circ[J] = -246\ 600 + 54.84\ T$$

(4) 目前由于 CO_2 等气体的温室效应导致全球变暖。中国的二氧化碳排放总量中，钢铁工业约占 18%，特别是高炉 CO_2 排放量约为 16.2%。中国 CO_2 排放量一直根据“京都议定书”进行管理，设计减少 CO_2 气体排放方法。

(5) 根据质量平衡计算脱碳生铁和制造 1 t 钢所需的氧气量。另外，计算发热量，基于能量平衡计算熔炼完成时钢的温度。假设初始脱碳温度为 1 350 ℃。如有必要，请使用以下值。

$$C_{P_{Fe}}[J \cdot mol^{-1} \cdot deg^{-1}] = 17.489 + 24.769 \times 10^{-3} T$$

$$C_{P_{CO_2}}[J \cdot mol^{-1} \cdot deg^{-1}] = 29.957 + 4.184 \times 10^{-3} T - 1.674 \times 10^5 T^2$$

$$C_{P_{CO}}[J \cdot mol^{-1} \cdot deg^{-1}] = 28.409 + 4.10 \times 10^{-3} T - 0.460 \times 10^5 T^2$$

$$C_{P_C}[J \cdot mol^{-1} \cdot deg^{-1}] = 17.154 + 4.268 \times 10^{-3} T - 8.786 \times 10^5 T^2$$

(6) 经转炉脱碳获得的钢，最终需要经过 Si 等脱氧。假设此时产生的 SiO_2 是纯物质，求钢中 Si 和 O 的溶解度乘积。此外，当脱氧在 1 600 ℃ 下进行时，计算将 1 t 钢中的氧从质量分数 0.1% 降低至质量分数 0.01% 以下所需的 Fe-50%Si 的量。

$$SiO_2(l) = Si(l) + O_2(g)$$

$$Si(l) = \underline{Si}$$

$$O_2(g) = 2\,\underline{O}$$

(7) 对于未反应核模型的还原速度通式(30.22)，在反应生成相层内的扩散和界面化

学反应是速率控制的情况下，其形式为

$$\frac{r_o}{6D_{eff}}\{1-(1-R)^{1/3}+2(1-R)\}+\frac{1}{k_r}\frac{K}{K+1}\{1-(1-R)^{1/3}\}=\frac{1}{r_o d_o}(C-C^*)t \tag{30.22}$$

两边用$\{1-(1-R)^{1/3}\}$去除，经整理得

$$\frac{t}{1-(1-R)^{1/3}}=\{1+(1-R)^{1/3}-2(1-R)^{2/3}\}A+B$$

$$A\equiv\frac{r_o^2 d_o}{6D_{eff}}(C-C^*),\quad B\equiv\frac{r_o d_o}{k_r}\frac{K}{1+K}(C-C^*)$$

$t_f\equiv A+B$

首先用$1+(1-R)^{1/3}-2(1-R)^{2/3}$为纵轴，$t/\{1-(1-R)^{1/3}\}$为横轴绘图，并通过最小二乘法确定$A$和$B$。然后以还原时间的比值$t/t_1$为横轴，$1-(1-R)^{1/3}$为纵轴绘图以确定速率控制步骤。

(8) 用$(1/A)$，$(1/B)$的对数对$(1/T)$作图，说明其物理意义，根据数值判定速率控制步骤。

【注意事项】

在这个实验中，我们要处理高温铁水和钢水，所以在实验时需穿着工作服并穿耐高温安全鞋，避免皮肤暴露。

参考文献

[1] 鮫島実三郎. 物理化学実験法[M]. 東京:裳華房, 1955.

[2] 仁田勇. X線結晶学(上)[M]. 東京:丸善株式会社, 1959.

[3] 東京大学応用物理学教室. 応用物理学実験[M]. 東京:東京大学出版会, 1960.

[4] 仁田勇. X線結晶学(下)[M]. 東京:丸善株式会社, 1961.

[5] Levich V G. Physico-Chemical Hydrodynamics[M]. New Jersey: Prentice Hall, 1962.

[6] Elliott J F, Gleiser M, Ramakrishna V. Thermochemistry for Steelmaking[M]. vol 2. New Jersey: Addison Wesley Publishing Co., 1963.

[7] 日本金属学会. 金属材料の強度と破壊[M]. 東京:丸善株式会社, 1964.

[8] 川下研介. 熱伝導論[M]. オーム社, 1966.

[9] 日本物理学会. 単結晶作製法[M]. 東京:朝倉書店, 1966.

[10] 宮川大海. 基礎鉄鋼材料科学[M]. 東京:朝倉書店, 1967.

[11] ジョン ウルフ編, 永宮健夫訳. 構造と熱力学[M]. 東京:岩波書店, 1968.

[12] 安達健五. 金属の電子論 2[M]. 東京:アグネ, 1969.

[13] 木村宏訳. コットレルの金属学[M]. 東京:アグネ, 1969.

[14] 辛島誠一. 金属合金強度[M]. 仙台:日本金属学会, 1972.

[15] 辛島誠一. 放射線の金属学への応用[M]. 仙台:日本金属学会, 1972.

[16] 幸田成康. 金属物理序論[M]. 東京:コロナ社, 1973.

[17] 横山享. 図解合金状態図[M]. 東京:オーム社, 1974.

[18] 日本金属学会. 結晶成長. 東京:丸善株式会社, 1975.

[19] Crank J. The Mathematics of Diffusion[M]. 2nd ed. Oxford: Oxford University Press, 1975.

[20] 日本学術振興会 鉄鋼迅速分析法[M]. 東京:丸善株式会社, 1976.

[21] 近角聡信. 強磁性の物理(上) [M], 東京:裳華房, 1978.

[22] 鈴木広. 塑性加工[M]. 東京:裳華房, 1980.

[23] 日本金属学会. 回折金属[M]. 仙台:日本金属学会, 1981.

[24] 近角聡信. 強磁性の物理(下) [M]. 東京:裳華房, 1984.

[25] Dieter G E. Mechanical Metallurgy[M]. 3rd ed. McGraw-Hill Book Company, 1986.

[26] Carslaw H S, Jaeger J C. Conduction of Heat in Solids[M]. 2nd ed. Oxford: Oxford University Press, 1986.

[27] 日本分析化学学会. 原子スペクトル分析[M]. 東京:丸善株式会社, 1988.

[28] 東京工業大学工学部. 材料科学実験[M]. 東京:内田老鶴圃, 1989.

[29] Roth A. Vacuum Technology[M]. 3rd ed, New York: Elsevier Science Publishers, 1990.

[30] Ohring M. Materials Science of Thin Films[M]. California: Academic Press, 1991.

[31] 須藤一. 材料試験法[M]. 東京:内田老鶴圃, 1992.

[32] John V, Testing of Materials, London: Macmillan Education Ltd., 1992.

[33] 河合保治. 冶金反応速度論[M]. 東京:日刊工業新聞社, 1995.

[34] 大谷正康. 鉄冶金熱力学[M]. 東京:日刊工業新聞社, 1995.

[35] 庄司正広. 伝熱工学[M]. 東京:東京工業大学, 1995.

[36] Smith D L. Thin-Film Deposition. New York: McGraw-Hill, 1995.

[37] 佐藤伍郎. 腐食科学と防食技術[M]. 東京:コロナ, 1996.

[38] 田中通義. やさしい電子回折と初等結晶学[M]. 東京:共立出版者, 1997.

[39] Chikazumi S. Physics of Ferromagnetism, 2nd ed. Oxford: Oxford University Press, 2009.

[40] 加藤雅治. 入門転位論[M]. 東京:裳華房, 1999.

[41] 加藤雅治, 熊井真次, 尾中晋. 材料強度学[M]. 東京:朝倉書店, 1999.

长崎诚三,平林真编著,刘安生 译 二元合金状态图集。北京:冶金工业出版社,2004

[42] 日本金属学会. 金属便覧[M]. 東京:丸善株式会社, 2000.

[43] Tomsic J. Dictionary of Materials and Testing[M]. 2nd ed. Pennsylvania: Society of Automotive Engineers, Inc., 2000.

[44] 新山英輔. 鋳造工学[M]. 東京:アグネ技術センター, 2001.

[45] 溶接学会. 溶接接合便覧[M]. 2 版. 東京:丸善株式会社, 2003.

[46] Schweitzer P A. Metallic Materials-Physical, Mechanical, and Corrosion Properties[M]. New York: Marcel Dekker, Inc., 2003.

[47] Callister W D Jr, Rethwisch D G. Materials Science and Engineering-An Introduction[M]. 8th ed. New Jersey: John Wiley & Sons, 2003.

[48] Schlichting H, Gersten K. Boundary-Layer Theory[M]. 8th ed. Berlin: Springer-Verlag, 2003.

[49] Wessel J K. Handbook of Advanced Materials-Enabling New Designs[M]. New Jersey: John Wiley & Sons, 2004.

[50] 日本金属学会. 金属データブック改定 4 版[M]. 東京:丸善株式会社, 2005.

[51] Ashby M F, Jones D R H. Engineering Materials 1-An Introduction to Properties-Application and Design[M]. Oxford: Elsevier, 2005.

[52] Asthana R, Kumar A, Dahotre N. Materials Processing and Manufacturing Science[M]. Oxford: Elsevie, 2005.

[53] Higgins R A. Materials for Engineers and Technicians[M]. 4th ed. Oxford: Elsevier, 2006

[54] Groza J R, Shackelford J F, Lavernia E J, Powers M T. Materials Processing Handbook [M]. New York: CRC press, 2007.

[55] 東北大学工学部材料科学総合学科. 実験材料科学[M]. 東京:内田老鶴圃, 2008

[56] Fischer T. Materials Science for Engineering Students[M]. Oxford: Elsevier, 2009

[57] Askeland D R, Fulay P P, Bhattacharya D K. Essential Materials Science and Engineering [M]. 2nd ed. Toronto: Cengage Leaning, 2010.

[58] Seetharaman S, Mclean A, Guthrie R, Sridhar S. Treatise on Process Metallurgy[M]. Oxford: Elsevier, 2014.

[59] Bhargava A K, Sharma C P. Mechanical Behaviour and Testing of Materials[M]. Delhi: PHI Learning, 2014

[60] Callister W D, Rethwisch D G, Jr. Fundamentals of Materials Science and Engineering-An

Integrated Approach[M]. 5th ed. New Jersey: John Wiley & Sons, 2015.

[61] Komvopoulos K. Mechanical Testing of Engineering Materials[M]. California: Cognella Academic Publishing, 2017.

[62] Karthik V, Kasiviswanathan K V, Raj B. Miniaturized Testing of Engineering Materials [M]. New York: CRC press, 2017.

[63] Pedeferri P. Corrosion Science and Engineering[M]. Berlin: Springer-Verlag, 2018.

[64] Talbot D E J, Talbot J D R. Corrosion Science and Technology[M]. 3rd ed. New York: CRC press, 2018.

[65] 全国信息与文献标准化技术委员会. 热电偶 第1部分:电动势规范和允差:GB/T 16839.1-2018/IEC 60584-1:2013[S]. 北京:中国标准出版社, 2018.

[66] Dornbusch M. Corrosion Analysis[M]. New York: CRC press, 2019.

[67] 全国信息与文献标准化技术委员会. 金属材料 夏比摆锤冲击试验方法:GB/T 229-2020 [S]. 北京:中国标准出版社, 2021.

附　录

附录 1　单位与数据处理

1. 关于 SI 单位

国际单位制(The International System of Units,SI)是国际计量大会采纳和推荐的一贯单位制,旨在统一科学和技术领域常用的各种单位。国际单位制是国际通用的测量语言,是人类描述和定义世间万物的标尺。该单位系统由 7 个基本单位和 2 个辅助单位[平面角(弧度,rad)和立体角(球面度,sr)]以及 19 个有专门名称的导出单位组成。附表 1.1 为 SI 基本单位。

附表 1.1　SI 基本单位

量的名称	单位名称	单位符号
长度	米	m
质量	千克(公斤)	kg
时间	秒	s
电流	安[培]	A
热力学温度	开[尔文]	K
物质的量	摩[尔]	mol
发光强度	坎[德拉]	cd

在 SI 系统规定的 7 个基本物理量中,每个物理量仅给出一个基本单位,除 SI 系统之外的惯用单位都需要改成 SI。然而,在涉及力学、热、电/磁、声、物理化学和电离辐射等广泛领域的材料科学实验中,很难避免使用在各领域中流行的惯用单位。此外,测量实验设备在许多情况下使用的是 SI 以外的单位系统。鉴于此,在本书中我们尽可能地使用 SI,但也有部分使用了旧单位系统。有关从旧单位系统到 SI 的换算,请参阅附录 1。

2. 测定量的记述及图中的表示

在描述测量的物理量时,需要量符号和单位,量符号表示包括单位在内的物理量。物理量由量纲一的数字和单位组成,以温度为例,使用量符号 T 和单位 K 写成 $T=1\ 273$ K,这里的量符号用斜体表示，单位应该是正体表示。单位简单时，错误会很少，但如果单位复杂，则需要注意。例如，对于熵 S 来说，将单位写为 J/mol/K 形式就非常不好。为避免误解，商符号(/) 仅限使用一次。因此，S 的单位要写成 J/(mol · K) 或 J · $(\mathrm{mol} \cdot \mathrm{K})^{-1}$ 或 J · mol^{-1} · K^{-1} 的任一形式。

单位并不是简单的附加在数字的后面，而是以与数字的积的形式来表示物理量。因此，通过将物理量除以单位得到的值为量纲一的数字。因此，上述的温度方程可以变换为 $T/\mathrm{K} = 1\ 273$，这也涉及将实验结果作图的表述。在作图时，通常在纵轴和横轴的刻度上只写入数字，该数字可解释为物理量除以上述的单位。因此，在纵轴和横轴上输入的物理量需除以 K 之类的单位。此时，在单位中包含商符号容易造成误解，因此要尽可能使用负指数表示。例如，在上述熵的情况下，应将其描述为 $S/\mathrm{J} \cdot \mathrm{mol}^{-1} \cdot \mathrm{K}^{-1}$。

应用于理论公式来描述实验结果时，经常使用 log 和 exp 等数学符号。因为这些数学符号的括号里本来应该是量纲一的数字，例如，当扩散系数 D 在图的纵轴上以对数表示时，像 $\log(D/\mathrm{m}^2 \cdot \mathrm{s}^{-1})$ 这样，需要将括号中的物理量用单位去除后进行量纲一化。

3. 测量值的有效数字及误差

通过实验对某一物理量进行定量测定时，需要对有效数字进行确认。例如，假设测量长度得到 123.4 mm 的值，通常表示测量精度为 ± 0.1 mm，即测量值在 123.3 mm 和 123.5 mm 之间(若测量仪器的最小读数为 0.2 mm 时，则精度为 ±0.2 mm)，这意味着有效位数为 4 位。若写为 123.40 mm，则表示精度为 ±0.01 mm，有效位数为 5 位。由于有效数字是表示测量精度的重要指标，在处理数据时需要充分考虑其含义，特别要避免通过用计算机等直接处理测量值时给出不合理的多出位数字。然而，在使用计算机的计算过程中，仍然期望使用足够大的数字来计算，并且考虑其物理意义，将最终结果舍入到可靠的数字的位数。

实验时，不可避免会有测量误差，因此要正确评估测量误差的由来。根据误差的性质和特点可将测量误差分为疏忽误差、系统误差和随机误差三种：① 在一定测量条件下，测量值明显的偏离其实际值所形成的误差称为疏忽误差或过失误差，又叫粗大误差，简称粗差。一般来说，这种误差不是仪器本身固有的，主要是在测量过程中测量人员疏忽等主观因素造成的，也可能是测量条件突然变化等客观因素造成的。② 由于温度和长期变化引起测量仪器的偏差以及更换测量人员等原因，造成测量值含有固定不变或按一定规律变化的误差，称为系统误差，简称系差。③ 测量中一些偶然因素引起的测量误差，误差在大小和符号上都表现出随机性，称为随机误差。

疏忽误差是不允许存在的，只能通过测定者在实验时仔细确认来排除。系统误差一般很难被察觉到，经常会被忽略。因此，为了去除系统误差，彻底检查测量装置的使用条件、安装位置、装置材料的各种特性和测量程序就非常必要。使用可靠的标准试样进行校准也是非常有效的手段。如上所述，即使尽最大努力也无法消除的就是随机误差。为了从包括这种误差的数据获得经验公式，需要应用下面的最小二乘法。

4. 最小二乘法

如附图 1.1 所示，对测量值 x、y 作图得到一系列的曲线时，为了绘制出最合适曲线来描述 x 与 y 的关系，可以使用最小二乘法。

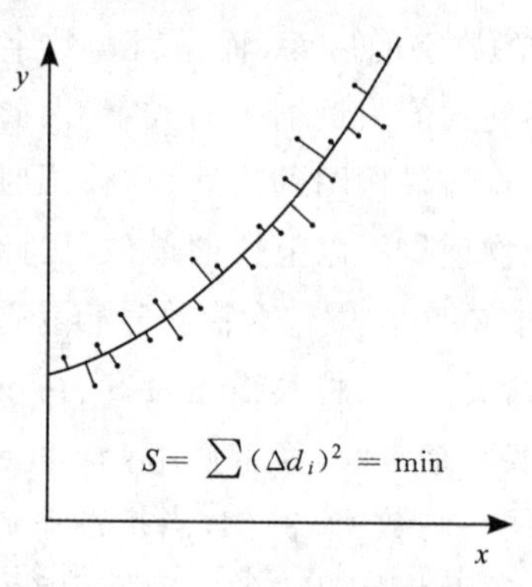

附图 1.1　测量值曲线

基本思路是给出某一近似曲线表达式 $y=f(x)$，通过使其与各个曲线的距离 Δd_i 也就是误差的平方和 $S=\sum(\Delta d_i)^2$ 为最小来确定曲线表达式的系数。若近似曲线方程相对于未知系数是线性的，则可通过解析求得系数。也就是使上述 S 在近似公式中出现的所有未知系数的偏微分方程的值为 0，并求解各未知系数的联立方程，S 对每个独立系数来说都是二次表达式，因此它在偏微分值为 0 的条件下取最小值。最小二乘法的应用示例如下。

(1) 推导比例系数

x 和 y 呈比例关系时，设 $y=bx$，通过最小二乘法可确定 b。为了简化，假定 x 没有误差，可得下式。

$$S=\sum(y_i-bx_i)^2$$

$$0=\frac{\mathrm{d}S}{\mathrm{d}b}=-2\left(\sum x_iy_i-b\sum x_i^2\right)$$

$$b=\frac{\sum x_iy_i}{\sum x_i^2}$$

x 和 y 为直线关系时，设 $y=a+bx$，通过最小二乘法确定 a 和 b。为了简化，假定 x 没有误差，可得下式。

$$S=\sum(y_i-a-bx_i)^2$$

$$0=\frac{\partial S}{\partial a}=-2\sum(y_i-a-bx_i)$$

$$0=\frac{\partial S}{\partial b}=-2\sum x_i(y_i-a-bx_i)$$

联立上述方程得

$$na + b\sum x_i = \sum y_i$$

$$a\sum x_i + b\sum x_i^2 = \sum x_i y_i$$

$$a = \frac{(\sum y_i)(\sum x_i^2) - (\sum x_i)(\sum x_i y_i)}{n(\sum x_i^2) - (\sum x_i)^2}$$

$$b = \frac{n(\sum x_i y_i) - (\sum x_i)(\sum y_i)}{n(\sum x_i^2) - (\sum x_i)^2}$$

与原子热运动相关的现象的物理量，例如扩散和化学反应，表现出以下温度相关性。

$$k = A\exp\left(-\frac{Q}{RT}\right)$$

两边取对数，可得 $\ln k = \ln A - Q/RT$ 的关系式。$\ln k$ 为 y 轴，$1/T$ 为 x 轴作图，可得直线关系，称为阿伦尼乌斯图。这样，通过上述线性拟合就可以得到一个经验公式。

(2) 拟合二次方程

像金属的比热容与温度的关系等，x 和 y 用二次方程 $y = a + bx + cx^2$ 近似表达，a、b 和 c 通过最小二乘法求出。上述的二次方程近似表达式与 a、b 和 c 呈线性关系，且各系数必须独立。为了简化，假定没有误差，则下列公式成立。

$$S = \sum (y_i - a - bx_i - cx_i^2)^2$$

$$0 = \frac{\partial S}{\partial a} = -2\sum (y_i - a - bx_i - cx_i^2)$$

$$0 = \frac{\partial S}{\partial b} = -2\sum x_i(y_i - a - bx_i - cx_i^2)$$

$$0 = \frac{\partial S}{\partial c} = -2\sum x_i^2(y_i - a - bx_i - cx_i^2)$$

由上式，结合下列联立方程，可求解各系数。

$$na + b\sum x_i + c\sum x_i^2 = \sum y_i$$

$$a\sum x_i + b\sum x_i^2 + c\sum x_i^3 = \sum x_i y_i$$

$$a\sum x_i^2 + b\sum x_i^3 + c\sum x_i^4 = \sum x_i^2 y_i$$

$$a = \frac{\begin{vmatrix} \sum y_i & \sum x_i & \sum x_i^2 \\ \sum x_i y_i & \sum x_i^2 & \sum x_i^3 \\ \sum x_i^2 y_i & \sum x_i^3 & \sum x_i^4 \end{vmatrix}}{\begin{vmatrix} n & \sum x_i & \sum x_i^2 \\ \sum x_i & \sum x_i^2 & \sum x_i^3 \\ \sum x_i^2 & \sum x_i^3 & \sum x_i^4 \end{vmatrix}}$$

b、c 求解方法与 a 相同，此处省略。

附录 2　SI 单位符号及单位换算

量的种类 (单位名称)	SI 单位记号(定义) 加词头 * 的例子	旧单位 (SI 单位)
长度(米)	m (km, mm, μm, nm)	
面积	m^2 (cm^2, mm^2, μm^2)	
体积	m^3 (dm^3, cm^3, mm^3)	L($=10^{-3}$ $m^3=dm^3$) mL($=10^{-6}$ $m^3=cm^3$)
质量(千克)	kg (Mg, g, mg, μg)	t($=10^3$ kg=Mg)
密度	$kg \cdot m^{-3}$ ($Mg \cdot m^{-3}$)	$g \cdot cm^{-3}$($=10^3$ $kg \cdot m^{-3}$)
时间(秒)	s (Ms, ks, ms, μs)	min=(60 s) h(=3.6 ks)
频率(赫兹)	Hz [s^{-1}] (GHz, MHz, kHz)	
波数	m^{-1}	cm^{-1}($=10^3$ m^{-1})
速度	$m \cdot s^{-1}$	
加速度	$m \cdot s^{-2}$	
扩散系数	$m^2 \cdot s^{-1}$	St($=10^{-4}$ $m^2 \cdot s^{-1}$)
力(牛顿)	N [$kg \cdot m \cdot s^{-2}$]	dyn($=10^{-5}$ N=10 μN) kgf(=9.806 65 N)
压力,应力(帕斯卡)	Pa [$N \cdot m^{-2}$]	atm(=101 325 Pa) mmHg(=133.32 Pa) Torr(=133.32 Pa) $kgf \cdot mm^{-2}$(=9.806 65 MPa) $tf \cdot cm^{-2}$(=98.066 5 MPa)
表面张力	$N \cdot m^{-1}$	$dyn \cdot cm^{-1}$($=10^{-3}$ $N \cdot m^{-1}=mN \cdot m^{-1}$)
黏度	$Pa \cdot s$	P($=10^{-1} Pa \cdot s$)
物质的量(摩尔)	mol	
摩尔浓度	$mol \cdot m^{-3}$	$mol \cdot L^{-1}$($=10^{-3}$ $mol \cdot m^{-3}=kmol \cdot m^{-3}$)
质量摩尔浓度	$mol \cdot kg^{-1}$	mass%, wt%, at%, mol%
化学反应速度	$mol \cdot s^{-1}$	
能量(焦耳)	J [N · m] (MJ, kJ, mJ)	Erg($=10^{-7}$ J=0.1 μJ) cal(=4.184 0 J) eV($=1.602\ 18 \times 10^{-19}$ J)

续表

量的种类 (单位名称)	SI 单位记号(定义) 加词头 * 的例子	旧单位 (SI 单位)
力矩	N · m	
功率(瓦特)	W [J · s^{-1}=V · A]	
摩尔能	J · mol^{-1} (kJ · mol^{-1})	cal · mol^{-1}(=4.184 J · mol^{-1}) eV · $atom^{-1}$(=96.485 kJ · mol^{-1})
温度(热力学温度)	K	℃[=T(K)−273.15]
热传导率	W · m^{-1} · K^{-1}	
比热容	J · kg^{-1} · K^{-1}	
摩尔比热容	J · mol^{-1} · K^{-1}	
电流(安培)	A	
电流密度	A · m^{-2}	
电荷(库伦)	C [A · s]	
电压(伏特)	V [J · A^{-1} · s^{-1}]	
电场强度	V · m^{-1}	
电阻(欧姆)	Ω [V · A^{-1}]	
电阻率(比电阻)	Ω · m	Ω · cm=(10^{-2} Ω · m)
电导(西门子)	S [A · V^{-1}]	$Ω^{-1}$(=S)
电导率	S · m^{-1}	$Ω^{-1}$ · m^{-1}
电容(法拉第)	F [C · V^{-1}]	
介电常数	F · m^{-1}	
磁场强度	A · m^{-1}	Oe[=10^3/(4π) A · m^{-1}]
磁通量(韦伯)	Wb [V · s]	Mx(=10^{-8} Wb=10 nWb)
磁感应强度(特斯拉)	T[Wb · m^{-2}]	G (=10^{-4} T=0.1 mT)
磁能	J · m^{-3}	GOe(=7.958×10^{-3} J · m^{-3})
(体积)磁化强度	Wb · m^{-2}	emu/cm^2(=4π×10^{-4} Wb · m^{-2})
(质量)磁化强度	Wb · m · kg^{-1}	emu/g(=4π×10^{-7} Wb · m · kg^{-1})
电感(亨利)	H [Wb · A^{-1}]	
体积磁化率	H · m^{-1}	emu[=$(4π)^2$×10^{-7} H · m^{-1}]
质量磁化率	H · m^2 · kg^{-1}	emu/g[=$(4π)^2$×10^{-10} H · m^2 · kg^{-1}]
磁导率	H · m^{-1}	emu(=4π×10^{-7} H · m^{-1})
平面角(弧度)	rad	1° [=(π/180) rad] 1′ [=(π/10 800) rad] 1″ [=(π/648 000) rad]

注：* 词头表示 10 的整数倍，用附表 3 的符号表示。

附录3 SI单位词头(用于表示10倍数)

倍数	词头		符号	英文	倍数	词头		符号	英文
10^{-24}	yocto	幺	y	Septillionth	10	deca	十	da	Ten
10^{-21}	zepto	仄	z	Sextillionth	10^{2}	hecto	百	h	Hundred
10^{-18}	atto	阿	a	Quintillionth	10^{3}	kilo	千	k	Thousand
10^{-15}	femto	飞	f	Quadrillionth	10^{6}	mega	兆	M	Million
10^{-12}	pico	皮	p	Trillionth	10^{9}	gaga	吉	G	Billion
10^{-9}	nano	纳	n	Billionth	10^{12}	tera	太	T	Trillion
10^{-6}	micro	微	μ	Millionth	10^{15}	peta	拍	P	Quadrillion
10^{-3}	milli	毫	m	Thousandth	10^{18}	exa	艾	E	Quintillion
10^{-2}	centi	厘	c	Hundredth	10^{21}	zetta	泽	Z	Sextillion
10^{-1}	deci	分	d	Tenth	10^{24}	yotta	尧	Y	Septillion

附录4 物理常数

量的名称	单位符号	数值
光速(真空)	c	$2.997\,924\,58\times10^{8}$ m · s^{-1}
真空磁导率	μ_0	$4\pi\times10^{-7}$ H · m^{-1}
真空介电常数	ε_0	$8.854\,187\,8\times10^{-12}$ F · m
电子电量	e	$1.602\,177\,3\times10^{-19}$ C
普朗克常数	h	$6.626\,075\times10^{-34}$ J · s
阿伏伽德罗常数	N_A	$6.022\,137\times10^{23}$ mol^{-1}
法拉第常数	F	$9.648\,531\times10^{4}$ C · mol^{-1}
气体常数	R	8.314 51 J · mol^{-1} · K^{-1}
理想气体摩尔体积	V_0	0.022 414 1 m^{3} · mol^{-1}
玻耳兹曼常数	k	$1.380\,66\times10^{-23}$ J · K^{-1}
重力加速度(标准)	g	9.806 65 m · s^{-2}
水的三相点(定义)	T_{tr}	273.160 K(=0.010 ℃)

附录 5　电动势表

附表 5.1　R 型:铂铑 13%/铂

t_{90}/℃	S/(μV/℃)	电动势(E/μV),间隔为 1 ℃										t_{90}/℃
		0	−1	−2	−3	−4	−5	−6	−7	−8	−9	
0	5.3	0	−5	−11	−16	−21	−26	−31	−36	−41	−46	0
−10	5.0	−51	−56	−61	−66	−71	−76	−81	−86	−91	−95	−10
−20	4.7	−100	−105	−109	−114	−119	−123	−128	−132	−137	−141	−20
−30	4.4	−145	−150	−154	−158	−163	−167	−171	−175	−180	−184	−30
−40	4.1	−188	−152	−196	200	204	−208	−211	−215	−219	−223	−40
−50	3.7	226										−50

t_{90}/℃	S/(μV/℃)	电动势(E/μV),间隔为 1 ℃										t_{90}/℃
		0	1	2	3	4	5	6	7	8	9	
0	5.3		5	11	16	21	27	32	38	43	49	0
10	5.5	54	60	65	71	77	82	88	94	100	105	10
20	5.8	111	117	123	129	135	141	147	153	159	165	20
30	6.1	171	177	183	189	195	201	207	214	220	226	30
40	6.3	212	239	245	251	258	264	271	277	284	290	40
50	6.5	296	303	310	316	323	329	336	343	349	356	50
60	6.7	343	369	376	383	390	397	403	410	417	424	60
70	6.9	411	438	445	452	459	466	473	480	487	494	70
80	7.1	501	508	516	523	530	537	541	552	559	566	80
90	7.3	573	581	588	595	603	610	618	625	632	610	90
100	7.5	647	655	662	670	677	685	693	700	708	715	100
110	7.5	723	731	738	746	754	761	769	777	785	792	110
120	7.8	800	808	816	824	832	839	847	855	863	871	120
130	8.0	879	887	895	903	911	919	927	935	943	951	180
140	8.1	959	967	976	984	992	1000	1008	1016	1025	1033	140
150	8.2	1 041	1 049	1 058	1 066	1 074	1 082	1 091	1 099	1 107	1116	150
160	8.4	1 124	1 132	1 141	1 149	1 158	1 166	1 175	1183	1 191	1 200	160
170	8.5	1 208	1 217	1 225	1 234	1 242	1 251	1 260	1 268	1 277	1 285	170
180	8.6	1 294	1 303	1 311	1 320	1 329	1 337	1 346	1 355	1 363	1 372	180
190	8.7	1 381	1 389	1 398	1 407	1 416	1 425	1 433	1 442	1 451	1 460	190
200	8.8	1 469	1 477	1 486	1 495	1 504	1 513	1 522	1 531	1 540	1 549	200

续表

t_{90}/℃	S/(μV/℃)	电动势(E/μV),间隔为 1 ℃										t_{90}/℃
		0	−1	−2	−3	−4	−5	−6	−7	−8	−9	
210	8.9	1 558	1 567	1 575	1 584	1 593	1 602	1 611	1 620	1 629	1 639	210
220	9.1	1 648	1 657	1 666	1 675	1 684	1 693	1 702	1 711	1 720	1 729	220
230	9.1	1 739	1 748	1 757	1 766	1 775	1 784	1 794	1 803	1 812	1 821	230
240	9.2	1 831	1 840	1 849	1 858	1 868	1 877	1 886	1 895	1 905	1 914	240
250	9.3	1 923	1 933	1 942	1 951	1 961	1 970	1 980	1 989	1 998	2 008	250
260	9.4	2 017	2 027	2 036	2 046	2 055	2 064	2 074	2 083	2 093	2 102	260
270	9.5	2 112	2 121	2 131	2 140	2 150	2 159	2 169	2 179	2 188	2 198	270
280	9.6	2 207	2 217	2 226	2 236	2 246	2 255	2 265	2 275	2 284	2 294	280
290	9.7	2 304	2 313	2 323	2 333	2 342	2 352	2 362	2 371	2 381	2391	290
300	9.7	2 401	2 410	2 420	2 430	2 440	2 449	2 459	2469	2 479	2 488	300
310	9.8	2 498	2 508	2 518	2 528	2 538	2 547	2 557	2 567	2 577	2 587	310
320	9.9	2 597	2 607	2 617	2 626	2 636	2 646	2 656	2 666	2 676	2 686	320
330	9.9	2 696	2 706	2 716	2 726	2 736	2 746	2 756	2 766	2 776	2 786	330
340	10.0	2 796	2 806	2 816	2 826	2 836	2 846	2 856	2 866	2 876	2 886	340
350	10.1	2 896	2 906	2 916	2 926	2 937	2 947	2 957	2 967	2 977	2 987	350
360	10.1	2 997	3 007	3 018	3 028	3 038	3 048	3 058	3 068	3 079	3 089	360
370	10.2	3 099	3 109	3 119	3 130	3 140	3 150	3 160	3 171	3 181	3 191	370
380	10.3	3 201	3 212	3 222	3 232	3 242	3 253	3 263	3 273	3 284	3 294	380
390	10.3	3 304	3 315	3 325	3 335	3 346	3 356	3 366	3 377	3 387	3 397	390
400	10.4	3 408	3 418	3 428	3 439	3 449	3 460	3 470	3 480	3 491	3 501	400
410	10.4	3 512	3 522	3 533	3 543	3 553	3 564	3.574	3 585	3 595	3 606	410
420	10.5	3 616	3 627	3 637	3 648	3 658	3 669	3 679	3 690	3 700	3 711	420
430	10.5	3 721	3 732	3 742	3 753	3 764	3 774	3 785	3 795	3 806	3 816	430
440	10.6	3 827	3 838	3 848	3 859	3 869	3 880	3 891	3 901	3 912	3 922	440
450	10.6	3 933	3 944	3 954	3 965	3 976	3 986	3 997	4 008	4 018	4 029	450
460	10.7	4 040	4 050	4 061	4 072	4 083	4 093	4 104	4 115	4 125	4 136	460
470	10.7	4 147	4 158	4 168	4 179	4 190	4 201	4 211	4 222	4 233	4 244	470
480	10.8	4 255	4 265	4 276	4 287	4 298	4 309	4 319	4 330	4 341	4 352	480
490	10.8	4 363	4 373	4 384	4 395	4 406	4 417	4 428	4 439	4 449	4 460	490
500	10.9	4 471	4 482	4 493	4 504	4 515	4 526	4 537	4 548	4 558	4 569	500
510	10.9	4 580	4 591	4 602	4 613	4 624	4 635	4 646	4 657	4 668	4 679	510
520	11.0	4 690	4 701	4 712	4 723	4 734	4 745	4 756	4 767	4 778	4 789	520
530	11.0	4 800	4 811	4 822	4 833	4 844	4 855	4 866	4 877	4 888	4 899	530
540	11.1	4 910	4 922	4 933	4 944	4 955	4 966	4.977	4 988	4 999	5 010	540

续表

t_{90}/℃	S/(μV/℃)	电动势(E/μV),间隔为 1 ℃										t_{90}/℃
		0	−1	−2	−3	−4	−5	−6	−7	−8	−9	
550	11.1	5 021	5 033	5 044	5 055	5 066	5 077	5 088	5 099	5 111	5 122	550
560	11.2	5.133	5 144	5 155	5 166	5 178	5 189	5 200	5 211	1 222	5 234	550
570	11.2	5 245	5 256	5 267	5 279	5 290	5 301	5 312	5 323	5 335	5 346	570
580	11.3	5 357	5 369	5 380	5 391	5 402	5 414	5 425	5 436	5 448	5 459	580
590	11.3	5 470	5 481	5 493	5 504	5 515	5 527	5 538	5 549	5 561	5 572	590
600	11.4	5 583	5 595	5 606	5 618	5 629	5 640	5 652	5 663	5 674	5 686	600
610	11.4	5 697	5 709	5 720	5 731	5 743	5 754	5 766	5 777	5 789	5 800	610
620	11.5	5 812	5 823	5 834	5 846	5 857	5 869	5 880	5 892	5 903	5 915	620
630	11.5	5 926	5 938	5 949	5 961	5 972	5 984	5 995	6 007	4 018	6 030	630
640	11.5	6 041	6 053	6 065	6 076	6 088	6 099	6 111	6 122	4 134	6 146	640
650	11.6	6 157	6 160	6 180	6 192	6 204	6 215	6 227	6 238	6 250	6 262	650
660	11.6	6 273	6 285	6 297	6 308	6 320	6 332	5 343	6 355	6 367	6 378	650
670	11.7	6 390	6 402	6 413	6 425	6 437	6 448	6 460	6 472	4 484	6 495	670
650	11.7	6 507	6 519	6 531	6 542	6 534	6 566	5 578	6 589	4 601	6 613	650
690	11.8	6 625	6 635	6 648	6 660	6 672	6 684	6 695	6 707	6 719	6 731	690
700	11.8	6 743	6 755	6 766	6 778	6 790	6 802	6 814	6 826	4 838	6 849	700
710	11.9	6 861	6 873	6 885	6 897	6 909	6 921	6 933	6 945	4 956	6 968	710
720	11.9	6 980	6 992	7 004	7 016	7 028	7 040	7 052	7 064	7 076	7 088	720
730	12.0	7 100	7 112	7 124	7 136	7 148	7 160	7 172	7 184	7 196	7 208	730
740	12.0	7 220	7 232	7 244	7 256	7 268	7 280	7 292	7 304	7 316	7 328	740
750	12.1	7 340	7 352	7 364	7 376	7 389	7 401	7 413	7 425	7 437	7 449	750
760	12.1	7 461	7 473	7 485	7 498	7 510	7 522	7 534	7 546	7 558	7 570	750
770	12.2	7 583	7 595	7 607	7 619	7 631	7 644	7 656	7 668	7 680	7 692	770
780	12.2	7 705	7 717	7 729	7 741	7 753	7 766	7 778	7 790	7 802	7 815	780
790	12.3	7 527	7 839	7 851	7 864	7 876	7 888	7 901	7 913	7 925	7 938	790
800	12.3	7 950	7 962	7 974	7 987	7 999	8 011	8 024	8 036	8 048	8 061	800
810	12.4	8 073	8 085	8 098	8 110	8 123	8 135	8 147	8 160	8 172	8 185	810
820	12.4	8 197	8 209	8 222	8 234	8 247	8 259	8 272	8 284	8 296	8 309	820
830	12.5	8 321	8 334	8 346	8 359	8 371	8 384	8 369	8 409	8 421	8 434	830
840	12.5	8 446	8 459	8 471	8 484	8 496	8 509	8 521	8 534	8 546	8 559	840
850	12.6	8 571	8 584	8 597	8 609	8 622	8 634	8 647	8 659	8 672	8 685	850
860	12.6	8 697	8 710	8 722	8 735	8 748	8 760	8 773	8 785	8 798	8 811	860
870	12.6	8 823	8 836	8 849	8 861	8 874	8 887	8 899	8 912	8 925	8 937	870
880	12.7	8 950	8 963	8 975	8 988	9 001	9 014	9 026	9 039	9 052	9 065	880

续表

t_{90}/℃	S/(μV/℃)	电动势(E/μV),间隔为 1 ℃										t_{90}/℃
		0	−1	−2	−3	−4	−5	−6	−7	−8	−9	
890	12.7	9 077	9 090	9 103	9 115	9 128	9 141	9 154	9 167	9 179	9 192	890
900	12.8	9 205	9 218	9 230	9 243	9 256	9 269	9 282	9 294	9 307	9 320	900
910	12.8	9 333	9 346	9 359	9 371	9 384	9 397	9 410	9 423	9 436	9 449	910
920	12.9	9 461	9 474	9 487	9 500	9 513	9 526	9 539	9 552	9 565	9 578	920
930	12.9	9 590	9 603	9 616	9 629	9 642	9 655	9 668	9 681	9 694	9 707	930
940	13.0	9 720	9 733	9 746	9 759	9 772	9 785	9 798	9 811	9 824	9 837	940
950	13.0	9 850	9 863	9 876	9 889	9 902	9 915	9 928	9 941	9 954	9 967	950
960	13.1	9 980	9 993	10 006	10 019	10 032	10 046	10 059	10 072	10 085	10 098	960
970	13.1	10 111	10 124	10 137	10 150	10 163	10 177	10 190	10 203	10 216	10 229	970
980	13.1	10 242	10 255	10 268	10 282	10 295	10 308	10 321	10 334	10 347	10 361	980
990	13.2	10 374	10 387	10 400	10 413	10 427	10 440	10 453	10 466	10 480	10 493	990
1 000	13.2	10 506	10 519	10 532	10 546	10 559	10 572	10 585	10 599	10 612	10 625	1 000
1 010	13.3	10 638	10 652	10 665	10 678	10 692	10 705	10 718	10 731	10 745	10 758	1 010
1 020	13.3	10 771	10 785	10 798	10 811	10 825	10 838	10 851	10 865	10 878	10 891	1 020
1 030	13.4	10 905	10 918	10 932	10 945	10 958	10 972	10 985	10 998	11 012	11 025	1 030
1 040	13.4	11 039	11 052	11 065	11 079	11 092	11 106	11 119	11 132	11 146	11 159	1 040
1 050	13.4	11 173	11 186	11 200	11 213	11 227	11 240	11 253	11 267	11 280	11 294	1 050
1 060	13.5	11 307	11 321	11 334	11 348	11 361	11 375	11 388	11 402	11 415	11 429	1 060
1 070	13.5	11 442	11 456	11 469	11 483	11 496	11 510	11 524	11 537	11 551	11 564	1 070
1 080	13.6	11 578	11 591	11 605	11 618	11 632	11 646	11 659	11 673	11 686	11 700	1 080
1 090	13.6	11 714	11 727	11 741	11 754	11 768	11 782	11 795	11 809	11 822	11 836	1 090
1 100	13.6	11 850	11 863	11 877	11 891	11 904	11 918	11 931	11 945	11 959	11 972	1 100
1 110	13.7	11 986	12 000	12 013	12 027	12 041	12 054	12 068	12 082	12 096	12 109	1 110
1 120	13.7	12 123	12 137	12 150	12 164	12 178	12 191	12 205	12 219	12 233	12 246	1 120
1 130	13.7	12 260	12 274	12 288	12 301	12 315	12 329	12 342	12 356	12 370	12 384	1 130
1 140	13.8	12 397	12 411	12 425	12 439	12 453	12 466	12 480	12 494	12 508	12 521	1 140
1 150	13.8	12 535	12 549	12 563	12 577	12 590	12 604	12 618	12 632	12 646	12 659	1 150
1 160	13.8	12 673	12 687	12 701	12 715	12 729	12 742	12 756	12 770	12 784	12 798	1 160
1 170	13.8	12 812	12 825	12 839	12 853	12 867	12 881	12 895	12 909	12 922	12 936	1 170
1 180	13.9	12 950	12 964	12 978	12 992	13 006	13 019	13 033	13 047	13 061	13 075	1 180
1 190	13.9	13 089	13 103	13 117	13 131	13 145	13 158	13 172	13 186	13 200	13 214	1 190
1 200	13.9	13 228	13 242	13 256	13 270	13 284	13 298	13 311	13 325	13 339	13 353	1 200
1 210	13.9	13 367	13 381	13 395	13 409	13 423	13 437	13 451	13 465	13 479	13 493	1 210
1 220	14.0	13 507	13 521	13 535	13 549	13 563	13 577	13 590	13 604	13 618	13 632	1 220

续表

t_{90}/℃	S/(μV/℃)	电动势(E/μV),间隔为 1 ℃										t_{90}/℃
		0	−1	−2	−3	−4	−5	−6	−7	−8	−9	
1 230	14.0	13 646	13 660	13 674	13 688	13 702	13 716	13 730	13 744	13 758	13 772	1 230
1 240	14.0	13 786	13 800	13 814	13 828	13 842	13 856	13 870	13 884	13 898	13 912	1 240
1 250	14.0	13 926	13 940	13 954	13 968	13 982	13 996	14 010	14 024	14 038	14 052	1 250
1 260	14.0	14 066	14 081	14 095	14109	14 123	14 137	14 151	14 165	14 179	14 193	1 260
1 270	14.0	14 207	14 221	14 235	14 249	14 263	14 277	14 291	14 305	14 319	14 333	1 270
1 280	14.1	14 347	14 361	14 375	14 390	14 404	14 418	14 432	14 446	14 460	14 474	1 280
1 290	14.1	14 488	14 502	14 516	14 530	14 544	14 558	14 572	14 586	14 601	14 615	1 290
1 300	14.1	14 629	14 643	14 657	14 671	14 685	14 699	14 713	14 727	14 741	14 755	1 300
1 310	14.1	14 770	14 784	14 798	14 812	14 826	14 840	14 854	14 868	14 882	14 896	1 310
1 320	14.1	14 911	14 925	14 939	14 953	14 967	14 981	14 995	15 009	15 023	15 037	1 320
1 330	14.1	15 052	15 066	15 080	15 094	15 108	15 122	15 136	15 150	15 164	15 179	1 330
1 340	14.1	15 193	15 207	15 221	15 235	15 249	15 263	15 277	15 291	15 306	15 320	1 340
1 350	14.1	15 334	15 348	15 362	15 376	15 390	15 404	15 419	15 433	15 447	15 461	1 350
1 360	14.1	15 475	15 489	15 503	15 517	15 531	15 546	15 560	15 574	15 588	15 602	1 360
1 370	14.1	15 616	15 630	15 645	15 659	15 673	15 687	15 701	15 715	15 729	15 743	1 370
1 380	14.1	15 758	15 772	15 786	15 800	15 814	15 828	15 842	15 856	15 871	15 885	1 380
1 390	14.1	15 899	15 913	15 927	15 941	15 955	15 969	15 984	15 998	16 012	16 026	1 390
1 400	14.1	16 040	16 054	16 068	16 082	16 097	16 111	16 125	16 139	16 153	16 167	1 400
1 410	14.1	16 181	16 196	16 210	16 224	16 238	16 252	16 266	16 280	16 294	16 309	1 410
1 420	14.1	16 323	16 337	16 351	16 365	16 379	16 393	16 407	16 422	16 436	16 450	1 420
1 430	14.1	16 464	16 478	16 492	16 506	16 520	16 534	16 549	16 563	16 577	16 591	1 430
1 440	14.1	16 605	16 619	16 633	16 647	16 662	16 676	16 690	16 704	16 718	16 732	1 440
1 450	14.1	16 746	16 760	16 774	16 789	16 803	16 817	16 831	16 845	16 859	16 873	1 450
1 460	14.1	16 887	16 901	16 915	16 930	16 944	16 958	16 972	16 986	17 000	17 014	1 460
1 470	14.1	17 028	17 042	17 056	17 071	17 085	17 099	17 113	17 127	17 141	17 155	1 470
1 480	14.1	17 169	17 183	17 197	17 211	17 225	17 240	17 254	17 268	17 282	17 296	1 480
1 490	14.1	17 310	17 324	17 338	17 352	17 366	17 380	17 394	17 408	17.423	17 437	1 490
1 500	14.1	17 451	17 465	17 479	17 493	17 507	17 521	17 535	17 549	17 563	17 577	1 500
1 510	14.1	17 591	17 605	17 619	17 633	17 647	17 661	17 676	17 690	17 704	17 718	1 510
1 520	14.0	17 732	17 746	17 760	17 774	17 788	17 802	17 816	17 830	17 844	17 858	1 520
1 530	14.0	17 872	17 886	17 900	17 914	17 928	17 942	17 956	17 970	17 984	17 998	1 530
1 540	14.0	18 012	18 026	18 040	18 054	18 068	18 082	18 096	18 110	18 124	18 138	1 540
1 550	14.0	18 152	18 166	18 180	18 194	18 208	18 222	18 236	18 250	18 264	18 278	1 550
1 560	14.0	18 292	18 306	18 320	18 334	18 348	18 362	18 376	18 390	18 404	18 417	1 560

续表

t_{90}/℃	S/(μV/℃)	电动势(E/μV),间隔为 1 ℃										t_{90}/℃
		0	−1	−2	−3	−4	−5	−6	−7	−8	−9	
1 570	13.9	18 431	18 445	18 459	18 473	18 487	18 501	18 515	18 529	18 543	18 557	1 570
1 580	13.9	18 571	18 585	18 599	18 613	18 627	18 640	18 654	18 668	18 682	18 696	1 580
1 590	13.9	18 710	18 724	18 738	18 752	18 766	18 779	18 793	18 807	18 821	18 835	1 590
1 600	13.9	18 849	18 863	18 877	18 891	18 904	18 918	18 932	18 946	18 960	18 974	1 600
1 610	13.9	18 988	19 002	19 015	19 029	19 043	19 057	19 071	19 085	19 098	19 112	1 610
1 620	13.8	19 126	19 140	19 154	19 168	19 181	19 195	19 209	19 223	19 237	19 250	1 620
1 630	13.8	19 264	19 278	19 292	19 306	19 319	19 333	19 347	19 361	19 375	19 388	1 630
1 640	13.8	19 402	19 416	19 430	19 444	19 457	19 471	19 485	19 499	19 512	19 526	1 640
1 650	13.7	19 540	19 554	19 567	19 581	19 595	19 609	19 622	19 636	19 650	19 663	1 650
1 660	13.7	19 677	19 691	19 705	19 718	19 732	19 746	19 759	19 773	19 787	19 800	1 660
1 670	13.7	19 814	19 828	19 841	19 855	19 869	19 882	19 896	19 910	19 923	19 937	1 670
1 680	13.6	19 951	19 964	19 978	19 992	20 005	20 019	20 032	20 046	20 060	20 073	1 680
1 690	13.6	20 087	20 100	20 114	20 127	20 141	20 154	20 168	20 181	20 195	20 208	1 690
1 700	13.5	20 222	20 235	20 249	20 262	20 275	20 289	20 302	20 316	20 329	20 342	1 700
1 710	13.3	20 356	20 369	20 382	20 396	20 409	20 422	20 436	20 449	20 462	20 475	1 710
1 720	13.2	20 488	20 502	20 515	20 528	20 541	20 554	20 567	20 581	20 594	20 607	1 720
1 730	13.0	20 620	20 633	20 646	20 659	20 672	20 685	20 698	20 711	20 724	20 736	1 730
1 740	12.9	20 749	20 762	20 775	20 788	20 801	20 813	20 826	20 839	20 852	20 864	1 740
1 750	12.7	20 877	20 890	20 902	20 915	20 928	20 940	20 953	20 965	20 978	20 990	1 750
1 760	12.4	21 003	21 015	21 027	21 040	21 052	21 065	21 077	21 089	21 101		1 760

附表 5.2　S 型:铂铑 10%/铂

t_{90}/℃	S/(μV/℃)	电动势(E/μV),间隔为 1 ℃										t_{90}/℃
		0	−1	−2	−3	−4	−5	−6	−7	−8	−9	
0	5.4	0	−5	−11	−16	−21	−27	−32	−37	−42	−48	0
−10	5.1	−53	−58	−63	−68	−73	−78	−83	−88	−93	−98	−10
−20	4.9	−103	−108	−113	−117	−122	−127	−132	−136	−141	−146	−20
−30	4.6	−150	−155	−159	−164	−168	−173	−177	−181	−186	−190	−30
−40	4.3	−194	−199	−203	−207	−211	−215	−219	−224	−228	−232	−40
−50	4.0	−236										−50

t_{90}/℃	S/(μV/℃)	电动势(E/μV),间隔为 1 ℃										t_{90}/℃
		0	1	2	3	4	5	6	7	8	9	
0	5.4	0	5	11	16	22	27	33	38	44	50	0
10	5.6	55	61	67	72	78	84	90	95	101	107	10

续表

t_{90}/℃	S/(μV/℃)	电动势(E/μV),间隔为 1 ℃										t_{90}/℃
		0	1	2	3	4	5	6	7	8	9	
20	5.9	113	119	125	131	137	143	149	155	161	167	20
30	6.1	173	179	185	191	197	204	210	216	222	229	30
40	6.3	235	241	248	254	260	267	273	280	286	292	40
50	6.5	299	305	312	319	325	332	338	345	352	358	50
60	6.7	365	372	378	385	392	399	405	412	419	426	50
70	6.9	433	440	446	453	460	467	474	481	488	495	70
80	7.0	502	509	516	523	530	538	545	552	559	566	80
90	7.2	573	580	588	595	602	609	617	624	631	639	90
100	7.3	646	653	661	668	675	683	690	698	705	713	100
110	7.5	720	727	735	743	750	758	765	773	780	788	110
120	7.6	795	803	811	818	826	834	841	849	857	865	120
130	7.7	872	880	888	896	903	911	919	927	935	942	130
140	7.9	950	958	966	974	982	990	998	1 006	1013	1 021	140
150	8.0	1 029	1 037	1 045	1 053	1 061	1 069	1 077	1 085	1 094	1 102	150
160	8.1	1 110	1 118	1 126	1 134	1 142	1 150	1 158	1 167	1 175	1 183	160
170	8.2	1 191	1 199	1 207	1 216	1 224	1 232	1 240	1 249	1 257	1 265	170
180	8.3	1 273	1 282	1 290	1 298	1 307	1 315	1 323	1 332	1 340	1 348	180
190	8.4	1 357	1 365	1 373	1 382	1 390	1 399	1 407	1 415	1 424	1 432	190
200	8.5	1 441	1 449	1 458	1 466	1 475	1 483	1 492	1 500	1 509	1 517	200
210	8.5	1 526	1 534	1 543	1 551	1 560	1 569	1 577	1 586	1 594	1 603	210
220	8.6	1 612	1 620	1 629	1 638	1 646	1 655	1 663	1 672	1 681	1 690	220
230	8.7	1 698	1 707	1 716	1 724	1 733	1 742	1 751	1 759	1 768	1 777	230
240	8.8	1 786	1 794	1 803	1 812	1 821	1 829	1 838	1 847	1 856	1 865	240
250	8.8	1 874	1 882	1 891	1 900	1 909	1 918	1 927	1 936	1 944	1 953	250
260	8.9	1 962	1 971	1 980	1 989	1 998	2 007	2 016	2 025	2 034	2 043	260
270	9.0	2 052	2 061	2 070	2 078	2 087	2 096	2 105	2 114	2 123	2 132	270
280	9.0	2 141	2 151	2 160	2 169	2 178	2 187	2 196	2 205	2 214	2 223	280
290	9.1	2 232	2 241	2 250	2 259	2 268	2 277	2 287	2 296	2 305	2 314	290
300	9.1	2 323	2 332	2 341	2 350	2 360	2 369	2 378	2 387	2 396	2 405	300
310	9.2	2 415	2 424	2 433	2 442	2 451	2 461	2 470	2 479	2 488	2 497	310
320	9.2	2 507	2 516	2 525	2 534	2 544	2 553	2 562	2 571	2 581	2 590	320
330	9.3	2 599	2 609	2 618	2 627	2 636	2 646	2 655	2 664	2 674	2 683	330
340	9.3	2 692	2 702	2 711	2.720	2 730	2 739	2 748	2 758	2 767	2.776	340
350	9.4	2 786	2.795	2 805	2 814	2 823	2 833	2 842	2 851	2 861	2 870	350

续表

t_{90}/℃	S/(μV/℃)	电动势(E/μV),间隔为 1 ℃										t_{90}/℃
		0	1	2	3	4	5	6	7	8	9	
360	9.4	2 880	2 889	2 899	2 908	2 917	2 927	2 936	2 946	2 955	2 965	360
370	9.5	2 974	2 983	2 993	3 002	3 012	3 021	3 031	3 040	3 050	3 059	370
380	9.5	3 069	3 078	3 088	3 097	3 107	3 116	3 126	3 135	3 145	3 154	380
390	9.5	3 164	3 173	3 183	3 192	3 202	3 212	3 221	3 231	3 240	3 250	390
400	9.6	3 259	3 269	3 279	3 288	3 298	3 307	3 317	3 326	3 336	3 346	400
410	9.6	3 355	3 365	3 374	3 384	3 394	3 403	3 413	3 423	3 432	3 442	410
420	9.6	3 451	3 461	3 471	3 480	3 490	3 500	3 509	3 519	3 529	3 538	420
430	9.7	3 548	3 558	3 567	3 577	3 587	3 596	3 606	3 616	3 626	3 635	430
440	9.7	3 645	3 655	3 664	3 674	3 684	3 694	3 703	3 713	3 723	3 732	440
450	9.7	3 742	3 752	3 762	3 771	3 781	3 791	3 801	3 810	3 820	3 830	450
460	9.8	3 840	3 850	3 859	3 869	3 879	3 889	3 898	3 908	3 918	3 928	460
470	9.8	3 938	3 947	3 957	3 967	3 977	3 987	3 997	4 006	4 016	4 026	470
480	9.8	4 036	4 046	4 056	4 065	4 075	4 085	4 095	4 105	4 115	4 125	480
490	9.9	4 134	4 144	4 154	4 164	4 174	4 184	4 194	4 204	4 213	4 223	490
500	9.9	4 233	4 243	4 253	4 263	4 273	4 283	4 293	4 303	4 313	4 323	500
510	9.9	4 332	4 342	4 352	4 362	4 372	4 382	4 392	4 402	4 412	4 422	510
520	10.0	4 432	4 442	4 452	4 462	4.472	4 482	4 492	4 502	4 512	4 522	520
530	10.0	4 532	4 542	4 552	4 562	4 572	4 582	4 592	4 602	4 612	4 622	530
540	10.0	4 632	4 642	4 652	4 662	4 672	4 682	4 692	4 702	4 712	4 722	540
550	10.1	4 732	4 742	4 752	4 762	4 772	4 782	4 793	4 803	4 813	4 823	550
560	10.1	4 833	4 843	4 853	4 863	4 873	4 883	4 893	4 904	4 914	4 924	560
570	10.1	4 934	4 944	4 954	4 954	4 974	4 984	4 995	5 005	5 015	5 025	570
580	10.1	5 035	5 045	5 055	5 066	5 076	5 086	5 096	5 106	5 116	5 127	580
590	10.2	5 137	5 147	5 157	5 167	5 178	5 188	5 198	5 208	5 218	5 228	590
600	10.2	5 239	5 249	5 259	5 269	5 280	5 290	5 300	5 310	5 320	5 331	600
610	10.2	5 341	5 351	5 361	5 372	5 382	5 392	5 402	5 413	5 423	5 433	610
620	10.3	5 443	5 454	5 464	5 474	5 485	5 495	5 505	5 515	5 526	5 536	620
630	10.3	5 546	5 557	5 567	5 577	5 588	5 598	5 608	5 618	5 629	5 639	630
640	10.3	5 649	5 660	5 670	5 680	5 691	5 701	5 712	5 722	5 732	5 743	640
650	10.4	5 753	5 763	5 774	5 784	5 794	5 805	5 815	5 826	5 836	5 846	650
660	10.4	5 857	5 867	5 878	5 888	5 898	5 909	5 919	5 930	5 940	5 950	660
670	10.4	5 961	5 971	5 982	5 992	6 003	6 013	6 024	6 034	6 044	6 055	670
680	10.5	6 065	6 076	6 086	6 097	6 107	6 118	6 128	6 139	6 149	6 160	680
690	10.5	6 170	6 181	6 191	6 202	6 212	6 223	6 233	6 244	6 254	6 265	690

续表

t_{90}/℃	S/(μV/℃)	电动势(E/μV),间隔为 1 ℃										t_{90}/℃
		0	1	2	3	4	5	6	7	8	9	
700	10.5	6 275	6 286	6 296	6 307	6 317	6 328	6 338	6 349	6 360	6 370	700
710	10.6	6 381	6 391	6 402	6 412	6 423	6 434	6 444	6 455	6 465	6 476	710
720	10.6	6 486	6 497	6 508	6 518	6 529	6 539	6 550	6 561	6 571	6 582	720
730	10.6	6 593	6 603	6 614	6 624	6 635	6 646	6 656	6 667	6 678	6 688	730
740	10.7	6 699	6 710	6 720	6 731	6 742	6 752	6 763	6 774	6 784	6 795	740
750	10.7	6 806	6 817	6 827	6 838	6 849	6 859	6 870	6 881	6 892	6 902	750
760	10.7	6 913	6 924	6 934	6 945	6 956	6 967	6 977	6 988	6 999	7 010	760
770	10.8	7 020	7 031	7 042	7 053	7 064	7 074	7 085	7 096	7 107	7 117	770
780	10.8	7 128	7 139	7 150	7 161	7 172	7 182	7 193	7 204	7 215	7 226	780
790	10.8	7 236	7 247	7.258	7 269	7 280	7 291	7 302	7 312	7 323	7 334	790
800	10.9	7 345	7 356	7 367	7 378	7 388	7 399	7 410	7 421	7 432	7 443	800
810	10.9	7 454	7 465	7 476	7 487	7 497	7 508	7 519	7 530	7 541	7 552	810
820	10.9	7 563	7 574	7 585	7 596	7 607	7 618	7 629	7 640	7 651	7 662	820
830	11.0	7 673	7 684	7 695	7 706	7 717	7 728	7 739	7 750	7 761	7 772	830
840	11.0	7 783	7 794	7 805	7 815	7 827	7 838	7 849	7 850	7 871	7 882	840
850	11.0	7 893	7 904	7.915	7 926	7 937	7 948	7.959	7 970	7 981	7 992	850
860	11.1	8 003	8 014	8 026	8 037	8 048	8 059	8 070	8 081	8 092	8 103	860
870	11.1	8 114	8 125	8 137	8 148	8 159	8 170	8 181	8 192	8 203	8 214	870
880	11.1	8 226	8 237	8 248	8 259	8 270	8 281	8 293	8 304	8 315	8 326	880
890	11.2	8 337	8 348	8 360	8 371	8 382	8 393	8 404	8 416	8 427	8 438	890
900	11.2	8 449	8 460	8 472	8 483	8 494	8 505	8 517	8 528	8 539	8 550	900
910	11.2	8 562	8 573	8 584	8 595	8 607	8.618	8 629	8 640	8 652	8 663	910
920	11.3	8 674	8 685	8 697	8 708	8 719	8 731	8 742	8 753	8 765	8 776	920
930	11.3	8 787	8 798	8 810	8 821	8 832	8 844	8 855	8 866	8 878	8 889	930
940	11.3	8 900	8 912	8 923	8 935	8 946	8 957	8 959	8 980	8 991	9 003	940
950	11.4	9 014	9 025	9 037	9 048	9 060	9 071	9 082	9 094	9 105	9 117	950
960	11.4	9 128	9 139	9 151	9 162	9 174	9 185	9 197	9 208	9 219	9 231	960
970	11.4	9 242	9 254	9.265	9.277	9 288	9 300	9 311	9 323	9 334	9 345	970
980	11.5	9 357	9 358	9 380	9 391	9 403	9 414	9 426	9 437	9 449	9 460	980
990	11.5	9 472	9 483	9 495	9 506	9 518	9 529	9 541	9 552	9 564	9 576	990
1 000	11.5	9 587	9 599	9 610	9 622	9 633	9 645	9 556	9 658	9 680	9 691	1 000
1 010	11.6	9 703	9 714	9 726	9 737	9 749	9 761	9 772	9 784	9 795	9 807	1 010
1 020	11.6	9 819	9 830	9 842	9 853	9 865	9 877	9 888	9 900	9 911	9 923	1 020
1 030	11.6	9 935	9 946	9 958	9 970	9 981	9 993	10 005	10 016	10 028	10 040	1 030

续表

t_{90}/℃	S/(μV/℃)	电动势(E/μV),间隔为 1 ℃										t_{90}/℃
		0	1	2	3	4	5	6	7	8	9	
1 040	11.7	10 051	10 063	10 075	10 086	10 098	10 110	10 121	10 133	10 145	10 156	1 040
1 050	11.7	10 168	10 180	10 191	10 203	10 215	10 227	10 238	10 250	10 262	10 273	1 050
1 060	11.7	10 285	10.297	10 309	10 320	10 332	10 344	10 356	10 367	10 379	10 391	1 060
1 070	11.8	10 403	10.414	10 426	10 438	10 450	10 461	10 473	10 485	10 497	10.509	1 070
1 080	11.8	10 520	10 532	10 544	10 556	10 567	10 579	10 591	10 603	10 615	10.626	1 080
1 090	11.8	10 638	10 650	10 662	10 674	10 686	10 697	10 709	10 721	10 733	10.745	1 090
1 100	11.8	10 757	10 768	10 780	10 792	10 804	10 816	10 828	10 839	10 851	10.863	1 100
1 110	11.9	10 875	10 887	10 899	10 911	10 922	10 934	10 946	10 958	10 970	10 982	1 110
1 120	11.9	10 994	11 006	11 017	11 029	11 041	11 053	11 065	11 077	11 089	11 101	1 120
1 130	11.9	11 113	11 125	11 136	11 148	11 160	11 172	11 184	11 196	11 208	11 220	1 130
1 140	11.9	11 232	11 244	11 256	11 268	11 280	11 291	11 303	11 315	11 327	11 339	1 140
1 150	11.9	11 351	11 363	11 375	11 387	11 399	11 411	11 423	11 435	11 447	11 459	1 150
1 160	12.0	11 471	11 483	11 495	11 507	11 519	11 531	11 542	11 554	11 566	11 578	1 160
1 170	12.0	11 590	11 602	11 614	11 626	11 638	11 650	11 662	11 674	11 686	11 698	1 170
1 180	12.0	11 710	11 722	11 734	11 746	11 758	11 770	11 782	11 794	11 806	11 818	1 180
1 190	12.0	11 830	11 842	11 854	11 866	11 878	11 890	11 902	11 914	11 926	11 939	1 190
1 200	12.0	11 951	11 963	11 975	11 987	11 999	12 011	12 023	12 035	12 047	12 059	1 200
1 210	12.0	12 071	12 083	12 095	12 107	12 119	12 131	12 143	12 155	12 167	12 179	1 210
1 220	12.1	12 191	12 203	12 216	12 228	12 240	12 252	12 264	12 276	12 288	12 300	1 220
1 230	12.1	12 312	12 324	12 336	12 348	12 360	12 372	12 384	12 397	12 409	12 421	1 230
1 240	12.1	12 433	12 445	12 457	12 469	12 481	12 493	12 505	12 517	12 529	12 542	1 240
1 250	12.1	12 554	12 566	12 578	12 590	12 602	12 614	12 626	12 638	12 650	12 662	1 250
1 260	12.1	12 675	12 687	12 699	12 711	12 723	12 735	12 747	12 759	12 771	12 783	1 260
1 270	12.1	12 796	12.808	12 820	12 832	12 844	12 856	12 868	12 880	12 892	12 905	1 270
1 280	12.1	12 917	12 929	12 941	12 953	12 965	12 977	12 989	13 001	13 014	13 026	1 280
1 290	12.1	13 038	13 050	13 062	13 074	13 086	13 098	13 111	13 123	13 135	13 147	1 290
1 300	12.1	13 159	13 171	13 183	13 195	13 208	13 220	13 232	13 244	13 256	13 268	1 300
1 310	12.1	13 280	13 292	13 305	13 317	13 329	13 341	13 353	13 365	13 377	13 390	1 310
1 320	12.1	13 402	13 414	13 426	13 438	13 450	13 462	13 474	13 487	13 499	13 511	1 320
1 330	12.1	13 523	13 535	13 547	13 559	13 572	13 584	13 596	13 608	13 620	13 632	1 330
1 340	12.1	13 644	13 657	13 669	13 681	13 693	13 705	13 717	13 729	13 742	13 754	1 340
1 350	12.1	13 766	13 778	13 790	13 802	13 814	13 826	13 839	13 851	13 863	13 875	1 350
1 360	12.1	13 887	13 899	13 911	13 924	13 936	13 948	13 960	13 972	13 984	13 996	1 360
1 370	12.1	14 009	14 021	14 033	14 045	14 057	14 069	14 081	14 094	14 106	14 118	1 370

续表

t_{90}/℃	S/(μV/℃)	电动势(E/μV),间隔为1 ℃										t_{90}/℃
		0	1	2	3	4	5	6	7	8	9	
1 380	12.1	14 130	14 142	14 154	14 166	14 178	14 191	14 203	14 215	14 227	14 239	1 380
1 390	12.1	14 251	14 263	14 276	14 288	14 300	14 312	14 324	14 336	14 348	14 360	1 390
1 400	12.1	14 373	14 385	14 397	14 409	14 421	14 433	14 445	14 457	14 470	14 482	1 400
1 410	12.1	14 494	14 506	14 518	14 530	14 542	14 554	14 567	14 579	14 591	14 603	1 410
1 420	12.1	14 615	14 627	14 639	14 651	14 664	14 676	14 688	14 700	14 712	14.724	1 420
1 430	12.1	14 736	14 748	14 760	14 773	14 785	14 797	14 809	14 821	14 833	14 845	1 430
1 440	12.1	14 857	14 869	11 881	14 894	14 906	14 918	14.930	14 942	14 954	14 966	1 440
1 450	12.1	14 978	14 990	15 002	15 015	15 027	15 039	15 051	15 063	15 075	15 087	1 450
1 460	12.1	15 099	15 111	15 123	15 135	15 148	15 160	15 172	15 184	15 196	15 208	1 460
1 470	12.1	15 220	15 232	15 244	15 256	15 268	15 280	15 292	15 304	15.317	15 329	1 470
1 480	12.1	15.341	15 353	15 365	15 377	15 389	15 401	15 413	15 425	15 437	15 449	1 480
1 490	12.1	15 461	15 473	15 485	15 497	15 509	15 521	15 534	15 546	15 558	15 570	1 490
1 500	12.0	15 582	15 594	15 606	15 618	15 630	15 642	15 654	15 666	15 678	15 690	1 500
1 510	12.0	15 702	15 714	15 726	15 738	15 750	15 762	15 774	15 786	15 798	15 810	1 510
1 520	12.0	15 822	15 834	15 846	15 858	15 870	15 882	15 894	15 906	15 918	15 930	1 520
1 530	12.0	15 942	15 954	15 966	15 978	15 990	16 002	16 014	16 026	16 038	16 050	1 530
1 540	12.0	16 062	16 074	16 086	16 098	16 110	16 122	16 134	16 146	16 158	16 170	1 540
1 550	12.0	16 182	16 194	16 205	16 217	16 229	16 241	16 253	16 265	16 277	16 289	1 550
1 560	11.9	16 301	16 313	16 325	16 337	16 349	16 361	16 373	16 385	16 396	16 408	1 560
1 570	11.9	16.420	16 432	16 444	16 456	16 468	16 480	16 492	16 504	16 516	16 527	1 570
1 580	11.9	16 539	16 551	16 563	16 575	16 587	16 599	16 611	16 623	16 634	16 646	1 580
1 590	11.9	16 658	16 670	16 682	16 694	16 706	16 718	16 729	16 741	16 753	16 765	1 590
1 600	11.9	16 777	16 789	16 801	16 812	16 824	16 836	16 848	16 860	16 872	16 883	1 600
1 610	11.8	16 895	16 907	16 919	16 931	16 943	16 954	16 966	16 978	16 990	17 002	1 610
1 620	11.8	17 013	17 025	17 037	17 049	17 061	17 072	17 084	17 096	17 108	17 120	1 620
1 630	11.8	17 131	17 143	17 155	17 167	17 178	17 190	17 202	17 214	17 225	17 237	1 630
1 640	11.8	17 249	17 261	17 272	17 284	17 296	17 308	17 319	17 331	17 343	17 355	1 640
1 650	11.7	17 366	17 378	17 390	17 401	17 413	17 425	17 437	17 448	17 460	17 472	1 650
1 660	11.7	17 483	17 495	17 507	17 518	17 530	17 542	17 553	17 565	17 577	17 588	1 660
1 670	11.7	17 600	17 612	17 623	17 635	17 647	17 658	17 670	17 682	17 693	17 705	1 670
1 680	11.6	17 717	17 728	17 740	17 751	17 763	17 775	17 786	17 798	17 809	17 821	1 680
1 690	11.5	17 832	17 844	17 855	17 867	17 878	17 890	17 901	17 913	17 924	17 936	1 690
1 700	11.5	17 947	17 959	17 970	17 982	17 993	18 004	18 016	18 027	18 039	18 050	1 700
1 710	11.3	18 061	18 073	18 084	18 095	18 107	18 118	18 129	18 140	18 152	18 163	1 710

续表

t_{90}/℃	S/(μV/℃)	电动势(E/μV),间隔为1 ℃										t_{90}/℃
		0	1	2	3	4	5	6	7	8	9	
1 720	11.2	18 174	18 185	18 196	18 208	18 219	18 230	18 241	18 252	18 263	18 274	1 720
1 730	11.1	18 285	18 297	18 308	18 319	18 330	18 341	18 352	18 362	18 373	18 384	1 730
1 740	10.9	18 395	18 406	18 417	18 428	18 439	18 449	18 460	18 471	18 482	18 493	1 740
1 750	10.7	18 503	18 514	18 525	18 535	18 546	18 557	18 567	18 578	18 588	18 599	1 750
1 760	10.5	18 609	18 620	18 630	18 641	18 651	18 661	18 672	18 682	18 693		1 760

附表 5.3　T 型:铜/铜镍

t_{90}/℃	S/(μV/℃)	电动势(E/μV),间隔为1 ℃										t_{90}/℃
		0	-1	-2	-3	-4	-5	-6	-7	-8	-9	
0	38.7	0	-39	-77	-116	-154	-193	-231	-269	-307	-345	0
-10	37.9	-383	-421	-459	-496	-534	-571	-608	-646	-683	-720	-10
-20	36.9	-757	-794	-830	-867	-904	-940	-976	-1013	-1049	-1085	-20
-30	35.9	-1 121	-1 157	-1 192	-1 228	-1 264	-1 299	-1 335	-1 370	-1 405	-1 440	-30
-40	34.9	-1 475	-1 510	-1 545	-1 579	-1 614	-1 648	-1 683	-1 717	-1 751	-1 785	-40
-50	33.9	-1 819	-1 853	-1 887	-1 920	-1 954	-1 987	-2 021	-2 054	-2 087	-2 120	-50
-60	32.8	-2 153	-2 186	-2 218	-2 251	-2 283	-2 316	-2 348	-2 380	-2412	-2 444	-60
-70	31.8	-2 476	-2 507	-2 539	-2 571	-2 602	-2 633	-2 664	-2 695	-2 726	-2 757	-70
-80	30.7	-2 788	-2 818	-2 849	-2 879	-2 910	-2 940	-2 970	-3 000	-3 030	-3 059	-80
-90	29.5	-3 089	-3 118	-3 148	-3 177	-3 206	-3 235	-3 264	-3 293	-3 322	-3 350	-90
-100	28.4	-3 379	-3 407	-3 435	-3 463	-3 491	-3 519	-3 547	-3 574	-3 602	-3 629	-100
-110	27.2	-3 657	-3 684	-3 711	-3738	-3765	-3 791	-3 818	-3 844	-3 871	-3 897	-110
-120	26.0	-3 923	-3 949	-3 975	-4000	-4 026	-4 052	-4 077	-4102	-4 127	-4 152	-120
-130	24.8	-4 177	-4 202	-4 226	-4 251	-4 275	-4 300	-4 324	-4 348	-4 372	-4 395	-130
-140	23.6	-4 419	-4 443	-4 466	-4 489	-4 512	-4 535	-4 558	-4 581	-4 604	-4 626	-140
-150	22.3	-4 648	-4 671	-4 693	-4715	-4 737	-4 759	-4 780	-4 802	-4 823	-4 844	-150
-160	21.1	-4 865	-4 886	-4 907	-4 928	-4 949	-4 969	-4 989	-5 010	-5 030	-5 050	-160
-170	19.8	-5 070	-5 089	-5 109	-5 128	-5 148	-5 167	-5 186	-5 205	-5 224	-5 242	-170
-180	18.5	-5 261	-5 279	-5 297	-5 316	-5 334	-5 351	-5 369	-5 387	-5 404	-5 421	-180
-190	17.1	-5 439	-5 456	-5 473	-5 489	-5 506	-5 523	-5 539	-5 555	-5 571	-5 587	-190
-200	15.7	-5 603	-5 619	-5 634	-5 650	-5 665	-5 680	-5 695	-5 710	-5 724	-5 739	-200
-210	14.3	-5 753	-5 767	-5 782	-5 795	-5 809	-5 823	-5 836	-5 850	-5 863	-5 876	-210
-220	12.7	-5 888	-5 901	-5 914	-5 926	-5 938	-5 950	-5 962	-5 973	-5 985	-5 996	-220
-230	10.9	-6 007	-6 017	-6 028	-6 038	-6 049	-6 059	-6 068	-6 078	-6 087	-6 096	-230
-240	8.7	-6 105	-6 114	-6 122	-6 130	-6 138	-6 146	-6 153	-6 160	-6 167	-6 174	-240

续表

t_{90}/℃	S/(μV/℃)	电动势(E/μV),间隔为 1 ℃										t_{90}/℃
		0	−1	−2	−3	−4	−5	−6	−7	−8	−9	
−250	6.3	−6 180	−6 187	−6 193	−6 198	−6 204	−6 209	−6 214	−6 219	−6 223	−6 228	−250
−260	3.9	−6 232	−6 236	−6 239	−6 242	−6 245	−6 248	−6 251	−6 253	−6 255	−6 256	−260
−270	1.0	−6 258										−270

t_{90}/℃	S/(μV/℃)	电动势(E/μV),间隔为 1 ℃										t_{90}/℃
		0	1	2	3	4	5	6	7	8	9	
0	38.7	0	39	78	117	156	195	234	273	312	352	0
10	39.5	391	431	470	510	549	589	629	669	709	749	10
20	40.3	790	830	870	911	951	992	1033	1074	1114	1155	20
30	41.1	1 196	1 238	1 279	1 320	1 362	1 403	1 445	1 486	1 528	1 570	30
40	42.0	1 612	1 654	1 696	1 738	1 780	1 823	1 865	1 908	1 950	1 993	40
50	42.8	2 036	2 079	2 122	2 165	2 208	2 251	2 294	2 338	2 381	2 425	50
60	43.7	2 468	2 512	2 556	2 600	2 643	2 687	2 732	2 776	2 820	2 864	60
70	44.5	2 909	2 953	2 998	3 043	3 087	3 132	3 177	3 222	3 267	3 312	70
80	45.3	3 358	3 403	3 448	3 494	3 539	3 585	3 631	3 677	3 722	3 768	80
90	46.0	3 814	3 860	3 907	3 953	3 999	4 046	4 092	4 138	4 185	4 232	90
100	46.8	4 279	4 325	4 372	4 419	4 466	4 513	4 561	4 608	4 655	4 702	100
110	47.5	4 750	4 798	4 845	4 893	4 941	4 988	5 036	5 084	5 132	5 180	110
120	48.2	5 228	5 277	5 325	5 373	5 422	5 470	5 519	5 567	5 616	5 665	120
130	48.9	5 714	5 763	5 812	5 861	5 910	5 959	6 008	6 057	6 107	6 156	130
140	49.5	6 206	6 255	6 305	6 355	6 404	6 454	6 504	6 554	6 604	6 654	140
150	50.2	6 704	6 754	6 805	6 855	6 905	6 956	7 006	7 057	7 107	7 158	150
160	50.8	7 209	7 260	7 310	7 361	7 412	7 463	7 515	7 566	7 617	7 668	160
170	51.4	7 720	7 771	7 823	7 874	7 926	7 977	8 029	8 081	8 133	8 185	170
180	52.0	8 237	8 289	8 341	8 393	8 445	8 497	8 550	8 602	8 654	8 707	180
190	52.6	8 759	8 812	8 865	8 917	8 970	9 023	9 076	9 129	9 182	9 235	190
200	53.1	9 288	9 341	9 395	9 448	9 501	9 555	9 608	9 662	9 715	9 769	200
210	53.7	9 822	9 876	9 930	9 984	10 038	10 092	10 146	10 200	10 254	10 308	210
220	54.3	10 362	10 417	10 471	10 525	10 580	10 634	10 689	10 743	10 798	10 853	220
230	54.8	10 907	10 962	11 017	11 072	11 127	11 182	11 237	11 292	11 347	11 403	230
240	55.3	11 458	11 513	11 569	11 624	11 680	11 735	11 791	11 846	11 902	11 958	240
250	55.8	12 013	12 069	12 125	12 181	12 237	12 293	12 349	12 405	12 461	12 518	250
260	56.3	12 574	12 630	12 687	12 743	12 799	12 856	12 912	12 969	13 026	13 082	260
270	56.8	13 139	13 196	13 253	13 310	13 366	13 423	13 480	13 537	13 595	13 652	270
280	57.2	13 709	13 766	13 823	13 881	13 938	13 995	14 053	14 110	14 168	14 226	280

续表

t_{90}/℃	S/(μV/℃)	电动势(E/μV),间隔为 1 ℃										t_{90}/℃
		0	1	2	3	4	5	6	7	8	9	
290	57.7	14 283	14 341	14 399	14 456	14 514	14 572	14 630	14 688	14 746	14 804	290
300	58.1	14 862	14 920	14 978	15 036	15 095	15 153	15 211	15 270	15 328	15 386	300
310	58.5	15 445	15 503	15 562	15 621	15 679	15 738	15 797	15 856	15 914	15 973	310
320	58.9	16 032	16 091	16 150	16 209	16 268	16 327	16 387	16 446	16 505	16 564	320
330	59.3	16 624	16 683	16 742	16 802	16 861	16 921	16 980	17 040	17 100	17 159	330
340	59.8	17 219	17 279	17 339	17 399	17 458	17 518	17 578	17 638	17 698	17 759	340
350	60.2	17 819	17 879	17 939	17 999	18 060	18 120	18 180	18 241	18 301	18 362	350
360	60.6	18 422	18 483	18 543	18 604	18 665	18 725	18 786	18 847	18 908	18 969	360
370	60.9	19 030	19 091	19 152	19 213	19 274	19 335	19 396	19 457	19 518	19 579	370
380	61.3	19 641	19 702	19 763	19 825	19 886	19 947	20 009	20 070	20 132	20 193	380
390	61.6	20 255	20 317	20 378	20 440	20 502	20 563	20 625	20 687	20 748	20 810	390
400	61.8	20 872										400

附表 5.4　K 型:镍铬/镍铝(镍铬/镍硅)

t_{90}/℃	S/(μV/℃)	电动势(E/μV),间隔为 1 ℃										t_{90}/℃
		0	−1	−2	−3	−4	−5	−6	−7	−8	−9	
0	39.5	0	−39	−79	−118	−157	−197	−236	−275	−314	−353	0
−10	38.9	−392	−431	−470	−508	−547	−586	−624	−663	−701	−739	−10
−20	38.2	−778	−816	−854	−892	−930	−968	−1 006	−1 043	−1 081	−1 119	−20
−30	37.5	−1 156	−1 194	−1 231	−1 268	−1 305	−1 343	−1 380	−1 417	−1 453	−1 490	−30
−40	36.7	−1 527	−1 564	−1 600	−1 637	−1 673	−1 709	−1 745	−1 782	−1 818	−1 854	−40
−50	35.8	−1 889	−1 925	−1 961	−1 996	−2 032	−2 067	−2 103	−2 138	−2 173	−2 208	−50
−60	34.9	−2 243	−2 278	−2 312	−2 347	−2 382	−2 416	−2 450	−2 485	−2 519	−2 553	−60
−70	33.9	−2 587	−2 620	−2 654	−2 668	−2 721	−2 755	−2 788	−2 821	−2 854	−2 887	−70
−80	32.8	−2 920	−2 953	−2 986	−3 018	−3 050	−3 083	−3 115	−3 147	−3 179	−3 211	−80
−90	31.7	−3 243	−3 274	−3 306	−3 337	−3 368	−3 400	−3 431	−3 462	−3 492	−3 523	−90
−100	30.5	−3 554	−3 584	−3 614	−3 645	−3 675	−3 705	−3 734	−3 764	−3 794	−3 823	−100
−110	29.2	−3 852	−3 882	−3 911	−3 939	−3 968	−3 997	−4 025	−4 054	−4 082	−4 110	−110
−120	27.9	−4 138	−4 166	−4 194	−4 221	−4 249	−4 276	−4 303	−4 330	−4 357	−4 384	−120
−130	26.5	−4 411	−4 437	−4 463	−4 490	−4 516	−4 542	−4 567	−4 593	−4 618	−4 644	−130
−140	25.1	−4 669	−4 694	−4 719	−4 744	−4 768	−4 793	−4 817	−4 841	−4 865	−4 889	−140
−150	23.6	−4 913	−4 936	−4 960	−4 983	−5 006	−5 029	−5 052	−5 074	−5 097	−5 119	−150
−160	22.1	−5 141	−5 163	−5 185	−5 207	−5 228	−5 250	−5 271	−5 292	−5 313	−5 333	−160
−170	20.5	−5 354	−5 374	−5 395	−5 415	−5 435	−5 454	−5 474	−5 493	−5 512	−5 531	−170
−180	18.8	−5 550	−5 569	−5 588	−5 606	−5 624	−5 642	−5 660	−5 678	−5 695	−5 713	−180
−190	17.1	−5 730	−5 747	−5 763	−5 780	−5 979	−5 813	−5 829	−5 845	−5 861	−5 876	−190
−200	15.3	−5 891	−5 907	−5 922	−5 936	−5 951	−5 965	−5 980	−5 994	−6 007	−6 021	−200
−210	13.4	−6 035	−6 048	−6 061	−6 074	−6 087	−6 099	−6 111	−6 123	−6 135	−6 147	−210
−220	11.4	−6 158	−6 170	−6 181	−6 192	−6 202	−6 213	−6 233	−6 233	−6 243	− 6252	−220
−230	9.3	−6 262	−6 271	−6 280	−6 289	−6 297	−6 306	−6 314	−6 322	−6 329	−6 337	−230
−240	7.1	−6 344	−6 351	−6 358	−6 364	−6 370	−6 377	−6 382	−6 388	−6 393	−6 399	−240
−250	4.9	−6 404	−6 408	−6 413	−6 417	−6 421	−6 425	−6 429	−6 432	−6 435	−6 438	−250
−260	2.7	−6 441	−6 444	−6 446	−6 448	−6 450	−6 452	−6 453	−6 455	−6 456	−6 457	−260
−270	0.7	−6 458										−270

t_{90}/℃	S/(μV/℃)	电动势(E/μV),间隔为 1 ℃										t_{90}/℃
		0	1	2	3	4	5	6	7	8	9	
0	39.5	0	39	79	119	158	198	238	277	317	357	0
10	39.9	397	437	477	517	557	597	637	677	718	758	10
20	40.3	798	838	879	919	960	1 000	1 041	1 081	1 122	1 163	20
30	40.7	1 203	1 244	1 285	1 326	1 366	1 407	1 448	1 489	1 530	1 571	30

续表

t_{90}/℃	S/(μV/℃)	电动势(E/μV),间隔为 1 ℃										t_{90}/℃
		0	1	2	3	4	5	6	7	8	9	
40	41.0	1 612	1 653	1 694	1 735	1 776	1 817	1 858	1 899	1 941	1 982	40
50	41.2	2 023	2 064	2 106	2 147	2 188	2 230	2 271	2 312	2 354	2 395	50
60	41.4	2 436	2 478	2 519	2 561	2 602	2 644	2 685	2 727	2 768	2 810	60
70	41.5	2 851	2 893	2 934	2 976	3 017	3 059	3 100	3 142	3 184	3 225	70
80	41.5	3 267	3 308	3 350	3 391	3 433	3 474	3 516	3 557	3 599	3 640	80
90	41.5	3 682	3 723	3 765	3 806	3 848	3 889	3 931	3 972	4 013	4 055	90
100	41.4	4 096	4 138	4 179	4 220	4 262	4 303	4 344	4 385	4 427	4 468	100
110	41.2	4 509	4 550	4 591	4 633	4 574	4 715	4 756	4 797	4 838	4 879	110
120	41.2	4 920	4 961	5 002	5 043	5 084	5 124	5 165	5 206	5 247	5 288	120
130	40.7	5 328	5 369	5 410	5 450	5 491	5 532	5 572	5 613	5 653	5 694	130
140	40.5	5 735	5 775	5 815	5 856	5 893	5 937	5 977	6 017	6 058	6 098	140
150	40.3	6 138	6 179	6 219	6 259	6 299	6 339	6 380	6 420	6 460	6 500	150
160	40.1	6 540	6 580	6 620	6 660	6 701	6 741	6 781	6 821	6 861	6 901	160
170	40.0	6 941	6 981	7 021	7 060	7 100	7 140	7 180	7 220	7 260	7 300	170
180	39.9	7 739	7 380	7 420	7 460	7 500	7 540	7 579	7 619	7 659	7 699	180
190	39.9	7 340	7 779	7 819	7 859	7 899	7 939	7 979	8 019	8 059	8 099	190
200	40.0	8 138	8 178	8 218	8 258	8 298	8 338	8 378	8 418	8 458	8 499	200
210	40.1	8 539	8 579	8 619	8 659	8 699	8 739	8 779	8 819	8 860	8 900	210
220	40.2	8 940	8 980	9 020	9 061	9 101	9 141	9 181	9 222	9 262	9 302	220
230	40.4	9 343	9 383	9 423	9 464	9 504	9 545	9 585	9 626	9 666	9 707	230
240	40.5	9 747	9 788	9 828	9 869	9 909	9 950	9 991	10 031	10 072	10 113	240
250	40.7	10 153	10 194	10 235	10 276	10 316	10 357	10 398	10 439	10 480	10 520	250
260	40.9	10 561	10 602	10 643	10 684	10 725	10 766	10 807	10 848	10 889	10 930	260
270	41.0	10 971	11 012	11 053	11 094	11 135	11 176	11 217	11 259	11 300	11 641	270
280	41.2	11 382	11 423	11 465	11 506	11 547	11 588	11 630	11 671	11 712	11 753	280
290	41.3	11 795	11 836	11 877	11 919	11 960	12 001	12 043	12 084	12 126	12 167	290
300	41.4	12 209	12 250	12 921	12 333	12 374	12 416	12 457	12 499	12 540	12 582	300
310	41.6	12 624	12 665	12 707	12 748	12 790	12 831	12 873	12 915	12 956	12 998	310
320	41.7	13 040	13 081	13 123	13 165	13 206	13 248	13 290	13 331	13 373	13 415	320
330	41.7	13 457	13 498	13 540	13 582	13 624	13 665	13 707	13 749	13 791	13 833	330
340	41.8	13 874	13 916	13 958	14 000	14 042	14 084	14 126	14 167	14 209	14 251	340
350	41.9	14 293	14 335	14 377	14 419	14 461	14 503	14 545	14 587	14 629	14 671	350
360	42.0	14 713	14 755	14 797	14 839	14 881	14 923	14 965	15 007	15 049	15 091	360
370	42.0	15 133	15 175	15 217	15 259	15 301	15 343	15 385	15 427	15 469	15 511	370

续表

t_{90}/℃	S/(μV/℃)	电动势(E/μV),间隔为 1 ℃										t_{90}/℃
		0	1	2	3	4	5	6	7	8	9	
380	42.1	15 554	15 596	15 638	15 680	15 722	15 764	15 806	15 849	15 891	15 933	380
390	42.2	15 975	16 017	16 059	16 102	16 144	16 186	16 228	16 270	16 313	16 355	390
400	42.2	16 397	16 439	16 482	16 524	16 566	16 608	16 651	16 693	16 735	16 778	400
410	42.3	16 820	16 862	16 904	16 947	16 989	17 031	17 074	17 116	17 158	17 201	410
420	42.4	17 243	17 285	17 328	17 370	17 413	17 455	17 497	17 540	17 582	17 624	420
430	42.4	17 667	17 709	17 752	17 794	17 837	17 879	17 921	17 964	18 006	18 049	430
440	42.4	18 091	18 134	18 176	18 218	18 261	18 303	18 346	18 388	18 431	18 473	440
450	42.5	18 516	18 558	18 601	18 643	18 686	18 728	18 771	18 813	18 856	18 898	450
460	42.5	18 941	18 983	19 026	19 068	19 111	19 154	19 196	19 239	19 281	19 324	460
470	42.6	19 366	19 409	19 451	19 494	19 537	19 579	19 622	19 664	19 707	19 750	470
480	42.6	19 792	19 835	19 877	19 920	19 962	20 005	20 048	20 090	20 133	20 175	480
490	42.6	20 218	20 261	20 303	20 346	20 389	20 431	20 474	20 516	20 559	20 602	490
500	42.6	20 644	20 687	20 730	20 772	20 815	20 857	20 900	20 943	20 985	21 028	500
510	42.6	21 071	21 113	21 156	21 199	21 241	21 284	21 326	21 369	21 412	21 454	510
520	42.6	21 497	21 540	21 582	21 625	21 668	21 710	21 753	21 796	21 838	21 881	520
530	42.6	21 924	21 966	22 009	22 052	22 094	22 137	22 179	22 222	22 265	22 307	530
540	42.6	22 350	22 393	22 435	22 478	22 521	22 563	22 606	22 649	22 691	22 734	540
550	42.6	22 776	22 819	22 862	22 904	22 947	22 990	23 032	23 075	23 117	23 160	550
560	42.6	23203	23 245	23 288	23 331	23 373	23 416	23 458	23 501	23 544	23 586	560
570	42.6	23 629	23 671	23 714	23 757	23 799	23 842	23 884	23 927	23 970	24 012	570
580	42.6	24 055	24 097	24 140	24 182	24 225	24 267	24 310	24 353	24 395	24 438	580
590	42.5	24 480	24 523	24 565	24 608	24 650	24 693	24 735	24 778	24 820	24 863	590
600	42.5	24 905	24 948	24 990	25 033	25 075	25 118	25 160	25 203	25 245	25 288	600
610	42.5	25 330	25 373	25 415	25 458	25 500	25 543	25 585	25 627	25 670	25 712	610
620	42.4	25 755	25 797	25 840	25 882	25 924	25 967	26 009	26 052	26 094	26 136	620
630	42.4	26 179	26 221	26 263	26 306	26 348	26 390	26 433	26 475	26 517	26 560	630
640	42.3	26 602	26 644	26 687	26 729	26 771	26814	26 856	26 898	26 940	26 983	640
650	42.3	27 025	27 067	27 109	27 152	27 194	27 236	27 278	27 320	27 363	27 405	650
660	42.2	27 447	27 489	27 531	27 574	27 616	27 658	27 700	27 740	27 784	27 826	660
670	42.1	27 869	27 911	27 953	27 995	28 037	28 079	28 121	28 163	28 205	28 247	670
680	42.0	28 289	28 332	28 374	28 416	28 458	28 500	28 542	28 584	28 626	28 668	680
690	42.0	28 710	28 752	28 794	28 835	28 877	28 919	28 961	29 003	29 045	29 087	690
700	41.9	29 129	29 171	29 213	29 255	29 297	29 338	29 380	29 422	29 464	29 506	700
710	41.8	29 548	29 589	29 631	29 673	29 715	29 757	29 798	29 840	29 882	29 924	710

续表

t_{90}/℃	S/(μV/℃)	电动势(E/μV),间隔为 1 ℃										t_{90}/℃
		0	1	2	3	4	5	6	7	8	9	
720	41.7	29 965	30 007	30 049	30 090	30 132	30 174	30 216	30 257	30 299	30 341	720
730	41.6	30 382	30 424	30 466	30 507	30 549	30 590	30 632	30 674	30 715	30 757	730
740	41.6	30 798	30 840	30 881	30 923	30 964	31 006	31 047	31 089	31 130	31 172	740
750	41.5	31 213	31 255	31 296	31 338	31 379	31 421	31 462	31 504	31 545	31 586	750
760	41.4	31 628	31 669	31 710	31 752	31 793	31 834	31 876	31 917	31 958	32 000	760
770	41.3	32 041	32 082	32 124	32 165	32 206	32 247	32 289	32 330	32 371	32 412	770
780	41.2	32 453	32 495	32 536	32 577	32 618	32 659	32 700	32 742	32 783	32 824	780
790	41.1	32 865	32 906	32 947	32 988	33 029	33 070	33 111	33 152	33 193	33 234	790
800	41.0	33 275	33 316	33 357	33 398	33 439	33 480	33 521	33 562	33 603	33 644	800
810	40.9	33 685	33 726	33 767	33 808	33 848	33 889	33 930	33 971	34 012	34 053	810
820	40.8	34 093	34 134	34 175	34 216	34 257	34 297	34 338	34 379	34 420	34 460	820
830	40.7	34 501	34 542	34 582	34 623	34 664	34 704	34 745	34 786	34 826	34 867	830
840	40.6	34 908	34 948	34 989	35 029	35 070	35 110	35 151	35 192	35 232	35 273	840
850	40.5	35 313	35 354	35 394	35 435	35 475	35 516	35 556	35 596	35 637	35 677	850
860	40.4	35 718	35 758	35 798	35 839	35 879	35 920	35 960	36 000	36 041	36 081	860
870	40.3	36 121	36 162	36 202	36 242	36 282	36 323	36 363	36 403	36 443	36 484	870
880	40.2	36 524	36 564	36 604	36 644	36 685	36 725	36 765	36 805	36 845	36 885	880
890	40.1	36 925	36 965	37 006	37 046	37 086	37 126	37 166	37 206	37 246	37 286	890
900	40.0	37 326	37 366	37 406	37 446	37 486	37 526	37 566	37 606	37 646	37 686	900
910	39.9	37 725	37 765	37 805	37 845	37 885	37 925	37 965	38 005	38 044	38 084	910
920	39.8	38 124	38 164	38 204	38 243	38 283	38 323	38 363	38 402	38 442	38 482	920
930	39.7	38 522	38 561	38 601	38 641	38 680	38 720	38 760	38 799	38 839	38 878	930
940	39.6	38 918	38 958	38 997	39 037	39 076	39 116	39 155	39 195	39 235	39 274	940
950	39.5	39 314	39 353	39 393	39 432	39 471	39 511	39 550	39 590	39 629	39 669	950
960	39.4	39 708	39 747	39 787	39 826	39 866	39 905	39 944	39 984	40 023	40 062	960
970	39.3	40 101	40 141	40 180	40 219	40 259	40 298	40 337	40 376	40 415	40 455	970
980	39.2	40 494	40 533	40 572	40 611	40 651	40 690	40 729	40 768	40 807	40 846	980
990	39.1	40 885	40 924	40 963	41 002	41 042	41 081	41 120	41 159	41 198	41 237	990
1000	39.0	41 276	41 315	41 354	41 393	41 431	41 470	41 509	41 548	41 587	41 626	1000
1 010	38.9	41 665	41 704	41 743	41 781	41 820	41 859	41 898	41 937	41 976	42 014	1 010
1 020	38.8	42 053	42 092	42 131	42 169	42 208	42 247	42 286	42 324	42 363	42 402	1 020
1 030	38.7	42 440	42 479	42 518	42 556	42 595	42 633	42 672	42 711	42 749	42 788	1 030
1 040	38.6	42 826	42 865	42 903	42 942	42 980	43 019	43 057	43 096	43 134	43 173	1 040
1 050	38.4	43 211	43 250	43 288	43 327	43 365	43 403	43 442	43 480	43 518	43 557	1 050

续表

t_{90}/℃	S/(μV/℃)	电动势(E/μV),间隔为 1 ℃										t_{90}/℃
		0	1	2	3	4	5	6	7	8	9	
1 060	38.3	43 595	43 633	43 672	43 710	43 748	43 787	43 825	43 863	43 901	43 940	1 060
1 070	38.2	43 978	44 016	44 054	44 092	44 130	44 169	44 207	44 245	44 283	44 321	1 070
1 080	38.1	44 359	44 397	44 435	44 473	44 512	44 550	44 588	44 626	44 664	44 702	1 080
1 090	38.0	44 740	44 778	44 816	44 853	44 891	44 929	44 967	45 005	45 043	45 081	1 090
1 100	37.9	45 119	45 157	45 194	45 232	45 270	45 308	45 346	45 383	45 421	45 459	1 100
1 110	37.7	45 497	45 534	45 572	45 610	45 647	45 685	45 723	45 760	45 798	45 836	1 110
1 120	37.6	45 873	45 911	45 948	45 986	46 024	46 061	46 099	46 136	46 174	46 211	1 120
1 130	37.5	46 249	46 286	46 324	46 361	46 398	46 436	46 473	46 511	46 548	46 585	1 130
1 140	37.3	46 623	46 660	46 697	46 735	46 772	46 809	46 847	46 884	46 921	46 958	1 140
1 150	37.2	46 995	47 033	47 070	47 107	47 144	47 181	47 218	47 256	47 293	47 330	1 150
1 160	37.1	47 367	47 404	47 441	47 478	47 515	47 552	47 589	47 626	47 663	47 700	1 160
1 170	36.9	47 737	47 774	47 811	47 848	47 884	47 921	47 958	47 995	48 032	48 069	1 170
1 180	36.8	48 105	48 142	48 179	48 216	48 252	48 289	48 326	48 363	48 399	48 436	1 180
1 190	36.6	48 473	48 509	48 546	48 582	48 619	48 656	48 692	48 729	48 765	48 802	1 190
1 200	36.5	48 838	48 875	48 911	48 948	48 984	49 021	49 057	49 093	49 130	49 166	1 200
1 210	36.3	49 202	49 239	49 275	49 311	49 348	49 384	49 420	49 456	49 493	49 529	1 210
1 220	36.2	49 565	49 601	49 637	49 674	49 710	49 746	49 782	49 818	49 854	49 890	1 220
1 230	36.0	49 926	49 962	49 998	50 034	50 073	50 106	50 142	50 178	50 214	50 250	1 230
1 240	35.9	50 286	50 322	50 358	50 393	50 429	50 465	50 501	50 537	50 572	50 608	1 240
1 250	35.7	50 644	50 680	50 175	50 751	50 787	50 822	50 858	50 894	50 929	50 965	1 250
1 260	35.6	51 000	51 036	51 071	51 107	51 142	51 178	51 213	21 249	51 284	51 320	1 260
1 270	35.4	51 355	51 391	51 426	51 461	51 497	51 532	51 567	51 603	51 638	51 673	1 270
1 280	35.2	51 708	51 744	51 779	51 814	51 849	51 885	51 920	51 955	51 990	52 025	1 280
1 290	35.1	52 060	52 095	52 130	52 165	52 200	52 235	52 270	52 305	52 340	52 375	1 290
1 300	34.9	52 410										1 300

附录 6 元素周期表

原子序数——92 U——元素符号
元素名称——铀
注 * 的是人造元素
$5f^36d^17s^2$——外围电子的构型，括号指可能的构型
238.0——相对原子质量（加括号的数据为该放射性元素半衰期最长同位素的质量数）

族 周期	ⅠA 1	ⅡA 2	ⅢB 3	ⅣB 4	ⅤB 5	ⅥB 6	ⅦB 7	Ⅷ 8	9	10	ⅠB 11	ⅡB 12	ⅢA 13	ⅣA 14	ⅤA 15	ⅥA 16	ⅦA 17	0 18	电子层	0族电子数
1	1 H 氢 $1s^1$ 1.008																	2 He 氦 $1s^2$ 4.003	K	2
2	3 Li 锂 $2s^1$ 6.941	4 Be 铍 $2s^2$ 9.012											5 B 硼 $2s^22p^1$ 10.81	6 C 碳 $2s^22p^2$ 12.01	7 N 氮 $2s^22p^3$ 14.01	8 O 氧 $2s^22p^4$ 16.00	9 F 氟 $2s^22p^5$ 19.00	10 Ne 氖 $2s^22p^6$ 20.18	L K	8 2
3	11 Na 钠 $3s^1$ 22.99	12 Mg 镁 $3s^2$ 24.31											13 Al 铝 $3s^23p^1$ 26.98	14 Si 硅 $3s^23p^2$ 28.09	15 P 磷 $3s^23p^3$ 30.97	16 S 硫 $3s^23p^4$ 32.06	17 Cl 氯 $3s^23p^5$ 35.45	18 Ar 氩 $3s^23p^6$ 39.95	M L K	8 8 2
4	19 K 钾 $4s^1$ 39.10	20 Ca 钙 $4s^2$ 40.08	21 Sc 钪 $3d^14s^2$ 44.96	22 Ti 钛 $3d^24s^2$ 47.87	23 V 钒 $3d^34s^2$ 50.94	24 Cr 铬 $3d^54s^1$ 52.00	25 Mn 锰 $3d^54s^2$ 54.94	26 Fe 铁 $3d^64s^2$ 55.85	27 Co 钴 $3d^74s^2$ 58.93	28 Ni 镍 $3d^84s^2$ 58.69	29 Cu 铜 $3d^{10}4s^1$ 63.55	30 Zn 锌 $3d^{10}4s^2$ 65.41	31 Ga 镓 $4s^24p^1$ 69.72	32 Ge 锗 $4s^24p^2$ 72.64	33 As 砷 $4s^24p^3$ 74.92	34 Se 硒 $4s^24p^4$ 78.96	35 Br 溴 $4s^24p^5$ 79.90	36 Kr 氪 $4s^24p^6$ 83.80	N M L K	8 18 8 2
5	37 Rb 铷 $5s^1$ 85.47	38 Sr 锶 $5s^2$ 87.62	39 Y 钇 $4d^15s^2$ 88.91	40 Zr 锆 $4d^25s^2$ 91.22	41 Nb 铌 $4d^45s^1$ 92.91	42 Mo 钼 $4d^55s^1$ 95.94	43 Tc 锝 $4d^55s^2$ [98]	44 Ru 钌 $4d^75s^1$ 101.1	45 Rh 铑 $4d^85s^1$ 102.9	46 Pd 钯 $4d^{10}$ 106.4	47 Ag 银 $4d^{10}5s^1$ 107.9	48 Cd 镉 $4d^{10}5s^2$ 112.4	49 In 铟 $5s^25p^1$ 114.8	50 Sn 锡 $5s^25p^2$ 118.7	51 Sb 锑 $5s^25p^3$ 121.8	52 Te 碲 $5s^25p^4$ 127.6	53 I 碘 $5s^25p^5$ 126.9	54 Xe 氙 $5s^25p^6$ 131.3	O N M L K	8 18 18 8 2
6	55 Cs 铯 $6s^1$ 132.9	56 Ba 钡 $6s^2$ 137.3	57～71 La～Lu 镧系	72 Hf 铪 $5d^26s^2$ 178.5	73 Ta 钽 $5d^36s^2$ 180.9	74 W 钨 $5d^46s^2$ 183.8	75 Re 铼 $5d^56s^2$ 186.2	76 Os 锇 $5d^66s^2$ 190.2	77 Ir 铱 $5d^76s^2$ 192.2	78 Pt 铂 $5d^96s^1$ 195.1	79 Au 金 $5d^{10}6s^1$ 197.0	80 Hg 汞 $5d^{10}6s^2$ 200.6	81 Tl 铊 $6s^26p^1$ 204.4	82 Pb 铅 $6s^26p^2$ 207.2	83 Bi 铋 $6s^26p^3$ 209.0	84 Po 钋 $6s^26p^4$ [209]	85 At 砹 $6s^26p^5$ [210]	86 Rn 氡 $6s^26p^6$ [222]	P O N M L K	8 18 32 18 8 2
7	87 Fr 钫 $7s^1$ [223]	88 Ra 镭 $7s^2$ [226]	89～103 Ac～Lr 锕系	104 Rf 𬬻* $(6d^27s^2)$ [267]	105 Db 𬭊* $(6d^37s^2)$ [270]	106 Sg 𬭳* $(6d^47s^2)$ [269]	107 Bh 𬭛* $(6d^57s^2)$ [270]	108 Hs 𬭶* $(6d^67s^2)$ [270]	109 Mt 鿏* $(6d^77s^2)$ [278]	110 Ds 𫟼* $(6d^87s^2)$ [281]	111 Rg 𬬭* $(6d^{10}7s^1)$ [281]	112 Cn 鿔* $(6d^{10}7s^2)$ [285]	113 Nh 鿭* [286]	114 Fl 𫓧* $(7s^27p^2)$ [289]	115 Mc 镆* [289]	116 Lv 𫟷* $(7s^27p^4)$ [293]	117 Ts 鿬* [293]	118 Og 鿫* [294]	Q P O N M L K	8 18 32 32 18 8 2

镧系	57 La 镧 $5d^16s^2$ 138.9	58 Ce 铈 $4f^15d^16s^2$ 140.1	59 Pr 镨 $4f^36s^2$ 140.9	60 Nd 钕 $4f^46s^2$ 144.2	61 Pm 钷 $4f^56s^2$ [145]	62 Sm 钐 $4f^66s^2$ 150.4	63 Eu 铕 $4f^76s^2$ 152.0	64 Gd 钆 $4f^75d^16s^2$ 157.3	65 Tb 铽 $4f^96s^2$ 158.9	66 Dy 镝 $4f^{10}6s^2$ 162.5	67 Ho 钬 $4f^{11}6s^2$ 164.9	68 Er 铒 $4f^{12}6s^2$ 167.3	69 Tm 铥 $4f^{13}6s^2$ 168.9	70 Yb 镱 $4f^{14}6s^2$ 173.0	71 Lu 镥 $4f^{14}5d^16s^2$ 175.0
锕系	89 Ac 锕 $6d^17s^2$ [227]	90 Th 钍 $6d^27s^2$ 232.0	91 Pa 镤 $5f^26d^17s^2$ 231.0	92 U 铀 $5f^36d^17s^2$ 238.0	93 Np 镎 $5f^46d^17s^2$ [237]	94 Pu 钚 $5f^67s^2$ [244]	95 Am 镅* $5f^77s^2$ [243]	96 Cm 锔* $5f^76d^17s^2$ [247]	97 Bk 锫* $5f^97s^2$ [247]	98 Cf 锎* $5f^{10}7s^2$ [251]	99 Es 锿* $5f^{11}7s^2$ [252]	100 Fm 镄* $5f^{12}7s^2$ [257]	101 Md 钔* $(5f^{13}7s^2)$ [258]	102 No 锘* $(5f^{14}7s^2)$ [259]	103 Lr 铹* $(5f^{14}6d^17s^2)$ [262]

注：相对原子质量录自 2001 年国际原子量表，并全部取 4 位有效数字。